电力系统继电保护竞赛试题库

内蒙古电力调度控制公司
内蒙古电力科学研究院 ｜ 编

中国电力出版社
CHINA ELECTRIC POWER PRESS

图书在版编目（CIP）数据

电力系统继电保护竞赛试题库/内蒙古电力调度控制公司，内蒙古电力科学研究院编. --北京：
中国电力出版社，2025.1. -- ISBN 978-7-5198-9489-4

Ⅰ. TM77-44

中国国家版本馆 CIP 数据核字第 202451A9N7 号

出版发行：中国电力出版社
地　　址：北京市东城区北京站西街 19 号（邮政编码 100005）
网　　址：http://www.cepp.sgcc.com.cn
责任编辑：丁　钊（010-63412393）
责任校对：黄　蓓　马　宁
装帧设计：王红柳
责任印制：杨晓东

印　　刷：北京天宇星印刷厂
版　　次：2025 年 1 月第一版
印　　次：2025 年 1 月北京第一次印刷
开　　本：787 毫米×1092 毫米　16 开本
印　　张：14.75
字　　数：356 千字
定　　价：78.00 元

前　言

为营造继电保护专业比、学、赶、超的良好学习氛围，以学促知、以学促干，提升继电保护从业人员专业技术水平，编者收集了2010～2022年50余套国内网省电力公司继电保护竞赛真题，经整理、编辑和扩充，完成了本试题库编写工作。

本书由内蒙古电力调控公司和内蒙古电力科学研究院编写。题型包括选择题、填空题、判断题、简答题、计算题、绘图题及论述题、综合题等。全书共三章，包括15套综合测试题；元件保护、线路保护、规章反措、故障分析、检修试验、智能变电站6类专项测试题及测试题答案。本书可作为复习材料，希望能对继电保护专业人员理论知识水平和实践能力提升有所帮助。

由于编者水平有限，书中难免存在疏漏或不足之处，敬请广大读者批评指正。

目　录

试 题 1

一、单项选择题

1. 按部颁反事故措施要点要求，防止跳跃继电器的电流线圈与电压线圈间耐压水平应不低于（   ）的试验标准。

A. 2500V、2min
B. 1000V、1min
C. 2500V、1min
D. 1000V、2min

2. 《国家电网公司十八项电网重大反事故措施》规定，装设静态型、微机型继电保护装置和收发信机的厂、站接地电阻应按规定不大于（   ）。

A. 0.1Ω
B. 0.2Ω
C. 0.5Ω
D. 1Ω

3. 在主控室、保护室柜屏下层的电缆室内，按柜屏布置的方向敷设 100mm² 的专用铜排（缆），将该专用铜排（缆）首末端连接，形成保护室内的等电位接地网。保护室内的等电位接地网必须用 4 根以上、截面不小于 50mm² 的铜排（缆）与厂、站的主接地网在电缆竖井处可靠连接。屏柜上装置的接地端子应用截面不小于（   ）mm² 的多股铜线和接地铜排相连。

A. 100
B. 4
C. 50
D. 10

4. 继电保护要求电流互感器的一次电流等于最大短路电流时，其复合误差不大于（   ）。

A. 5%
B. 10%
C. 15%
D. 20%

5. 某变电站电压互感器的开口三角形侧 B 相接反，则正常运行时，如一次侧运行电压为 110kV，开口三角形的输出为（   ）。

A. 0V
B. 100V
C. 200V
D. 220V

6. 电流互感器二次回路接地点的正确设置方式是：（   ）。

A. 每只电流互感器二次回路必须有一个单独的接地点
B. 所有电流互感器二次回路接地点均设置在电流互感器端子箱内
C. 每只电流互感器二次回路可以有多个接地点
D. 电流互感器的二次侧只允许有一个接地点，对于多组电流互感器相互有电气联系的二次回路接地点应设在保护盘上

7. 容量为 30VA 的 10P20 电流互感器，二次额定电流为 5A，当二次负载小于 1.2Ω 时，允许的最大短路电流倍数为（   ）。

A. 小于 10 倍
B. 小于 20 倍
C. 等于 20 倍
D. 大于 20 倍

8. 二次回路铜芯控制电缆按机械强度要求，连接强电端子的芯线最小截面为（　　）。

    A. $1.5mm^2$　　　　B. $2.5mm^2$　　　　C. $0.5mm^2$　　　　D. $4mm^2$

9. 电容式电压互感器和电磁式电压互感器比较，其暂态特性是（　　）。

    A. 两者差不多　　　B. 电容式好　　　　C. 电磁式好　　　　D. 不确定

10. 《保安规定》要求，对一些主要设备，特别是复杂保护装置或有联跳回路的保护装置的现场校验工作，应编制和执行安全措施票，如（　　）。

    A. 母线保护、断路器失灵保护和主变压器零序联跳回路等

    B. 母线保护、断路器失灵保护、主变压器零序联跳回路和用钳形伏安相位表测量

    C. 母线保护、断路器失灵保护、主变压器零序联跳回路和用拉路法寻找直流接地

    D. 以上都不对

11. 继电保护事故后校验属于（　　）。

    A. 部分校验　　　　　　　　　　　　B. 运行中发现异常的校验

    C. 补充校验　　　　　　　　　　　　D. 全部检验

12. 电力系统继电保护的选择性，除了取决于继电保护装置本身的性能外，还要求满足：由电源算起，越靠近故障点的继电保护故障启动值（　　）。

    A. 相对越小，动作时间越短　　　　　B. 相对越小，动作时间越长

    C. 相对越大，动作时间越短　　　　　D. 相对越大，动作时间越长

13. 变电站直流系统处于正常状态，某220kV线路断路器处于断开位置，控制回路正常带电，利用万用表直流电压挡测量该线路纵联方向保护跳闸出口压板下端口的对地电位，正确的状态应该是（　　）。

    A. 压板下口对地电压为+110V左右　　B. 压板下口对地电压为0V左右

    C. 压板下口对地电压为−110V左右　　D. 压板下口对地电压为+220V左右

14. 对于操作箱中的出口继电器，应进行动作电压范围的检验，其值应在（　　）额定电压之间。

    A. 30%～65%　　　B. 50%～70%　　　C. 55%～70%　　　D. 65%～85%

15. 下面说法中正确的是（　　）。

    A. 系统发生振荡时电流和电压值都往复摆动，并且三相严重不对称

    B. 零序电流保护在电网发生振荡时容易误动作

    C. 有一电流保护其动作时限为4.5s，在系统发生振荡时它不会误动作

    D. 距离保护在系统发生振荡时容易误动作，所以系统发生振荡时应断开距离保护投退压板

16. 在大接地电流系统中的两个变电站之间，架有同杆并架双回线。当其中的一条线路停运检修，另一条线路仍然运行时，电网中发生了接地故障，如果此时被检修线路两端均已接地，则在运行线路上的零序电流将（　　）。

    A. 大于被检修线路两端不接地的情况

    B. 与被检修线路两端不接地的情况相同

    C. 小于被检修线路两端不接地的情况

    D. 无法确定

17. 下列阻抗继电器，其测量阻抗受过渡电阻影响最大的是（　　）。

A. 方向阻抗继电器　　　　　　　　B. 带偏移特性的阻抗继电器
C. 四边形阻抗继电器　　　　　　　D. 苹果型阻抗继电器

18. 请问以下哪项不是零序电流保护的优点：（　　　）。
A. 结构及工作原理简单、中间环节少，尤其是近处故障动作速度快
B. 不受运行方式影响，能具备稳定的速动段保护范围
C. 保护反映零序电流的绝对值，受过渡电阻影响小，可作为经高阻接地故障的可靠后备保护
D. 不受振荡的影响

19. 当零序功率方向继电器的最灵敏角为电流越前电压 100° 时，（　　　）。
A. 其电流和电压回路应按反极性与相应的 TA、TV 回路连接
B. 该相位角与线路正向故障时零序电流与零序电压的相位关系一致
C. 该元件适用于中性点不接地系统零序方向保护
D. 线路反方向接地故障动作，正方向故障不动

20. YD－11 接线的变压器三角形侧发生两相短路时，星形侧有一相电流比另外两相电流大，该相是（　　　）。
A. 同名故障相中的超前相　　　　　B. 同名故障相中的滞后相
C. 同名的非故障相　　　　　　　　D. 以上均不正确

21. 根据 Q/GDW 441—2010《智能变电站继电保护技术规范》，每台过程层交换机的光纤接入数量不宜超过（　　　）对。
A. 8　　　　　　B. 12　　　　　　C. 16　　　　　　D. 24

22. 当 SMV 采用组网或与 GOOSE 共网的方式传输时，用于母线差动保护或主变压器差动保护的过程层交换机宜支持在任意 100MB 网口出现持续（　　　）突发流量时不丢包，在任 1000MB 网口出现持续 0.25ms 的 2000MB 突发流量时不丢包。
A. 1ms 100MB　　　　　　　　　　B. 0.5ms 100MB
C. 0.25ms 1000MB　　　　　　　　D. 2ms 100MB

23. 在任何网络运行工况流量冲击下，装置均不应死机或重启，不发出错误报文，响应正确报文的延时不应大于（　　　）。
A. 1ms　　　　　　B. 2ms　　　　　　C. 10ms　　　　　　D. 1s

24. 关于 VLAN 的陈述错误的是（　　　）。
A. 把用户逻辑分组为明确的 VLAN 的最常用方法是帧过滤和帧标识
B. VLAN 的优点包括通过建立安全用户组而得到更加严密的网络安全性
C. 网桥构成了 VLAN 通信中的一个核心组件
D. VLAN 有助于分发流量负载

25. 交换机存储转发交换工作通过（　　　）进行数据帧的差错控制。
A. 循环冗余校验　　B. 奇偶校验码　　　C. 交叉校验码　　　D. 横向校验码

26. GOOSE 报文和 SV 报文的默认 VLAN 优先级为（　　　）。
A. 1　　　　　　B. 4　　　　　　C. 5　　　　　　D. 7

27. 想要从一个端口收到另外一个端口的输入、输出所有数据，可使用（　　　）技术。
A. RSTP　　　　　B. 端口锁定　　　　C. 端口镜像　　　　D. 链路汇聚

二、多项选择题

1. 以下说法不正确的是（　　）。

A. 电流互感器和电压互感器二次均可开路

B. 电流互感器二次可短路但不得开路，电压互感器二次可开路但不得短路

C. 电流互感器和电压互感器二次均不可短路

D. 电流互感器二次可开路但不得短路，电压互感器二次可短路但不得开路

2. 发生直流两点接地时，以下可能的后果是（　　）。

A. 可能造成断路器误跳闸　　　　　　B. 可能造成熔丝熔断

C. 可能造成断路器拒动　　　　　　　D. 可能造成保护装置拒动

3. 在（　　）情况下需要将运行中的变压器差动保护停用。

A. 差动二次回路及电流互感器回路有变动或进行校验时

B. 继电保护人员带有功负荷测定差动保护相量图及差压时

C. 差动电流互感器一相断线或回路开路时

D. 差动误动跳闸后或回路出现明显异常时

4. 闭锁 35kV 母分备自投的保护有（　　）。

A. 主变压器差动保护　　　　　　　　B. 主变压器低压侧后备保护

C. 35kV 母差保护　　　　　　　　　　D. 主变压器瓦斯保护

5. 下列对于突变量继电器的描述，正确的是（　　）。

A. 突变量保护与故障的初相角有关

B. 突变量继电器在短暂动作后仍需保持到故障切除

C. 突变量保护在故障切除时会再次动作

D. 继电器的启动值离散较大，动作时间也有离散

6. 逻辑节点 LLN0 包含的内容有（　　）。

A. 数据集（Data Set）　　　　　　　　B. 报告控制块（Report Control）

C. GOOSE 控制块（GSE Control）　　　D. 定值控制块（Setting Control）

E. SMV 控制块（SMV Control）

7. 根据《智能变电站通用技术条件》，GOOSE 开入软压板除双母线和单母线接线（　　）开入软压板设在接收端外，其他皆应设在发送端。

A. 启动失灵保护　　　　　　　　　　B. 断路器位置

C. 失灵保护联跳　　　　　　　　　　D. 闭锁重合闸

三、判断题

（　　）1. 在电压互感器二次回路中，均应装设熔断器或自动开关。

（　　）2. 电抗互感器二次电压滞后一次电流 90°，其大小与一次电流成正比。

（　　）3. 电流互感器的一次电流与二次侧负载无关，而变压器的一次电流随着二次侧的负载变化而变化。

（　　）4. 继电保护要求电流互感器的暂态变比误差不应大于 10%。

（　　）5. 交流电流二次回路使用中间变流器时，采用升流方式互感器的二次负载比采用降流方式互感器的二次负载大 K 倍。

（　　）6. 线路保护的双重化主要是指两套保护的交流电流、电压和直流电源彼此

独立，有独立的选相功能，有两套独立的保护专（复）用通道，断路器有两个跳闸线圈时，每套主保护分别启动一组。

（　　）7. 对于终端站具有小水电或自备发电机的线路，当主供电源线路故障时，为保证主供电源能重合成功，应将其解列。

（　　）8. 继电保护动作速度越快越好，灵敏度越高越好。

（　　）9. 母差保护与失灵保护共用出口回路时，闭锁元件的灵敏系数应按失灵保护的要求整定。

（　　）10. 微机保护装置应设有硬件闭锁回路，只有在电力系统发生故障，保护装置启动时，才允许开放跳闸回路。

（　　）11. 谐波制动的变压器差动保护为防止在较高的短路水平时，由于电流互感器饱和时高次谐波量增加，产生极大的制动力矩而使差动元件拒动，因此设置差动速断元件，当短路电流达到 4～10 倍额定电流时，速断元件快速动作出口。

（　　）12. 220kV 终端变压器的中性点，不论其接地与否不会对其电源进线的接地短路电流值有影响。

（　　）13. 在振荡中发生单相金属性短路时，接在故障相上的阻抗继电器的测量阻抗会随着两侧电势夹角 δ 的变化而变化。

（　　）14. 数字滤波器无任何硬件附加于计算机中，而是通过计算机去执行一种计算程序或算法，从而去掉采样信号中无用的成分，以达到滤波的目的。

（　　）15. 微机保护数据采集单元中通常采用变换器，变换器的一次绕组与二次绕组间有屏蔽层，对高频干扰有一定的抑制作用。

（　　）16. 工频变化量阻抗继电器不能用于有串补电容的情况。

（　　）17. 纵联零序方向保护本身也有选相功能，只要通道允许也可选相跳闸。

（　　）18. 应采取措施，防止由于零序功率方向元件的电压死区导致零序功率方向纵联保护拒动，但不宜采用过分降低零序动作电压的方法。

（　　）19. 智能化变电站通用技术条件中对光纤发送功率和接收灵敏度要求是光波长 1310nm，光纤发送功率为 -20～-14dBm 光接收灵敏度为 -31～-14dBm。

（　　）20. 有些电子式电流互感器是由线路电流提供电源。这种互感器电源的建立需要在一次电流接通后迟延一定时间，此延时称为"唤醒时间"。在此延时期间，电子式电流互感器的输出为零。

（　　）21. 保护装置、智能终端等智能电子设备间的相互启动、相互闭锁、位置状态等交换信息可通过 GOOSE 网络传输。

（　　）22. 采用双重化通信网络的情况下，两个网络发送的 GOOSE 报文多播地址、APPID 必须不同，以体现冗余要求。

（　　）23. 在交换机上为了避免广播风暴而采取的技术是快速生成树协议。

（　　）24. 交换机的存储转发比直通转发有更快的数据帧转发速度。

（　　）25. 每个过程层装置都有唯一的 MAC 地址和 APPID 地址。

（　　）26. 本体智能终端的信息交互功能应包含非电量动作报文、调挡及测温等。

四、填空题

1. 加入三相对称正序电流检查某一负序电流保护的动作电流时，分别用断开一相电流、两相电流、交换两相电流的输入端子方法进行校验，得到的动作值之比是_____。

2. 一台容量为 8000kVA、短路电压为 5.56%、变比为 20/0.8kV、接线为 Yy 的三相变压器，因需要接到额定电压为 6.3kV 系统上运行，当基准容量取 100MVA 时，该变压器的标幺阻抗应为_____。

3. 直流电压为 220V 的直流继电器线圈线径不宜小于_____。

4. 确保 220kV 及 500kV 线路单相接地时线路保护能可靠动作，允许的最大过渡电阻值分别是_____、_____。

5. 保护复用光纤通信网络通道误码率应小于_____。

6. 当负载阻抗等于_____Ω 时，功率电平与电压电平相等。

7. 在振荡中，线路发生 B、C 两相金属性接地短路。如果从短路点 F 到保护安装处 M 的正序阻抗为 Z_K，零序电流补偿系数为 K，M 到 F 之间的 A、B、C 相电流及零序电流分别是 I_A、I_B、I_C 和 I_0，则保护安装处 B 相电压的表达式为_____。

8. 变压器保护直接采样，直接跳各侧断路器、变压器保护跳母联、分段断路器及闭锁备自投、启动失灵保护等可采用_____传输。

9. 继电保护设备与本间隔智能终端之间通信应采用 GOOSE _____通信方式，继电保护之间的连闭锁信息、失灵保护启动等信息宜采用 GOOSE 网络传输方式。

10. 110kV 及以上电压等级的过程层 SV 网络、过程层 GOOSE 网络、_____网络应完全独立。

五、简答题

1. 影响阻抗继电器正确测量的因素有哪些？

2. 光纤保护专用光纤通道异常报警，可能存在问题的判别（至少说出三种）。

3. 简述负序、零序分量和工频变化量这两类故障分量的共性和差异，在构成保护时应特别注意的地方。

4. 图 1-1 所示的双母线接线中母联 TA 的三种布置方式，试分析这三种布置方式下死区故障时母差保护的动作情况（BP1 为第一套母差、BP2 为第二套母差）。

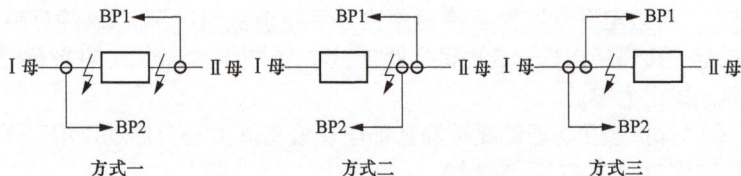

图 1-1 双母线接线中母联 TA 的布置方式

5. 图 1-2 为某 220kV 线路保护装置的一帧 GOOSE 报文，其 GOOSE 数据集发送的数据内容如图 1-3 所示。在下一帧心跳报文到来之前，将装置的检修压板投入后做 C 相瞬时性故障试验，请写出保护动作后第一帧报文的内容（从 StateNumber 行开始）。

```
日 PDU
   IEC GOOSE
   {
     Control Block Reference*:    PL2204BGOLD/LLN0$GO$gocb0
     Time Allowed to Live (msec): 10000
     DataSetReference*:    PL2204BGOLD/LLN0$dsGOOSE0
     GOOSEID*:    PL2204BGOLD/LLN0$GO$gocb0
     Event Timestamp: 2009-10-30 14:13.16.027000  Timequality: 0a
     StateNumber*:    47
     SequenceNumber*:    Sequence Number:  60
     Test*:    FALSE
     Config Revision*:    1
     Needs Commissioning*:    FALSE
     Number Dataset Entries:  8
     Data
     {
       BOOLEAN:    FALSE
       BOOLEAN:    FALSE
       BOOLEAN:    FALSE
       BOOLEAN:    FALSE
       BOOLEAN:    FALSE
       BOOLEAN:    FALSE
       BOOLEAN:    FALSE
       BOOLEAN:    FALSE
     }
   }
```

图 1-2　220kV 线路保护装置的一帧 GOOSE 报文

No.	Data Reference	DA Name	FC	DOI Description	dU Attribute
1	GOLD/GOPTRC1.Tr	phsA	ST	跳闸输出_GOOSE	跳闸输出_GOOSE
2	GOLD/GOPTRC1.Tr	phsB	ST	跳闸输出_GOOSE	跳闸输出_GOOSE
3	GOLD/GOPTRC1.Tr	phsC	ST	跳闸输出_GOOSE	跳闸输出_GOOSE
4	GOLD/GOPTRC1.StrBF	phsA	ST	启动失灵_GOOSE	启动失灵_GOOSE
5	GOLD/GOPTRC1.StrBF	phsB	ST	启动失灵_GOOSE	启动失灵_GOOSE
6	GOLD/GOPTRC1.StrBF	phsC	ST	启动失灵_GOOSE	启动失灵_GOOSE
7	GOLD/GOPTRC1.BlkRecST	stVal	ST	闭锁重合闸_GOOSE	闭锁重合闸_GOOSE
8	GOLD/GORREC1.Op	general	ST	重合闸_GOOSE	重合闸_GOOSE

图 1-3　GOOSE 数据集发送的数据内容

六、综合题

1. 在单侧电源线路上发生 A 相接地短路, 假设系统如图 1-4 所示。 T 变压器 YNy12 接线, YN 侧中性点接地。 T′ 变压器 YNd11 接线, YN 侧中性点接地。 T′ 变压器空载。

（1）请画出复合序网图。

（2）求出短路点的零序电流与 M 母线处的零序电压。

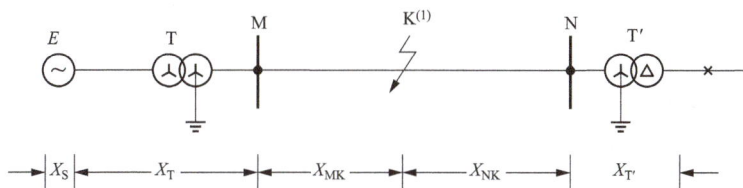

图 1-4　系统图

设电源电动势 $E=1$, 各元件电抗为 $X_{S1}=j10$, $X_{T1}=X_{T0}=j10$, $X_{MK1}=j20$, $X_{NK1}=j10$, $X_{T'1}=X_{T'0}=j10$, 输电线路 $X_0=3X_1$

2. 如图 1-5 所示，某变电站的 35kV 母分断路器热备用，投入母分断路器备用电源自动装置，Ⅰ段接线路 3687、3697（对侧开口热备用），Ⅱ段接线路 3690、3686、2 号电容器。线路 3687 的负荷为 1.5MVA，该备自投装置的无流鉴定 0.15A。运行过程中发生 35kV Ⅰ段母线 TV 高压熔丝三相熔断，35kV 备用电源自投装置动作合上 35kV 母分断路器，请分析动作原因（35kV 线路保护 TA 变比为 1000：5）。

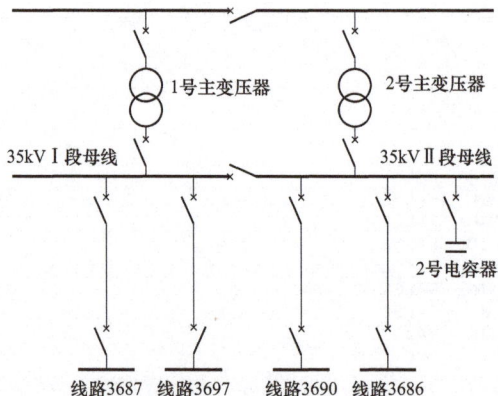

图 1-5　系统线路图

七、案例分析题

1. 110kV 赵站 10kV 为不接地系统，1 号变压器（Yd11）带 10kV Ⅰ段运行，当 10kV Ⅰ段 F53 线路发生故障时，110kV 牛赵线两侧 RCS-943A 差动保护动作跳闸，重合成功。

两侧的保护录波如图 1-6、图 1-7 所示，110kV 牛赵线牛侧的 TA 变比为 1200/1，赵侧 TA 变比为 800/1。两侧与差动保护相关的定值整定一致，均为：

零序启动电流：0.10A，TA 变比系数：1.00，差动电流高定值：0.30A，差动电流低定值：0.15A

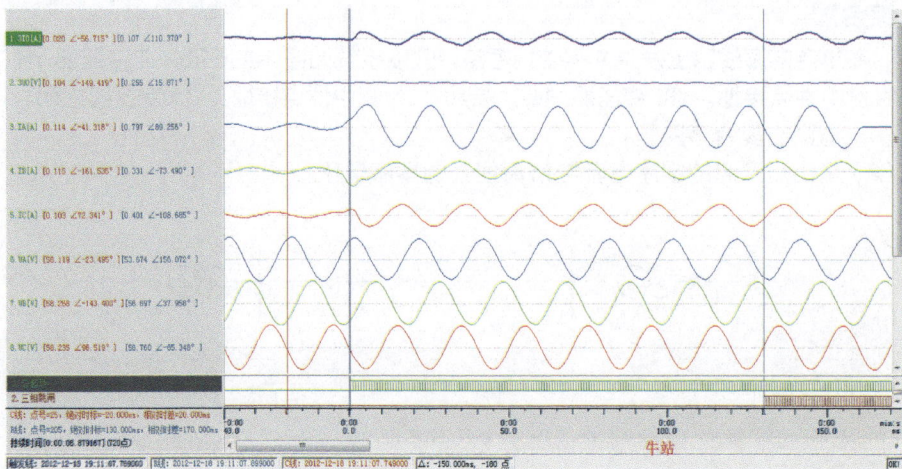

图 1-6　牛站波形

图 1-8 牛站与图 1-7 赵站中的 C 线对应启动前 20ms，R 线对应启动后 130ms。
根据上述收集的数据，请分析并回答以下问题：

（1）赵站 10kV Ⅰ 段 F53 线路发生什么类型故障？为什么？

（2）哪侧站的定值有问题？

（3）二次回路是否有问题？分析是什么问题？理由是什么？

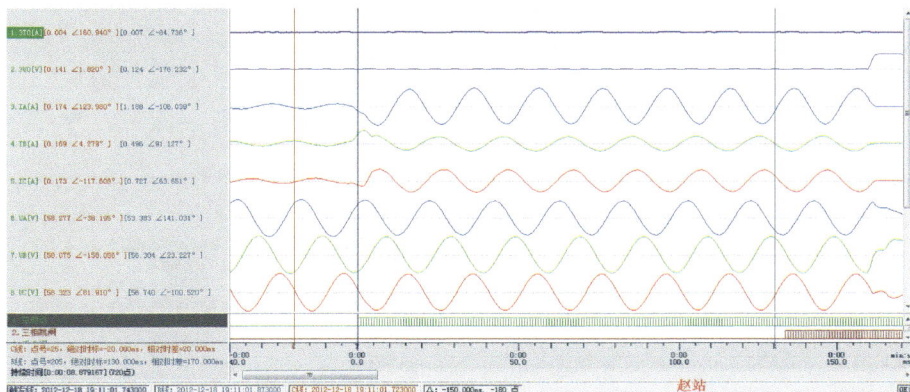

图 1-7　赵站波形

图 1-8　牛站和赵站数据

2. 2018 年 02 月 14 日 14 时 47 分，某 220kV 变电站某线发生 C 相接地故障，线路保护 RCS-931B 在 15ms 电流差动保护动作跳 C 相，在 292ms 电流差动保护动作三跳。现场录波如图 1-9 所示，40、290ms 时的测距情况如图 1-10、图 1-11 所示，动作报告如图 1-12 所示。请根据以下波形分析两侧保护动作行为，给出结论。保护主要定值如下：

电流变化量起动值：0.13A；零序起动电流：0.13A；TA 变比系数：0.80；

差动电流高定值：0.25A；差动电流低：0.13A；接地距离 Ⅰ 段定值：3.35Ω；

接地距离 Ⅱ 段定值：14.18Ω；接地距离 Ⅱ 段时间：0.90s；线路正序电抗：4.71Ω；

线路正序电阻：0.85Ω；线路总长度：24.69km；单相重合闸时间：0.70s；

零序补偿系数：0.61；正序灵敏角：79.79°；零序灵敏角：70.14°；

工频变化量阻抗：投入；差动保护：投入；TA 断线闭锁差动：投入；

接地距离 Ⅱ 闭重：投入；零 Ⅱ 段三跳闭重：投入；零 Ⅲ 段三跳闭重：投入；

投选相无效闭重：投入；非全相故障闭重：投入；投多相故障闭重：投入；投三相故障闭重：投入；内重合把手有效：退出；投单重方式：投入。

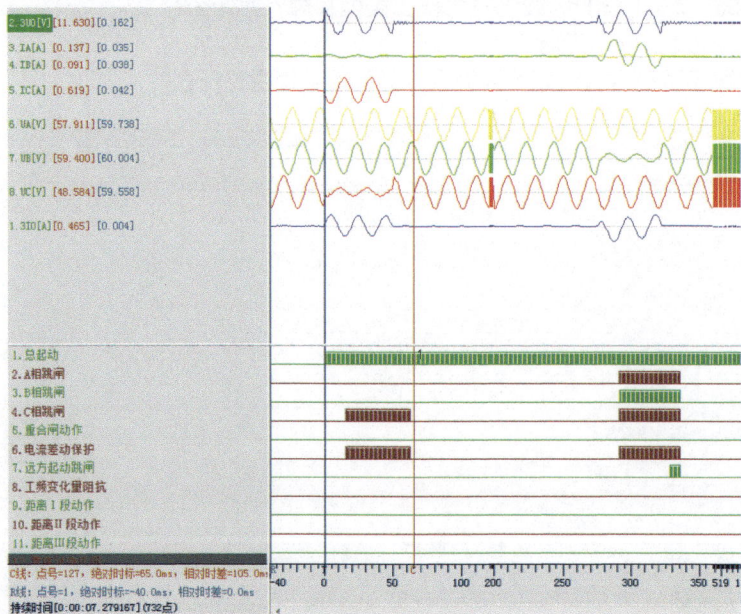

图 1-9   RCS-931B 保护录波 1

图 1-10   40ms 时的测距情况

图 1-11   290ms 时的测距情况

RCS-931B 装置跳闸报告

报告序号	起动时间	相对时间	动作元件	动作相别
496	2018年02月14日14时47分45秒842毫秒	015ms	电流差动保护	C
		291ms	电流差动保护	ABC
		328ms	远方起动跳闸	ABC
			故障测距结果：21.20kM (C)	
497	2018年02月14日15时18分12秒245毫秒	000ms	起动	

图 1-12　RCS-931B 动作报告

试　题　2

一、单项选择题

1. MU 是（　　）的简称。

A. 地方电子互感器 B. 合并单元

C. 智能终端 D. 保护设备

2. 光纤弯曲曲率半径应大于光纤外直径的（　　）倍。

A. 10 B. 15 C. 20 D. 30

3. 当采用双重化配置时，保护和智能终端的对应关系为（　　）。

A. 两套保护和智能终端分别一一对应

B. 为保证可靠性，单套保护可对应两套智能终端

C. 为保证可靠性，双套保护均和双套智能终端有关联

4. 主变压器中性点，间隙电流应接入（　　）。

A. 相应侧合并单元 B. 独立合并单元

C. 主变压器保护 D. 主变压器测控

5. 智能变电站系统中，在配置 SCD 文件时，要求各 IED 内任意一个报告控制块的 name 要（　　）。

A. 全站唯一 B. 装置内唯一 C. 完全相同

6. 智能变电站的 A/D 回路设计在（　　）。

A. 保护 B. 测控

C. 智能终端 D. 合并单元或 ECVT

7. 数字化变电站中，存在四种类型的模型文件，（　　）文件描述了装置的数据模型和能力。

A. ICD B. SSD C. SCD D. CID

8. （　　）保护出口一般使用组网实现。

A. 跳高压侧断路器 B. 跳中压侧断路器

C. 跳低压侧断路器 D. 闭锁低压备自投

9. 智能变电站过程层网络组网不考虑环形网络的原因是（　　）。

A. 省钱 B. 易产生网络风暴 C. 网络简单 D. 数据流向单一

10. 关于网络报文记录仪的描述正确的是（　　）。

A. 可记录分析存储和统计过程层报文 B. 不能记录分析存储和统计 MMS 报文

C. 具备一次设备状态监测功能 D. 具备站内状态评估功能

11. GOOSE 网络可交换的实时数据不包括（　　）。

A. 测控装置的遥控命令 B. 启动失灵保护、闭锁重合闸、远跳

C. 一次设备的遥信信号 D. 电能表数据

12. 下面说法错误的是（　　）。

A. 同一间隔的保护和智能终端可采用不同厂家的设备

B. 同一间隔的保护和合并单元可采用不同厂家的设备

C. 同一间隔的保护和测控可采用不同厂家的设备

D. 一条线路两端数字式的光线差动保护可采用不同厂家的设备

13. 主变压器保护和站控层主要通过（　　）网络传输数据。

A. GOOSE　　　　　B. SV　　　　　C. MMS　　　　　D. Internet

14. （　　）文件为变电站一次系统的描述文件，主要信息包括：一次系统的单线图、一次设备的逻辑节点、逻辑节点的类型定义等。

A. ICD　　　　　B. SSD　　　　　C. SCD　　　　　D. CID

15. （　　）压板不属于 GOOSE 出口软压板。

A. 跳高压侧压板　　　　　　　　B. 闭锁中压备自投压板

C. 跳闸备用压板　　　　　　　　D. 高压侧后备投入压板

16. （　　）压板必须使用硬压板。

A. 跳高压侧压板　　　　　　　　B. 检修压板

C. 高压侧后备投入压板　　　　　D. 高压侧电流接收压板

17. 保护采用网络采样方式，同步是在（　　）环节完成的。

A. 保护　　　　　B. 合并单元　　　　　C. 智能终端　　　　　D. 远端模块

18. 110kV 变电站站控层网络宜采用（　　）以太网络。

A. 单星型　　　　　B. 双星型　　　　　C. 环形　　　　　D. 总线型

19. 线路间隔的电压切换功能由（　　）装置实现。

A. 母线合并单元　　B. 线路合并单元　　C. 线路保护　　　　D. 线路测控

20. （　　）不属于变压器智能终端的功能。

A. 测量　　　　　B. 差动保护　　　　　C. 非电量保护　　　　　D. 控制

21. 组网方式下，当纵联差动保护装置的本地同步时钟丢失时，（　　）保护需要闭锁。

A. 距离　　　　　B. 纵联差动　　　　　C. 零序　　　　　D. 没有

22. 当合并单元投入检修，而保护装置未投入检修情况下，保护装置处理合并单元的数据的方式是（　　）。

A. 所有数据不参加保护逻辑计算　　　　B. 部分数据参与保护逻辑计算

C. 全部数据参与保护计算　　　　　　　D. 保护逻辑不受影响

23. 站控层网络可传输（　　）报文。

A. MMS　GOOSE　　　　　　　　B. MMS　SV

C. GOOSE　SV　　　　　　　　　D. MMS　GOOSE　SV

24. 智能变电站继电保护电压电流量可通过（　　）采集。

A. 传统互感器或电子式互感器　　　　B. 仅传统互感器

C. 仅电子式互感器

25. 当进行双重化配置时，两套智能终端合闸回路的连接方式是（　　）。

A. 分别连接至机构的两个合圈　　　　B. 只使用其中一套智能终端的合闸回路

C. 两套智能终端合闸回路进行并联

26. 发生三相对称短路时，短路电流中包含（　　）。

A. 正序分量　　　　　B. 负序分量　　　　　C. 零序分量　　　　　D. 零序电压

27. 各间隔合并单元所需母线电压量通过（　　）转发。

A. 交换机　　　　　　　　　　　　B. 母线电压合并单元

C. 智能终端　　　　　　　　　　　D. 保护装置

28. 低频低压减载装置属于电力系统安全稳定第（　　）道防线的设备。

A. 一　　　　　B. 二　　　　　C. 三　　　　　D. 四

29. 我国 110kV 及以上系统的中性点均采用（　　）接地方式。

A. 直接　　　　　B. 经消弧圈　　　　　C. 经大电抗器

30. 当智能终端产生告警时，智能变电站一般采用（　　）上送告警信号。

A. 多个空接点　　　　B. GOOSE　　　　C. 装置告警

31. 在电气设备上工作，（　　）是属于保证安全组织措施。

A. 工作票制度　　　　　　　　　　B. 工作安全制度

C. 工作安全责任制度

32. 母线差动保护采用电压闭锁元件的主要目的是（　　）。

A. 系统发生振荡时，母线差动保护不会误动

B. 区外发生故障时，母线差动保护不会误动

C. 由于误碰出口继电器而不至造成母线差动保护误动

33. 全光纤电流互感器采用的是（　　）原理。

A. 法拉第磁光效应　　　　　　　　B. Pockels 效应

C. 电容分压　　　　　　　　　　　D. 罗氏线圈

34. 合并单元正常情况下，对时精度应是（　　）。

A. ±1μs　　　　B. ±1ms　　　　C. ±1s　　　　D. ±1ns

35. 对于 220kV 及以上变电站，宜按（　　）设置网络配置故障录波装置和网络报文记录分析装置。

A. 电压等级　　　　B. 功能　　　　C. 间隔　　　　D. 其他

二、多项选择题

1. 电子式互感器的主要优势是（　　）。

A. 动态范围大，不易饱和　　　　　B. 绝缘简单

C. 重量轻　　　　　　　　　　　　D. 模拟量输出

2. "远方修改定值"软压板只能在装置本地修改。"远方修改定值"软压板投入时，（　　）可远方修改。

A. 软压板　　　　B. 装置参数　　　　C. 装置定值　　　　D. 定值区

3. 保护电压采样无效对线路光差保护的影响是（　　）。

A. 闭锁所有保护　　　　　　　　　B. 闭锁与电压相关保护

C. 对电流保护没影响　　　　　　　D. 自动投入 TV 断线过电流

4. 保护虚端子的特点是（　　）。

A. 可一输出对多输入　　　　　　　B. 可多输出对一输入

C. 不可一输出对多输入　　　　　　D. 不可多输出对一输入

5. 智能终端的检修压板投入时，会（　　）。

A. 发出的 GOOSE 品质位为检修　　　B. 发出的 GOOSE 品质位为非检修

C. 只响应品质位为检修的命令　　　　D. 只响应品质位为非检修的命令

6. 智能变电站通常由"三层两网"构建，"两网"指的是（　　）。

A. 站控层网络　　　B. 设备层网络　　　C. 过程层网络　　　D. 对时网络

7. 对于内桥接线的桥开关备自投，需要接入（　　）GOOSE 信号作为放电条件。

A. 主变压器低后备保护　　　　　　　B. 主变压器高后备保护

C. 主变压器差动保护　　　　　　　　D. 主变压器非电量保护

8. 母联合并单元输出数据无效，母线保护应（　　）处理。

A. 闭锁差动保护　　　　　　　　　　B. 闭锁母联失灵保护

C. 自动置互联　　　　　　　　　　　D. 闭锁母联过电流保护

9. SCD 修改后，（　　）的配置文件可能需要重新下载。

A. 合并单元　　　B. 保护装置　　　C. 交换机　　　D. 智能终端

10. 线路采样数据失步的情况下，以下（　　）会被闭锁。

A. 光纤纵差保护　　　　　　　　　　B. 母线差动保护

C. 主变压器后备保护　　　　　　　　D. 失灵保护

11. 智能终端除采集和控制断路器外，还可采集和控制（　　）。

A. 隔离开关　　　B. 接地开关　　　C. 避雷器

12. 下面（　　）属于间隔层。

A. 继电保护装置　　B. 系统测控装置　　C. 采集器　　　D. 状态检测装置

13. 下面（　　）设备属于智能变电站过程层设备。

A. 网络记录分析仪　B. 稳控装置　　　C. 合并单元　　　D. 智能终端

14. 某 220kV 线路第一套智能终端故障不停电消缺时，可做的安全措施有（　　）。

A. 退出该线路第一套线路保护跳闸压板　B. 退出该智能终端出口压板

C. 投入该智能终端检修压板　　　　　　D. 断开该智能终端 GOOSE 光缆

15. 电子式互感器的采样数据同步问题包括（　　）。

A. 同一间隔内各电压电流量的采样数据同步

B. 变电站内关联间隔之间的采样数据同步

C. 线路两端电流电压量的采样数据同步

D. 变电站与调度之间的采样数据同步

16. GPS 装置的主时钟由（　　）主要部分组成。

A. 时间信号接收单元　　　　　　　　B. 时间保持单元

C. 时间信号输出单元

17. 若使用电子式互感器，相当于常规保护功能模块中（　　）下放于一次测量系统中。

A. 交流输入组件　　　　　　　　　　B. A/D 转换组件

C. 保护逻辑（CPU）　　　　　　　　D. 开入开出组件

三、判断题

（　　）1. 智能变电站和常规变电站相比，可节省大量电缆。

（　　）2. 间隔层包括变压器、断路器、隔离开关、电流/电压互感器等一次设备及其所属的智能组件以及独立的智能电子设备。

（　　）3. 智能变电站母线保护在采样通信中断时不应闭锁母差保护。

（　　）4. 根据《智能变电站继电保护技术规范》，每个 MU 应能满足最多 8 个输入通道和至少 12 个输出端口的要求。

（　　）5. 智能终端安装处应保留总出口压板和检修压板。

（　　）6. 网络报文记录分析仪通过对站控层网络交换机的端口镜像实现 MMS 报文的监测。

（　　）7. 智能终端配置液晶显示屏，并应具备（断路器位置）指示灯位置显示和告警。

四、简答题

1. 简述智能变电站继电保护"直接采样、直接跳闸"的含义。

2. 简述 SCD 文件生成过程。

3. 《智能变电站继电保护技术规范》中对变压器保护的采样和跳闸方式有什么要求？

4. 继电保护装置应支持上送的信息有哪些？

五、论述题

1. 试述智能变电站继电保护异常处理原则。

2. 以下两题任选一题。

（1）论述智能变电站 220kV 线路间隔的典型配置（直采直跳方式）。

（2）智能变电站的保护装置验收有哪些项目？

试 题 3

一、填空题

1. 除出口继电器外，装置内的任一元件损坏时，装置不应误动作跳闸，自动检测回路应能发出告警或装置异常信号，并给出有关信息指明损坏元件的所在部位，在最不利情况下应能将故障定位至_____。

2. 保护装置在电流互感器二次回路不正常或断线时，应发告警信号，除_____保护外，允许跳闸。

3. 一台保护用 MU，额定一次电流 4000A（有效值），额定输出为 SCP＝01CF H（有效值，RangFlag＝0）。 对应于样本 2DF0 H 的瞬时模拟量电流值为_____A。

4. GOOSE 报文中 SqNum 和 StNum 的初始值在装置重启后分别为_____和_____。

5. 直馈输电线路如图 1-13 所示，系统等值、线路、变压器零序阻抗已标于图中（阻抗均换算至 220kV 电压），变压器 220kV 侧中性点接地，110kV 侧中性点不接地，变压器零序励磁阻抗趋于无穷大，k 点的综合零序阻抗为_____。

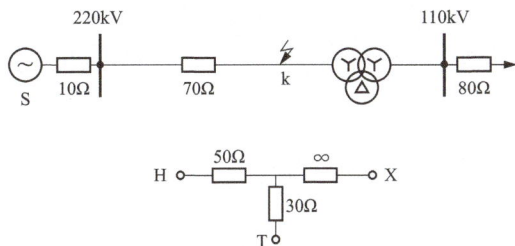

图 1-13 直馈输电线路

6. YNd11 变压器，三角形侧 ab 两相短路，星形侧装设两相三继电器过电流保护，测得二次电缆（包括电流互感器二次漏阻抗）和过电流继电器的阻抗分别为 0.27Ω 和 0.32Ω，则电流互感器二次负载阻抗为_____。

7. 有一台变压器 Yd11 接线，在其差动保护带负荷检查时，测得 Y 侧电流互感器电流相位关系为 i_b 超前 i_a 60°，i_a 超前 i_c 150°，i_c 超前 i_b 150°，且 i_c 为 8.65A，$i_a＝i_b＝$ 5A，可判断出变压器电流互感器_____。

8. 设电流互感器变比为 200/1，微机故障录波器预先整定好正弦电流波形基准值（峰值）为 1.0A/mm。 在一次线路接地故障中录得电流正半波为 17mm，负半波为 3mm，其全波的一次有效值为_____A。

9. 在某 9-2 的 SV 报文看到电压量数值为 0xFFF38ECB，那么该电压的实际瞬时值为_____。

10. 智能站 GOOSE 断链报警时间延时一般为_____倍 GOOSE 心跳报文间隔时间。

11. 容量为 30VA 的 10P20 电流互感器，二次额定电流为 5A，当二次负载小于 1.2Ω 时，允许的最大短路电流至少为_____倍额定电流。

12. 变压器在进行带负荷校方向时，负荷电流应至少为电流互感器额定电流的_____。

二、单项选择题

1. 电压互感器有两种：电容式电压互感器与电磁式电压互感器，其中暂态特性较差的是（　　）电压互感器。

A. 电容式　　　　　　B. 电磁式　　　　　　C. 都一样

2. 两相短路时，短路点故障相电流是正序电流的（　　）。

A. $\sqrt{2}$ 倍　　　　　　B. $\sqrt{3}$ 倍　　　　　　C. 2 倍

3. 相断线的故障断口边界条件与（　　）的相似。

A. 单相接地短路　　B. 两相短路　　　　C. 两相短路接地

4. 相当于负序分量的高次谐波是（　　）谐波。

A. $3n$ 次（其中 n 为正整数，余同）　　B. $3n+1$ 次

C. $3n+2$ 次　　　　　　　　　　　　　D. 上述三种以外的

5. 对称三角形接的三相负载 Z 等效成星形连接后，各相阻抗为（　　）。

A. $3Z$　　　　B. Z　　　　C. $\frac{1}{3}Z$　　　　D. $0.3Z$

6. 断路器采用（　　）建模。

A. XSWI　　　　B. XCBR　　　　C. CSWI　　　　D. RBRF

7. 智能变电站 220kV 及以上电压等级线路的（　　）功能应集成在线路保护装置中。

A. 智能终端　　　　　　　　B. 合并单元

C. 失步解列　　　　　　　　D. 线路过电压及远跳就地判别

8. 各间隔合并单元所需母线电压量通过（　　）转发。

A. 交换机　　　　　　　　　B. 母线电压合并单元

C. 智能终端　　　　　　　　D. 保护装置

9. 关于智能终端硬件配置不正确的说法有（　　）。

A. 智能终端硬件配置单电源　　　　B. 智能终端配置液晶显示

C. 智能终端配置位置指示灯　　　　D. 智能终端配置调试网口

10. 双母双分段接线按双重化配置（　　）台母线电压合并单元，不考虑横向并列。

A. 2　　　　B. 4　　　　C. 6　　　　D. 8

11. 如果要完整抓取交换机其他端口数据，以下方法（　　）可以实现。

A. 连到交换机任意端口，直接抓取即可

B. 端口映射到待抓取端口，再抓报文

C. 先将该端口接到 Hub，通过 Hub 抓取

D. 接到交换机控制口抓取报文

12. GOOSE 报文接收方应严格检查（　　）参数是否匹配。

A. Appid、GOID、GOCBRef、DataSet、ConfRev

B. GOCBRef、DataSet、ConfRev

C. Appid、GOID

D. GOID、GOCBRef、DataSet

13. 合并单元 9-2 发送数据中，电流电压值数据采用（　　）方式发送。

A. 32 位浮点型　　B. 16 位浮点型　　C. 16 位整型　　D. 32 位整型

14. 下列关于线路保护装置、合并单元、智能终端之间检修压板配合的描述不正确的是：（　　）。

A. 当线路需要检修时，需要将三者的检修压板均投入

B. 合并单元和保护装置检修压板不一致时，保护依然可动作

C. 合并单元和保护装置检修压板一致时，保护才处理采样数据

D. 智能终端和保护装置检修压板不一致时，保护装置依然可发送保护动作 GOOSE 报文，但智能终端无法出口

15. 面向通用对象的变电站事件 GOOSE 信息，一般用于（　　）传输。

A. 变位信息　　　　　　　　　　　B. 操作信息

C. 变位信息和操作信息　　　　　　D. 开关量或非瞬时性测量量

16. 二次装置失电告警信息应通过（　　）方式发送测控装置。

A. 硬接点　　　B. GOOSE　　　C. SV　　　D. MMS

17. 智能变电站中故障录波器产生的告警信息上送报文是（　　）。

A. MMS　　　B. GSGE　　　C. GOOSE　　　D. SV

18. 当 GOOSE 有且仅发生一次变位时（　　）。

A. 装置连发 5 帧，间隔为 2、2、4、8ms

B. 装置连发 5 帧，间隔为 2、2、4、4ms

C. 装置连发 5 帧，间隔为 2、2、2、2ms

D. 装置连发 5 帧，间隔为 2、4、6、8ms

19. 采用点对点 9-2 的智能站，若合并单元失去对时，对主变压器保护产生（　　）影响（假定主变压器为两圈变压器，主变压器保护仅与高低侧合并单元通信）。

A. 差动保护闭锁，后备保护开放　　　B. 所有保护闭锁

C. 不闭锁保护　　　　　　　　　　　D. 差动保护开放，后备保护闭锁

20. 若取相电压基准值为额定相电压，则功率标幺值等于（　　）。

A. 线电压标幺值　　　　　　　　　B. 线电压标幺值的 $\sqrt{3}$ 倍

C. 电流标幺值　　　　　　　　　　D. 电流标幺值的 $\sqrt{3}$ 倍

21. 单相接地故障中，零序电流超前 A 相负序电流 120°，这是（　　）相接地。

A. A　　　B. B　　　C. C

22. 在大电流接地系统中发生接地短路时，保护安装点的 $3U_0$ 和 $3I_0$ 之间的相位角取决于（　　）。

A. 该点到故障点的线路零序阻抗角

B. 该点正方向到零序网络中性点之间的零序阻抗角

C. 该点背后到零序网络中性点之间的零序阻抗角

23. 电阻连接如图 1-14 所示，ab 间的电阻为（　　）。

A. 3Ω　　　B. 5Ω

C. 6Ω　　　D. 7Ω

24.《电力系统安全稳定导则》规定，正常运行方式下，任一元件单一故障时，不应发生系统失步、电压

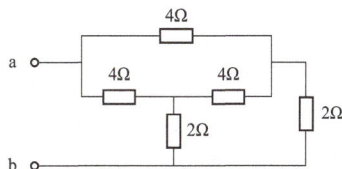

图 1-14 电阻连接

和频率崩溃。 其中正常运行方式（   ）计划检修。

A. 包含
B. 不包含
C. 根据需要确定是否包含
D. 事故处理时包含

25. 在大电流接地系统中，当相邻平行线停运检修并在两侧接地时，电网接地故障线路通过零序电流，将在该运行线路上产生零序感应电流，此时在运行线路中的零序电流将会（   ）。

A. 增大
B. 减少
C. 无变化

26. 110kV 某一条线路发生两相接地故障，该线路保护所测的正序和零序功率的方向是（   ）。

A. 均指向线路
B. 零序指向线路，正序指向母线
C. 正序指向线路，零序指向母线
D. 均指向母线

27. 如 10kV 电压互感器的开口三角形侧 B 相接反，正常运行时，开口三角电压为（   ）。

A. 100V
B. 33.3V
C. 200V
D. 66.6V

28. 对于完全换位的三相输电线路，如果线路的自感阻抗为 Z_S，互感阻抗为 Z_M，则对于序阻抗的正确表达是（   ）。

A. $Z_1 = Z_S - Z_M$, $Z_0 = Z_S + 2Z_M$
B. $Z_1 = Z_S - Z_M$, $Z_0 = Z_S + Z_M$
C. $Z_1 = Z_S$, $Z_0 = Z_S + Z_M$
D. $Z_1 = Z_S$, $Z_0 = Z_S + 2Z_M$

29. 保护装置应处理 MU 上送的数据品质位（无效、检修等），及时准确提供告警信息。 在异常状态下，利用 MU 的信息合理地进行保护功能的退出和保留，（   ）可能误动的保护，（   ），并在数据恢复正常之后尽快恢复被闭锁的保护功能。

A. 瞬时闭锁，瞬时告警
B. 瞬时闭锁，延时告警
C. 延时闭锁，延时告警
D. 延时闭锁，立刻告警

30. 大功率抗干扰继电器的启动功率应大于 5W，额定直流电源电压下动作时间为 10～（   ），应具有抗 220V 工频电压干扰能力。

A. 20ms
B. 25ms
C. 30ms
D. 35ms

31. 变压器励磁涌流与变压器充电合闸初相有关，比较下列初相角，（   ）时励磁涌流较小。

A. 0°
B. 60°
C. 80°
D. 120°

32. 某 220/20kV 变压器的接线形式为 Yd11，若其 20kV 侧发生 BC 两相接地短路时，该侧 A、B、C 相短路电流标幺值分别为 0、I_k、$-I_k$，则高压侧的 A、B、C 相短路电流的标幺值为（   ）。

A. I_k、I_k、0
B. $\dfrac{I_k}{\sqrt{3}}$、$-\dfrac{I_k}{\sqrt{3}}$、0
C. $-\dfrac{I_k}{\sqrt{3}}$、$\dfrac{2I_k}{\sqrt{3}}$、$-\dfrac{I_k}{\sqrt{3}}$
D. $\dfrac{I_k}{\sqrt{3}}$、$\dfrac{I_k}{\sqrt{3}}$、$-\dfrac{2I_k}{\sqrt{3}}$

33. 220kV 电压切换箱中，隔离开关辅助接点应采用（   ）输入方式。

A. 双位置
B. 单位置
C. 双位置或单位置
D. 动断和动合接点

34. 保护屏柜端子排设计中，下列描述正确的是（   ）。

A. 一个端子的每一端只能接一根线

B. 一个端子的每一端只能接线径相同的两根线

C. 一个端子的每一端可以接线径不同的两根线

D. 以上选项均不正确

35. 变压器运行中，一次系统无故障，因 TA 开路导致变压器差动保护动作跳闸，下列叙述正确的为（　　　）。

A. TA 开路后产生差流，主变压器差动保护装置动作逻辑正确，因此应评价为保护正确动作

B. 本次跳闸事件应评价为保护误动

C. 根据相关规程要求，本次事件可免于评价

D. 以上叙述均不正确

36. DL/T 587—2007《微机继电保护装置运行管理规程》规定：微机继电保护装置的使用年限一般不低于（　　　）年，对于运行不稳定、工作环境恶劣的微机继电保护装置可根据运行情况适当缩短使用年限。

A. 8　　　　　　　　B. 10　　　　　　　　C. 12　　　　　　　　D. 15

37. 由开关场的互感器等设备至开关场就地端子箱之间的二次电缆应经金属管从一次设备的接线盒（箱）引至电缆沟，下列选项对电缆的屏蔽层接地描述正确的是（　　　）。

A. 仅在互感器接线盒（箱）处接地

B. 在互感器接线盒（箱）处和就地端子箱处两点接地

C. 仅在就地端子箱处接地

D. 以上选项均不正确

38. 已在控制室一点接地的电压互感器二次绕组，宜在开关场将二次绕组中性点经放电间隙或氧化锌阀片接地，其击穿电压峰值应大于 $30 I_{max}$ V。I_{max} 为（　　　）。

A. 电网接地故障时通过变电站的可能最大接地电流有效值

B. 该站内接地故障时通过变电站的可能最大接地电流有效值

C. 该 TV 电压等级电网接地故障时通过变电站的可能最大接地电流有效值

D. 以上选项均不正确

39. 含有重合闸的线路保护装置中，对重合闸控制字叙述正确的是（　　　）。

A. "禁止重合闸"是指闭锁重合闸，沟通三跳

B. "停用重合闸"是指闭锁重合闸，沟通三跳

C. 以上选项均不正确

三、多项选择题

1. 智能变电站网络交换机，应满足以下要求：（　　　）。

A. 应采用工业级或以上等级产品　　　　B. 应使用无扇形，采用交流工作电源

C. 应满足变电站电磁兼容的要求　　　　D. 支持端口速率限制和广播风暴限制

2. 以下关于智能变电站智能终端，正确的说法有：（　　　）。

A. 智能终端不设置防跳功能，防跳功能由断路器本体实现

B. 220kV 及以上电压等级变压器各侧的智能终端均按双重化配置 110kV 变压器各侧智能终端宜按双套配置

C. 每台变压器配置一套本体智能终端，本体智能终端包含完整的变压器本体信息交互功能（非电量动作报文、调挡及测温等），并可提供用于闭锁调压、启动风冷、启动充氮灭火等出口接点

D. 智能终端跳合闸出口回路不设置压板

3. MMS 协议可完成下述（　　）功能。

A. 保护跳闸　　　　　B. 定值管理　　　　　C. 控制　　　　　　　D. 故障报告上送

4. 大接地电流系统中，若（　　），则同一点上发生的单相短路接地、两相短路、两相接地短路、三相短路，其正序电流分量满足（　　）。

A. 三相短路等于两相短路的 2 倍　　　　　B. 三相短路大于单相短路的 3 倍

C. 两相接地短路大于三相短路　　　　　　D. 单相短路小于两相接地短路

5. 智能变电站 SV 告警描述正确的有（　　）。

A. 保护装置的接收采样值异常应送出告警信号，设置对应合并单元的采样值无效和采样值报文丢帧告警

B. SV 通信时对接收报文的配置不一致信息应送出告警信号，判断条件为配置版本号、ASDU 数目及采样值数目不匹配等

C. ICD 文件中，应配置有逻辑接点 SVAlmGGIO，其中配置足够的 Alm 用于告警

D. SV 通信时对接收报文的配置不一致信息应送出告警信号，判断条件为配置版本号、ASDU 数目、采样值数目及通道延时不匹配

6. 智能站报文检修处理机制正确的说法是（　　）。

A. 检修状态通过装置压板开入实现，检修压板应只能就地操作，当压板投入时，表示装置处于检修状态。装置应通过 LED 状态灯、液晶显示或报警接点提醒运行、检修人员装置处于检修状态

B. GOOSE 接收端装置应将接收的 GOOSE 报文中 test 位与装置自身的检修压板状态进行比较，只有两者一致时才将信号作为有效进行处理或动作

C. 对于测控装置，当本装置检修压板、接收到的 GOOSE 报文中 test 位均同时为 1 时，上传 MMS 报文中相关信号的品质 q 的 Test 位应置 1

D. SV 接收端装置应将接收的 SV 报文中的 test 位与装置自身的检修压板状态进行比较，只有两者一致时才将该信号用于保护逻辑，否则应不参加保护逻辑的计算

7. 关于模拟量输入式合并单元，下列叙述正确的为（　　）。

A. 单个合并单元采样响应时间不大于 1ms

B. 两级级联的合并单元采样响应时间不大于 2ms

C. SV 报文时间间隔应在 $240\sim260\mu s$

D. 合并单元时钟同步信号从无到有变化过程中，其采样周期调整步长不大于 $1\mu s$

8. 电力变压器差动保护在稳态情况下，不平衡电流的产生原因为（　　）。

A. 各侧电流互感器特性差异　　　　　　B. 变压器的励磁涌流

C. 改变分接头位置　　　　　　　　　　D. 外部短路电流过大

9. 直采直跳方式的变压器保护，当低压侧断路器停用检修时，下列做法正确的是（　　）。

A. 投入保护装置总检修压板

B. 退出低压侧断路器 SV 接收压板

C. 退出跳低压侧断路器 GOOSE 压板

D. 不投退任何压板，仅拔掉低压侧采样及跳闸对应的光纤

四、判断题

（　　）1. 变压器后备保护跳母联、分段应启动失灵保护。

（　　）2. 大电流接地系统中发生接地故障，中性点不接地变压器也会发生中性点电压偏移。

（　　）3. 不管是大电流接地系统还是小电流接地系统，供同期用的电压均可从电压互感器的二次绕组相间取得，也可从三次绕组的一个绕组上取得。

（　　）4. 智能站装置断路器、隔离开关位置采用双点信号，其余信号采用单点信号。

（　　）5. GOOSE 虚端子信息应配置到 DO 层次，SV 虚端子信息应配置到 DA 层次。

（　　）6. IED 配置工具应支持从 SCD 文件自动导出相关 CID 文件和 IED 过程层虚端子配置文件，这两种文件不可分开下装。

（　　）7. 智能终端装置加上电源、断电、电源电压缓慢上升或缓慢下降，装置均不应误动作或误发信号，当电源恢复正常后，装置应自动恢复正常运行。

（　　）8. 保护压板数据（dsRelayEna）中同时包含硬压板和软压板数据，告警数据集（dsWarning）中包含所有导致装置闭锁无法正常工作的报警信号。 故障信号数据集（dsAlarm）中包含所有影响装置部分功能，装置仍然继续运行的告警信号，通信工况数据集（dsCommState）中包含所有装置 GOOSE、SV 通信链路的告警信息。

（　　）9. 保护 SV 接收压板退出后，电流、电压可正常显示，但不参与保护逻辑运算。

（　　）10. 对于含有重合闸功能的线路保护，当发生相间故障或永久性故障时，可只发三个分相跳闸命令，三相跳闸回路不宜引接。

（　　）11. 变压器差动保护双重化配置，B 套保护因装置故障退出运行。 因 A 套保护始终投运，B 套保护的退运不影响变压器保护的主保护投运率。

（　　）12. 变压器高、中、低压侧复压元件由各侧电压经"或门"构成。

（　　）13. 在新安装验收和定检中，对二次回路绝缘检查中规定，用 1000V 绝缘电阻表测量回路绝缘电阻，其阻值应大于 10MΩ。

（　　）14. "远方操作"只设硬压板。"远方投退压板""远方切换定值区"和"远方修改定值"只设软压板，只能在装置本地操作，三者功能相互独立，分别与"远方操作"硬压板采用"与门"逻辑。 以上要求对于智能站和常规站均适用。

（　　）15. 对于 220～500kV 分相操作的线路断路器，可不考虑断路器三相拒动的情况。

（　　）16. 变压器保护各侧 TA 变比，不宜使平衡系数大于 10。

（　　）17. SMV 配置中 APPID 为 4 位 16 进制值，其范围从 4000～7FFF。

（　　）18. 变压器零序电压为自产，零序过电压保护定值固定为 180V。

五、简答题

1. 根据《线路保护及辅助装置标准化设计规范》（Q/GDW 1161—2013），请说明智能站 GOOSE、SV 软压板的设置原则。

2. 简述双母双分段线接线变电站的母差保护、断路器失灵保护，分段支路不应经复

合电压闭锁的原因。

3. 智能变电站变压器保护中，哪些信息应通过点对点方式传输，哪些可通过交换机网络传输。

4. 母线采用双母线接线，母线电压合并单元级联线路间隔合并单元，分别叙述母线电压合并单元和线路间隔合并单元故障导致采样无效，对线路保护装置的影响。

5. 如图 1-15 所示，该 220kV 线路 B 相发生单相永久性故障，此时，由于 211 断路器 A 相机构故障，不能正常分闸，保护如何动作？失灵保护是否会动作？为什么？（220kV 线路重合闸方式为单重，211 断路器失灵保护投入）

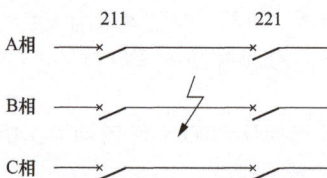

图 1-15 某 220kV 线路

6. 双母线接线的 220kV 母线发生故障，变压器 220kV 侧断路器失灵时，如何实现联跳变压器各侧断路器的功能？

六、计算题

如图 1-16 所示系统，发电厂经同杆并架双回线向系统送电，每回线负荷电流为 $I_{A[0]} = 600\angle 0°$ A，以 1000MVA 为基准，机组、线路和系统阻抗标幺值如下：$X_{1F} = 0.7$ $X_{1T} = 0.5$ $X_{1L} = 0.6$ $X_{1S} = 0.3$ $X_{0T} = 0.4$ $X_{0L} = 1.8$ $X_{0M} = 0.6$ $X_{0S} = 0.2$，电厂侧 1 线出口发生 A 相断线。画出复合序网图，求 l 线 I_B、I_C、$3I_0$？

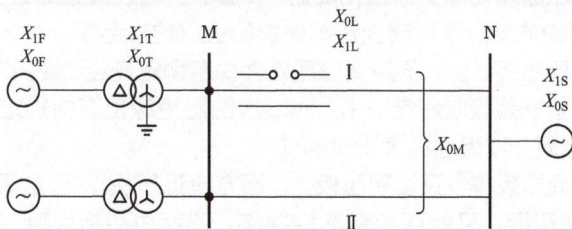

图 1-16 发电厂经同杆并架双回线

七、分析题

1. 变电站主接线如图 1-17 所示，变压器接线组别 Ynd11，高压侧无电压互感器，低压侧电压互感器二次为 $100/\sqrt{3}$ V。某日线路 2 进行了部分杆塔改造工作，送电后在变电站进行低压侧二次核相。已知变电站内原一、二次设备接线正确，核相结果如下：

U_{a1}、U_{b1}、U_{c1} 为 10kV 1 号母线电压，U_{a2}、U_{b2}、U_{c2} 为 10kV 2 号母线电压，测量相电压、相间电压均正确，测量 U_{a1} 与 U_{a2} 为 57.7V，U_{b1} 与 U_{b2} 为 115.4V，U_{c1} 与 U_{c2} 为 57.7V。请根据核相结果用向量图分析存在问题和处理措施。

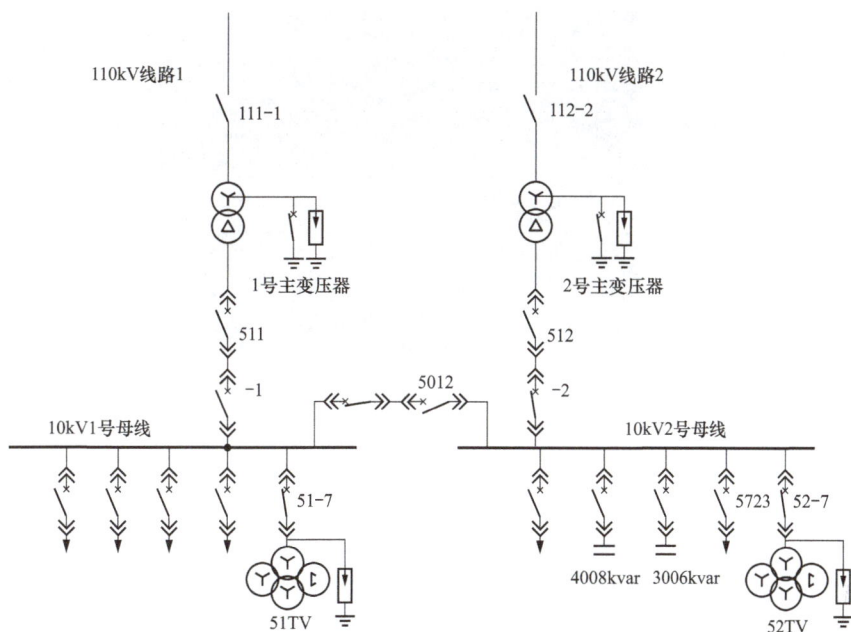

图 1-17 某变电站主接线

2. 如图 1-18 所示，某 220kV 变电站采用组合电器双母线接线方式，TA 绕组分布在断路器两侧。 母联合环运行，甲、乙线接于 N 变电站，丙、丁线接于 M 变电站。 乙线线路采用两套纵联保护。

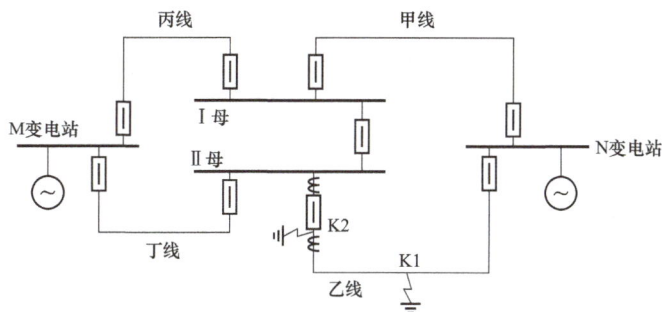

图 1-18 系统接线图

乙线先在 K1 点发生 A 相单相接地故障，保护正确动作两侧单跳，经 1s 两侧重合成功重合后 2s（即图 1-19 中 t_1 时刻）在 K2 点又发生 A 相接地故障。 保护装置均正确动作，图 1-19 是 K2 点故障母差保护装置录波图。

根据图 1-19，回答以下问题：

（1）分析 t_1 时刻到 t_2 时刻之间及 t_2 时刻以后的各电压电流波形特征，并说明其原因。

（2）分析 K2 点故障，乙线 N 侧线路保护动作出口情况，并说明其原因。

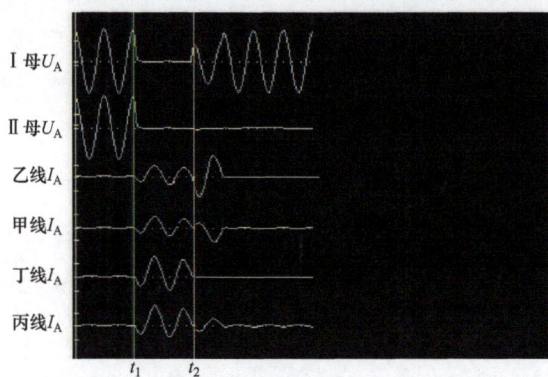

图 1-19 K2 点故障母差保护装置录波图

试 题 4

一、单项选择题

1. 同杆双回线均运行时，第二回线中的零序电流对第一回线的互感产生（   ）作用，架空地线流经电流对第一回线的互感产生（   ）作用。

    A. 去磁、去磁   B. 去磁、助磁   C. 助磁、助磁   D. 助磁、去磁

2. 智能变电站中任意两台智能电子设备之间的数据传输路由不应超过（   ）台交换机。

    A. 1 台   B. 2 台   C. 3 台   D. 4 台

3. 通过调整有载调压变压器分接头进行调整电压时，对系统来说（   ）。

    A. 起不了多大作用   B. 改变系统的频率

    C. 改变了无功分布   D. 改变系统的谐波

4. 接入两个及以上 MU 的保护装置应按（   ）原则设置"SV 接收"软压板。

    A. 模拟量通道   B. 电压等级   C. MU 设置   D. 保护装置设置

5. 在某 9-2 的 SV 报文看到电压量数值为 0xFFF38ECB，那么该电压的实际瞬时值为（   ）kV。

    A. -0.815413 B. 8.15413   C. -8.15413 D. 0.815413

6. 防跳继电器动作时间应与断路器动作时间配合，断路器（   ）保护的动作时间应与其他保护动作时间相配合。

    A. 充电   B. 失灵   C. 死区   D. 三相位置不一致

7. 配置足够的保护备品备件，缩短继电保护缺陷处理时间。微机保护装置的开关电源模块宜在运行（   ）后予以更换。

    A. 3 年   B. 5 年   C. 6 年   D. 10 年

8. 由开关场的变压器、断路器、隔离开关和电流、电压互感器等设备至开关场就地端子箱之间的二次电缆应经（   ）从一次设备的接线盒（箱）引至电缆沟，并将金属管的上端与上述设备的底座和金属外壳良好焊接，下端就近与主接地网良好焊接。

    A. 金属管   B. 塑料管   C. 橡胶管   D. 陶瓷管

9. 装设静态型、微机型继电保护装置和收发信机的厂站接地电阻应按《电子计算机场地通用规范》（GB/T 2887—2011）和《计算机场地安全要求》（GB 9361—2011）规定，不大于（   ）Ω，上述设备的机箱应构成良好电磁屏蔽体，并有可靠的接地措施。

    A. 0.5   B. 1   C. 1.5   D. 2

10. 直流总输出回路、直流分路均装设自动开关时，必须确保上、下级自动开关有选择性地配合，自动开关的额定工作电流应按最大动态负荷电流（即保护三相同时动作、跳闸和收发信机在满功率发信的状态下）的（   ）倍选用。

    A. 1.2   B. 1.5   C. 1.8   D. 2.0

11. 对于远距离、重负荷线路及事故过负荷等情况，宜采用设置（   ）或其他方法避免相间、接地距离保护的后备段保护误动作。

    A. 补偿系数   B. 负荷电阻线   C. 延时   D. 偏移角度

12. 变压器的高压侧宜设置（　　　）的后备保护。 在保护不失配的前提下，尽量缩短变压器后备保护的整定时间级差。

　　A. 0.1s 延时　　　　B. 无延时　　　　C. 短延时　　　　D. 长延时

13. 所有差动保护（线路、母线、变压器、电抗器、发电机等）在投入运行前，除应在负荷电流大于电流互感器额定电流（　　　）的条件下测定相回路和差回路外，还必须测量各中性线的不平衡电流、电压，以保证保护装置和二次回路接线的正确性。

　　A. 5%　　　　B. 8%　　　　C. 10%　　　　D. 20%

14. 对于装置间不经附加判据直接启动跳闸的开入量，应经抗干扰继电器重动后开入抗干扰继电器的启动功率应大于 5W，动作电压在额定直流电源电压的 55%～70% 范围内，额定直流电源电压下动作时间为（　　　），应具有抗 220 V 工频电压干扰的能力。

　　A. 5～10ms　　　　B. 10～35 ms　　　　C. 40～50 ms

15. 保护装置的参数、配置文件仅在（　　　）投入时才可下装，下装时应闭锁保护。

　　A. 主保护投退压板　　　　　　B. 检修压板

　　C. 纵联保护投退压板　　　　　D. 保护投退压板

16. GOOSE 和 SV 使用的组播地址前三位为 （　　　）。

　　A. 01-0A-CD　　　　B. 01-0B-CD　　　　C. 01-0C-CD　　　　D. 01-0D-CD

17. 关于 IEC 60044-8 规范，下述说法不正确的是（　　　）。

　　A. 采用 Manchester 编码　　　　B. 传输速度为 2.5Mbit/s 或 10Mbit/s

　　C. 只能实现点对点通信　　　　　D. 可实现网络方式传输

18. 线路保护采集母差远跳开入，当与接收母线保护 GOOSE 检修不一致时，那么远跳开入应（　　　）。

　　A. 清 0　　　　B. 保持前值　　　　C. 置 1　　　　D. 取反

19. 智能变电站两侧的光纤差动线路保护一侧传统采样一侧点对点方式数字化采样，下列同步方式正确的是（　　　）。

　　A. 调整两侧数据发送时刻一致后，传统侧将延时传给数字化侧，数字化侧补偿延时

　　B. 调整两侧数据发送时刻一致后，数字侧将延时传给传统侧，传统侧补偿延时

　　C. 无需调整两侧数据发送时刻一致，传统侧将延时传给数字化侧，数字化侧补偿延时即可

　　D. 无需调整两侧数据发送时刻一致，数字侧将延时传给传统侧，传统侧补偿延时即可

20. 用实测法测定线路的零序参数，假设试验时无零序干扰电压，电流表读数为 10A，电压表读数为 10V，瓦特表读数为 50W，零序阻抗的计算值为（　　　）。

　　A. $0.5+j0.866\Omega$　　B. $1.5+j2.598\Omega$　　C. $1.0+j1.732\Omega$

21. 在保护检验工作完毕后，投入出口压板之前，通常用万用表测量跳闸压板电位，当开关在合闸位置时，正确的状态应该是（　　　）（直流系统为 220V）。

　　A. 压板下口对地为 +110V 左右，上口对地为 -110V 左右

　　B. 压板下口对地为 +110V 左右，上口对地为 0V 左右

　　C. 压板下口对地为 0V，上口对地为 -110V 左右

　　D. 压板下口对地为 +220V 左右，上口对地为 0V

22. 继电保护是以常见运行方式为主来进行整定计算和灵敏度校核的，所谓常见运行方式是指（　　　）。

A. 正常运行方式下，任意一回线路检修

B. 正常运行方式下，与被保护设备相邻近的一回线路或一个元件检修

C. 正常运行方式下，与被保护设备相邻近的一回线路检修并有另外一回线路故障被切除

23. 空投变压器时，具有二次谐波制动的差动保护误动，可能的原因只有（　　）。

A. 差动 TA 二次回路断线

B. 二次谐波制动比整定得过大

C. 二次谐波制动比整定得过小

D. 二次谐波制动的整定值过大或差动速断倍数整定值过小

24. 为保证接地后备最后一段保护可靠地、有选择性地切除故障 220kV 线路，接地电阻最大按（　　）考虑。

A. 100Ω　　　　　　B. 200Ω　　　　　　C. 300Ω

25. 国家电网公司的扩展 FT3 格式与标准 FT3 格式的区别不包括（　　）。

A. 增加通道延时　　　　　　　　B. 数据通道扩展至 22 路

C. 有效无效状态位扩展至 22 位　　D. DataSetName 由 01H 变为 FEH

26. 当大电源切除后发供电功率严重不平衡，将造成频率或电压降低，如用低频低压减负荷不能满足运行要求时，须在某些地点装设（　　），使解列后的局部电网保持安全稳定运行，以确保对重要用户的可靠供电。

A. 低频、低压解列装置　　　　　B. 联切负荷装置

C. 切机装置　　　　　　　　　　D. 振荡解列装置

27. 按对称分量法，A 相的正序分量可按（　　）式计算。

A. $FA1=(\alpha FA+\alpha2FB+FC)/3$　　　　B. $FA1=(FA+\alpha FB+\alpha2FC)/3$

C. $FA1=(\alpha2FA+\alpha FB+FC)/3$

28. 在变压器的零序等值电路中，（　　）绕组端点与外电路断开，但与励磁支路并联。

A. 三角形接法　　　　　　　　　B. 中性点不接地星形接法

C. 中性点接地星形接法

二、多项选择题

1. SCD 文件信息包含（　　）。

A. 与调度通信参数

B. 二次设备配置（包含信号描述配置、GOOSE 信号连接配置）

C. 通信网络及参数的配置

D. 变电站一次系统配置（含一、二次关联信息配置）

2. 智能变电站主变压器保护有哪些信号可通过 GOOSE 网络传输方式（　　）。

A. 失灵保护启动　　　　　　　　B. 解复压闭锁

C. 启动变压器保护联跳各侧　　　D. 变压器保护跳母联

3. 当智能终端发生事件变位，发送的 GOOSE 控制块中的 ST 和 SQ 变化情况是（　　）。

A. ST 加 1　　　B. SQ 加 1　　　C. ST 和 SQ 均加 1　　D. SQ 清 0

4. 应根据系统短路容量合理选择电流互感器的（　　）和特性，满足保护装置整定配合和可靠性的要求。

A. 额定电流　　　B. 接线方式　　　C. 变比　　　　　D. 容量

5. 采用比率制动式的差动保护继电器，可（　　）。

A. 躲开励磁涌流　　　　　　　　B. 提高保护内部故障时的灵敏度

C. 提高保护对于外部故障的安全性　　D. 防止 TA 断线时误动

6. 继电保护装置中采用正序电压做极化电压的优点有（　　）。

A. 故障后各相正序电压的相位与故障前的相位基本不变，与故障类型无关，易取得稳定的动作特性

B. 除了出口三相短路以外，正序电压幅值不为零，死区较小

C. 可改善保护的选相性能

D. 可提高保护动作时间

7. 由开关场至控制室的二次电缆采用屏蔽电缆且要求屏蔽层两端接地是为了降低（　　）。

A. 开关场的空间电磁场在电缆芯线上产生感应，对静态型保护装置造成干扰

B. 相邻电缆中信号产生的电磁场在电缆芯线上产生感应，对静态型保护装置造成干扰

C. 本电缆中信号产生的电磁场在相邻电缆的芯线上产生感应，对静态型保护装置造成干扰

D. 由于开关场与控制室的地电位不同，在电缆中产生干扰

8. 网络风暴产生的原因主要有（　　）。

A. 网络拓扑结构　　　　　　　　B. 接口芯片异常

C. 网络拥堵　　　　　　　　　　D. 网络协议设计不合理

三、判断题

（　　）1. 在电力系统中，负荷吸取的有功功率与系统频率的变化有关，系统频率升高时，负荷吸取的有功功率随着下降，频率下降时，负荷吸取的有功功率随着增高。

（　　）2. 长距离输电线路为了补偿线路分布电容的影响，以防止过电压和发电机的自励磁，需装设并联电抗补偿装置。

（　　）3. 安装在电缆上的零序电流互感器，电缆的屏蔽引线应穿过零序电流互感器接地。

（　　）4. 两组电压互感器的并联，必须是一次侧先并联，然后才允许二次侧并联。

（　　）5. 在中性点不接地系统中，如果忽略电容电流，发生单相接地时，系统一定不会有零序电流。

（　　）6. 由母线向线路送出有功功率 100MW，无功功率 100Mvar。电压超前电流的角度是 135°。

（　　）7. 零序电流保护虽然作不了所有类型故障的后备保护，却能保证在本线路末端经较大过渡电阻接地时仍有足够灵敏度。

（　　）8. 对于双层屏蔽电缆，为增强屏蔽效果，内外屏蔽层应可靠连接在一起，并两端接地。

（　　）9. 大电流接地系统单相接地故障时，故障相接地点处的 U_0 与 U_2 相等。

（　　）10. 在线路上发生经过渡电阻两相接地故障时，相间距离继电器的测量阻抗不受过渡电阻的影响。

（　　）11. 标准化保护装置应能记录相关保护动作信息，保留 8 次以上最新动作报告。每个动作报告应包含故障前 2 个周期、故障后 6 个周期的数据。

（　　）12. 保护装置的定值应简化，不宜多设置自动的辅助定值和内部固定定值。

（　　）13. 对构成环路的各种母线，母线保护不应因母线故障时电流流入的影响而拒动。

（　　）14. 同一 Data 或 DataAttribute 可被多个 Dataset 引用。

（　　）15. 当外部同步信号失去时，合并单元输出的采样值报文中的同步标识位"SmpSynch"应立即变为 0。

（　　）16. 正常运行时，如果运行人员误投入装置检修压板，可能造成保护误动。

（　　）17. 同一个 LD 的相过电流和零序过电流，其 LN 名都为 TVOC，可通过 lnInst 号或前缀来区分。

（　　）18. 告警信号数据集（dsWarning）中包含所有影响装置部分功能，装置仍然继续运行的告警信号和导致装置闭锁无法正常工作的报警信号。

（　　）19. 光纤弯曲曲率半径应大于光纤外直径的 15 倍。

四、填空题

1. 保护装置、合并单元的保护采样回路应使用 A/D 冗余结构（公用一个电压或电流源），保护装置采样频率不应低于 1000Hz，合并单元采样频率为_____Hz。

2. 两种同步机制包括时标同步和_____同步。

3. 断路器辅助接点与主触头的动作时间差不大于_____。

4. 纵联电流差动保护两侧_____和本侧差动元件同时动作才允许差动保护出口。

5. 在 DL/T 860 标准中，_____是报告、日志及 GOOSE 的传输基础。

6. 智能终端动作时间不大于_____ms（包含出口继电器的时间）。

7. 传送数字信号的保护与通信设备间的距离大于_____时，应采用光缆。

8. 继电保护装置试验所用仪表的精度应为_____级。

9. 当短路电流大于变压器热稳定电流时，变压器保护切除故障的时间不宜大于_____。

五、简答题

1. 根据《线路保护及辅助装置标准化设计规范》（Q/GDW 1161—2014），常规保护装置哪些压板不是按"软、硬压板一一对应，采用'与门'逻辑"原则设置？

2. 简述智能变电站中隔离一台保护装置与站内其余装置的 GOOSE 报文有效通信的方法。

3. 引起光纤差动保护差流异常有哪些可能因素？

4. 双母线接线的微机母差保护具有大差和小差，小差能区分故障母线，为什么还要设大差？

六、计算题

如图 1-20 所示，220kV 线路 K 点 A 相单相接地短路。电源、线路阻抗标幺值已在图中注明，设正、负序电抗相等，基准电压为 230kV，基准容量为 1000MVA。

（1）绘出 K 点 A 相接地短路时复合序网图。

（2）计算短路点的全电流（有名值）。

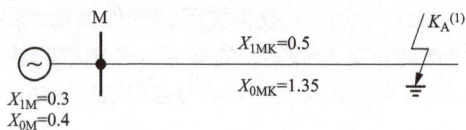

图 1-20 某 220kV 线路

七、分析题

某 110kV 系统采用逐级串供方式，电源端 A 站主变压器 110kV 侧中性点直接接地，其他各负荷站 110kV 主变压器中性点均经间隙接地，主变压器间隙保护退出，各线路配置相间距离保护及无方向零序保护，接线如图 1-21 示。

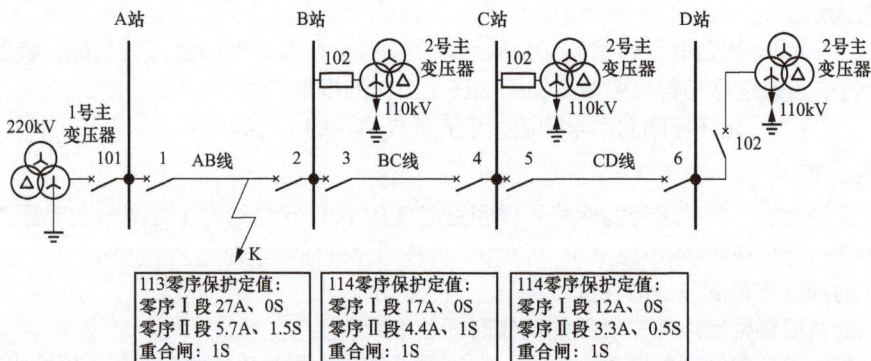

图 1-21 某 110kV 系统接线图

在 AB 线路 K 点发生 A 相接地故障时，A 站 1 断路器零序二段动作掉闸（故障电流 20.4A），C 站 5 断路器零序二段动作掉闸（故障电流 4.7A），线路负荷侧断路器（2，4，6）未配置保护。经检查保护装置和二次回路无异常，试分析 1、5 断路器保护动作行为是否正确？为什么？3 断路器保护为何不动作？

试 题 5

一、单项选择题

1. 某 35kV 变电站发 "35kV 母线接地" 信号，测得三相电压为 A 相 22.5kV、B 相 23.5kV、C 相 0.6kV，则应判断为（   ）。

    A. 单相接地   B. TV 断线   C. 铁磁谐振   D. 线路断线

2. MU 采样值发送间隔离散值应小于（   ）μs，对应角差（   ）°。

    A. 8、0.144   B. 8、0.18   C. 10、0.144   D. 10、0.18

3. 当 GOOSE 报文中 "Time Allowed to Live" 参数为 10s 时，断链判断时间应为（   ）s。

    A. 10   B. 20   C. 40   D. 80

4. 某一条线路 M 侧为中性点接地系统，N 侧无电源但主变压器（YN，d11 接线）中性点接地，当该线路 A 相接地故障时，如果不考虑负荷电流，则（   ）。

    A. N 侧 A 相有电流，B、C 相无电流

    B. N 侧 A 相有电流，B、C 相有电流，但大小不同

    C. N 侧 A 相有电流且与 B、C 相电流大小相等、相位相同

    D. N 侧 A 相有电流且与 B、C 相电流大小相等，但相位相差120°

5. 电力系统中处于额定运行状况的电压互感器 TV 和电流互感器 TA，设 TV 铁芯中的磁密为 BV、TA 铁芯中的磁密为 BA，BV 和 BA 相比（   ）。

    A. BV＞BA   B. BV≈BA   C. BV＜BA   D. 大小不确定

6. 中性点不接地系统，发生金属性两相接地故障时，故障点健全相的对地电压为（   ）。

    A. 正常相电压的 1.5 倍   B. 略微增大

    C. 略微减小   D. 不变

7. 变压器的过电流保护，加装复合电压闭锁元件是为了（   ）。

    A. 提高过电流保护的可靠性   B. 提高过电流保护的灵敏度

    C. 提高过电流保护的选择性   D. 提高过电流保护的快速性

8. 断路器失灵保护是一种（   ）方式。

    A. 主保护   B. 近后备   C. 远保护   D. 辅助保护

9. 复用光纤分相电流差动保护中，保护采样率为每周 12 点，PCM 码的波特率为 64kbit/s，则一帧信号包含（   ）位。

    A. 100   B. 107   C. 117   D. 120

10. 合并单元正常情况下，对时精度应为 ±（   ），守时精度要求为（   ）内误差不超过 ±（   ）。

    A. 1ms、10min、4ms   B. 1μs、1min、4μs

    C. 1μs、10min、4μs   D. 1ms、1min、4ms

11. SV 采样值报文 APPID 应在（   ）范围内配置。

    A. 4000～7FFF   B. 1000～7FFF   C. 1000～1FFF   D. 4000～8FFF

12. 智能变电站中变压器保护各侧"电压压板"以及母线保护的"母线互联""母联（分段）分列"设置（　　）。

A. 硬压板 　　　　　　　　　　　　B. 软压板

C. 软压板与硬压板 　　　　　　　　D. 软压板或硬压板

13. 以下不会导致保护装置无法正确接收合并单元 SV 采样数据的是（　　）。

A. SV 通道为无效状态

B. SV 通道为检修状态

C. SV 报文为非同步状态

D. SV 报文 MAC 地址、APPID 等通信参数与保护装置配置不一致

14. 下面对于智能变电站中模型的举例，错误的是（　　）。

A. 保护模型 PDIF、TVOC 等 　　　　B. 测量功能模型 MMXU、MMXN 等

C. 控制功能模型 CSWI、CILO 等 　　D. 计量功能模型 MMXU、MMTR 等

15. 为了将过程层的 4K 采样率转换为传统保护的 1.2K 采样率，一般会使用（　　）。

A. 递推法 　　　　B. 递归法 　　　　C. 插值法 　　　　D. 迭代法

16. 变压器额定容量为 120、120、90MVA，接线组别为 YN、YN、d11，额定电压为 220、110、11kV，高压侧 TA 变比为 600/5，中压侧 TA 变比为 1200/5，低压侧 TA 变比为 6000/5，差动保护 TA 二次均采用星形接线。差动保护高、中、低二次平衡电流正确的是（精确到小数点后 1 位）（　　）。

A. 2.6A/2.6A/9.1A 　　　　　　　　B. 2.6A/2.6A/3.9A

C. 2.6A/2.6A/5.2A 　　　　　　　　D. 4.5A/4.5A/5.2A

17. 来自电压互感器二次侧的四根开关场引入线（U_a、U_b、U_c、U_n）和电压互感器三次侧的两根开关场引入线（开口三角的 U_L、U_n）中的两根零相电缆芯 U_n（　　）。

A. 必须分别引至控制室，并在控制室接地

B. 在开关场并接后，合成一根引至控制室接地

C. 三次侧的 U_n 在开关场接地后引入控制室 N600，二次侧的 U_n 单独引入控制室 N600 并接地

D. 二次侧的 U_n 在开关场接地后引入控制室 N600，三次侧的 U_n 单独引入控制室 N600 并接地

二、多项选择题

1. 当发生电压回路断线后，RCS901A 型保护中需要退出的保护元件有（　　）。

A. ΔF＋元件补偿阻抗 　　　　　　　B. 零序方向元件

C. 零序三段过电流保护元件 　　　　D. 距离保护

2. （　　）对邻近的控制电缆是极强的磁场耦合源。

A. 电流互感器底座电流 　　　　　　B. 电容耦合电压互感器的接地线

C. 避雷器底座电流 　　　　　　　　D. 开关机构接地线

3. 当电流互感器误差超过 10% 时，可采取（　　）措施满足要求。

A. 串接备用电流互感器 　　　　　　B. 并接备用电流互感器

C. 提高变比 　　　　　　　　　　　D. 增大电缆截面

4. "直采直跳" 指的是 ( ) 信息通过点对点光纤进行传输。

A. 跳、合闸信号

B. 启动失灵保护信号

C. 保护远跳信号

D. 电流、电压数据

5. 三相变压器空载合闸励磁涌流的大小和波形与下列 ( ) 等因素有关。

A. 剩磁大小和方向

B. 三相绕组的接线方式

C. 合闸初相角

D. 饱和磁通

6. 在大接地电流系统中,当系统中各元件的正、负序阻抗相等时,则线路发生单相接地时,下列正确的是 ( )。

A. 非故障相中没有故障分量电流,保持原有负荷电流

B. 非故障相中除负荷电流外,还有故障分量电流

C. 非故障相电压升高或降低,随故障点综合正序、零序阻抗相对大小而定

D. 非故障相电压保持不变

7. 瓦斯保护的反事故措施要求是 ( )。

A. 将气体继电器的下浮筒改为挡板式,触点改为立式,以提高重瓦斯动作的可靠性

B. 为防止气体继电器因漏水短路,应在其端子和电缆引线端子箱上采取防雨措施

C. 接点采用两动合接点串联方式,以提高重瓦斯动作的可靠性

D. 气体继电器的引出线和电缆线应分别连接在电缆引线端子箱内的端子上

8. 继电保护快速切除故障对电力系统的好处有 ( )。

A. 提高发电机效率

B. 电压恢复快,电动机容易自启动并迅速恢复正常,从而减少对用户的影响

C. 减轻电气设备的损坏程度,防止故障进一步扩大

D. 短路点易于去游离,提高重合闸的成功率

9. 用于整定计算的一次设备参数必须采用实测值的有 ( )。

A. 三相三柱式变压器的零序阻抗

B. 66kV 及以上架空线路和电缆线路的阻抗

C. 平行线之间的零序互感阻抗

D. 双回线路的同名相间和零序的差电流系数

10. 对于远距离超高压输电线路一般在输电线路的两端或一端变电站内装设三相对地的并联电抗器,其作用是 ( )。

A. 为吸收线路容性无功功率、限制系统的操作过电压

B. 对于使用单相重合闸的线路,限制潜供电容电流、提高重合闸的成功率

C. 限制线路故障时的短路电流

D. 消除长线路低频振荡,提高系统稳定性

11. 高压线路自动重合闸装置的动作时限应考虑 ( )。

A. 故障点灭弧时间

B. 断路器操作机构的性能

C. 保护整组复归时间

D. 电力系统稳定的要求

12. Y0D11 接线升压变压器,变比为 1,不计负荷电流情况下,YN 侧单相接地时,则三角形侧三相电流为 ( )。

A. 最小相电流为 0

B. 最大相电流等于 YN 侧故障相电流的

C. 最大相电流等于 YN 侧故障相电流

D. 最大相电流等于 YN 侧故障相电流的 2/3

13. 智能站保护装置只设（   ）硬压板。

A. 远方操作   B. 保护功能投退   C. 保护置检修   D. 出口跳闸

14. 智能终端应具备的功能有（   ）。

A. 接收保护跳合闸 GOOSE 命令

B. 传输位置、遥测信号

C. 接收保测控的遥合/遥分断路器、隔离开关等 GOOSE 命令

D. 发出收到跳令的报文

15. 智能变电站装置应提供（   ）反映本身健康状态。

A. 该装置订阅的所有 GOOSE 报文通信情况，包括链路是否正常（如果是多个接口接收 GOOSE 报文的是否存在网络风暴），接收到的 GOOSE 报文配置及内容是否有误

B. 该装置订阅的所有 SV 报文通信情况，包括链路是否正常，接收到的 SV 报文配置及内容是否有误等

C. 该装置自身软、硬件运行情况是否正常

D. 该装置的保护动作报告

16. 电子互感器的采样数据同步问题包括（   ）。

A. 同一间隔内的各电压、电流量的采样数据同步

B. 变电站内关联间隔之间的采样数据同步

C. 线路两端电流电压量的采样数据同步

D. 变电站与调度之间的采样数据同步

17. 以下（   ）是 SV 报文的 MAC 地址。

A. 01-0c-cd-01-04-04   B. 01-0c-cd-04-01-01

C. 01-0c-cd-04-01-04   D. 01-0c-cd-01-04-01

18. 合并单元采样值采用（   ）方式输出。

A. IEC 61850-9-2 点对点

B. IEC 61850-9-2 组网

C. 国家电网公司扩展 IEC 60044-8 点对点

D. 标准 IEC 60044-8 点对点

三、判断题

（   ）1. 暂态稳定是指电力系统受到小的扰动（如负荷和电压较小的变化）后，能自动地恢复到原来运行状态的能力。

（   ）2. 按照反措要点的要求，防止跳跃继电器的电流线圈与电压线圈间耐压水平应不低于 1000V、1min 的试验标准。

（   ）3. 由于互感的作用，平行双回线外部发生接地故障时，该双回线中流过的零序电流要比无互感时小。

（   ）4. 500kV 线路保护一般采用 TPY 暂态型电流互感器，其原因之一是 500kV 系统的时间常数较小，导致短路电流非周期分量的衰减时间加长，短路电流的暂态持续时间加长。

（　　）5. 对于可能导致多个断路器同时跳闸的直跳开入，应采取在开入回路中装设大功率抗干扰继电器（启动功率大于5W，动作电压在额定直流电源电压的55%～70%范围内，额定直流电源电压下动作时间为10～35ms）或采取软件防误等措施防止直跳开入的保护误动作。

（　　）6. 当断路器位置为合位时，拔掉线路保护与该断路器对应智能终端的直连光纤，此时保护装置认为位置异常，无法确定断路器位置。

（　　）7. 合并单元装置若需发送通道延时，宜配置在采样值数据集的第一个FCD。若需发送双AD的采样值，双AD宜配置相同的TTAR或TVTR实例且在采样值数据集中双AD的DO宜按"ABCABC"顺序连续排放。

（　　）8. 电子式互感器不存在TA饱和问题。

（　　）9. 采用检无压、同期重合闸方式的线路，检无压侧不用重合闸后加速回路。

（　　）10. 为使变压器差动保护在变压器过励磁时不误动，在确定保护的整定值时，应增大差动保护的5次谐波制动比。

（　　）11. 线路自动重合闸的使用，不仅提高了供电的可靠性，减少了停电损失，而且还提高了电力系统的静态稳定水平，增大了高压线路的送电容量。

（　　）12. 在双侧电源系统中，如忽略分布电容，当线路非全相运行时一定会出现零序电流和负序电流。

（　　）13. 对于Y0Y0D接线的自耦变压器，零序差动保护取用的零序电流是高压侧零序电流，中压侧零序电流和接地中性线中的零序电流。

（　　）14. 新安装的变压器差动保护在变压器充电时，应将差动保护停用，瓦斯保护投入运行，待测试差动保护极性正确后再投入运行。

（　　）15. 所有母差保护的电压闭锁元件由低电压元件、负序电压元件及零序电压元件经或门构成。

（　　）16. 3/2接线的边断路器失灵保护动作跳相邻断路器，是通过GOOSE直接跳中断路器智能终端实现。

（　　）17. 保护装置应能处理合并单元上送的数据品质位（无效、检修等），并及时准确提供告警信息。在异常状态下，利用合并单元的信息合理地进行保护功能的退出和保留，瞬时闭锁保护功能。

（　　）18. 智能变电站出口硬压板设置在智能终端柜，当开展某条500kV线路保护消缺或检修工作时，直接退出相关断路器的出口硬压板即可。

（　　）19. 合并单元输出数据极性应与互感器一次极性一致。间隔层装置如需要反极性输入采样值时，应建立负极性SV输入虚端子模型。

四、简答题

1. GOOSE报文在智能变电站中主要传输哪些实时数据？

2. 按DL/T 860《工程模型规范》对逻辑设备建模的规范要求，逻辑设备宜按功能划分逻辑设备分为哪些类型？并写出对应的inst（实例）名称。

3. 在某IEC 61850-9-2的SV报文中看到电压量数值为0xFFF38ECB，那么该电压的实际瞬时值为多少（用十进制表示）？

4. 何为双AD采样？双AD采样的作用是什么？

5. 引起变压器差动保护不平衡电流产生的原因有哪些?

6. 电流稳态量选相是以三相负序电流将全平面（360°）等分为三个区（各120°，见图1-22）。问:

（1）当零序电流位于 A 区时只可能存在哪几种接地短路类型?

（2）当发生 AB 两相接地短路时，故障点零序电流与 C 相负序电流的相位关系，接地电阻越大，零序电流越超前还是越滞后 C 相负序电流? 最大不会超过多少度?

7. 请列举智能变电站中不破坏网络结构（不插拔光纤）的二次回路隔离措施。

8. 造成距离保护暂态超越的因素有哪些?

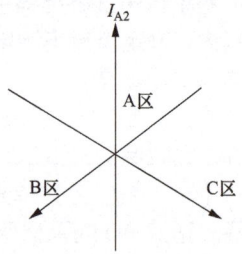

图 1-22　电流相量图

五、计算题

1. 如图 1-23 所示，某 220kV 系统的各序阻抗为 $X_{\Sigma1} = X_{\Sigma2} = j5\,\Omega$，$X_{\Sigma0} = j3\,\Omega$，母线电压为 225kV P 级电流互感器变比为 2400/5，星形连接，不计电流互感器二次绕组漏阻抗、铁心有功损耗，不计二次电缆电抗和微机保护电流回路阻抗，若 $Z_L = 4\,\Omega$，K 点三相短路时测得 TA 二次电流稳态电流为 54.8A，TA 不饱和时求:

（1）K 点单相接地时稳态下 TA 的变比误差 ε 。

（2）K 点单相接地时稳态下 TA 的相角误差 δ 。

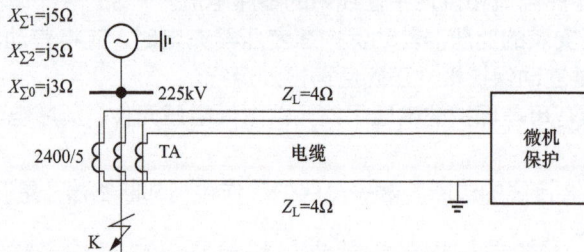

图 1-23　某 220kV 系统接线

2. 如图 1-24 所示，有对称 T 形四端网络，$R_1 = R_2 = 100\,\Omega$，$R_3 = 400\,\Omega$，其负载电阻 $R = 300\,\Omega$，求该四端网络的衰耗值。

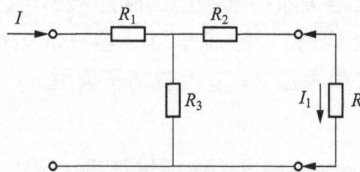

图 1-24　对称 T 形四端网络

3. 如图 1-25 所示，已知线路 L_1 全长 100km，L_2 全长 150km，线路正序阻抗 $Z_1 = 0.4\,\Omega/km$，阻抗角 $\Phi_L = 75°$ 可靠系数 $K_{ret} = 0.85$ 上级的第 II 段与下级的 I 第段配合在变电站 A 上装有方向圆特性的 I、II 段阻抗保护，请计算振荡时测量阻抗的轨迹，分析系统振荡时Ⅰ、Ⅱ段阻抗保护误动的可能性及应采取的措施。

$$\left(\begin{array}{l} 已知电源Ⅰ、Ⅱ的参数为：\dot{E}_1 = 115/\sqrt{3}\,\text{kV}，\ Z_1 = 20\angle 75°\ \Omega； \\ \dot{E}_2 = 115/\sqrt{3}\,\text{kV}，\ Z_1 = 10\angle 75°\ \Omega； \end{array} \right)$$

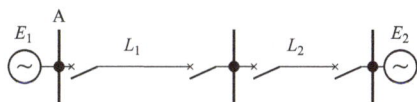

图 1-25　第 3 题的线路图

六、绘图题

1. 画出图 1-26 中 K 点单相接地时负序电压、零序电压、正序电压、突变量正序电压的分布。

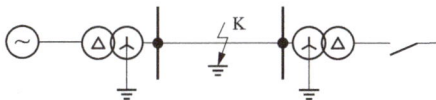

图 1-26　第 1 题的线路图

2. 请分别画出 RCS915A 型、BP-2B 型母差保护的差动元件动作特性曲线，并写出各自的动作方程（符号表示：差动电流 I_d，制动电流 I_r，差流门槛定值 I_{dset}，制动系数 K_r）。

试　题　6

一、单项选择题

1. 接地阻抗元件要加入零序补偿 K。当线路 $Z_0 = 3.7Z_1$ 时，K 为（　　　）。
   A. 0.8　　　　　　　B. 0.75　　　　　　　C. 0.9　　　　　　　D. 0.85

2. 变电站 220V 直流系统处于正常状态，投入跳闸出口压板之前，若利用万用表测量其下口对地电位，则正确的状态应该是（　　　）。
   A. 当断路器为合闸位置，压板下口对地为 0V 左右，当断路器为分闸位置，压板下口对地为 +110V 左右。
   B. 当断路器为合闸位置，压板下口对地为 0V 左右，当断路器为分闸位置，压板下口对地为 +0V 左右。
   C. 当断路器为合闸位置，压板下口对地为 +110V 左右，当断路器为分闸位置，压板下口对地为 0V 左右。
   D. 当断路器为合闸位置，压板下口对地为 +110V 左右，当断路器为分闸位置，压板下口对地为 +110V 左右。

3. 图 1-27 所示系统为大接地电流系统，当 k 点发生金属性接地故障时，在 M 处流过线路 MN 的 $3I_0$ 与 M 母线 $3U_0$ 的相位关系是（　　　）。
   A. $3I_0$ 超前 M 母线 $3U_0$ 约为 110°
   B. 取决于线路 MN 的零序阻抗角
   C. $3I_0$ 滞后 M 母线 $3U_0$ 约为 70°
   D. $3I_0$ 滞后 M 母线 $3U_0$ 约为 110°

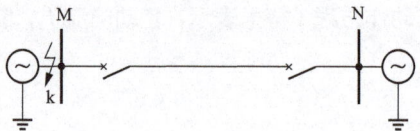

图 1-27　大接地电流系统

4. 微机保护装置直流电源纹波系数应不大于（　　　）。
   A. ±2%　　　　　　B. ±3%　　　　　　C. ±5%　　　　　　D. ±1%

5. BP-2B 母差保护采集母联断路器的双位置信息以准确判断其实际位置状态，若输入装置的合闸、分闸位置信息相互矛盾，BP-2P 装置认定母联断路器处于（　　　）。
   A. 合闸位置
   B. 分闸位置
   C. 装置记忆的合闸．分闸信息不矛盾时的位置
   D. 任意位置

6. 母线故障时，关于母差保护 TA 的饱和程度，以下说法正确的是（　　　）。
   A. 故障电流越大，TA 饱和越严重
   B. 故障初期 3~5ms，TA 保持线性传变，以后饱和程度逐步减弱
   C. 故障电流越大且故障所产生的非周期分量越大和衰减时间常数越长，TA 饱和越严重
   D. 故障电流持续时间越长，TA 饱和越严重

7. 当母线内部故障有电流流出时，为确保母线保护有足够灵敏度，应（　　　）。
   A. 适当增大差动保护的比率制动系数　　　B. 适当减小差动保护的比率制动系数

C. 适当降低差动保护的动作门槛值　　　D. 适当提高差动保护的动作门槛值

8. PST-1200 主变压器保护，复压闭锁方向元件交流回路采用（　　）接线。

A. 30°　　　　　　B. 45°　　　　　　C. 90°　　　　　　D. 120°

9. 某 YNyn 的变压器，其高压侧电压为 220kV 且变压器的中性点接地，低压侧为 10kV 的小接地电流系统，变压器差动保护采用内部未进行 Yd 变换的静态型变压器保护，如两侧 TA 二次侧均接成星形接线，则（　　）。

A. 高压侧区外发生故障时差动保护可能误动

B. 低压侧区外发生故障时差动保护可能误动

C. 此种接线无问题

D. 高、低压侧区外发生故障时差动保护均可能误动

10. 智能变电站 SV 输入虚端子采用（　　）逻辑节点。

A. SVIO　　　　　B. GGIO　　　　　C. GOIN　　　　　D. SVIN

11. 采用 IEC 61850-9-2 点对点模式的智能变电站，若仅合并单元投检修将对线路差动保护产生的影响有（　　）（假定保护线路差动保护只与间隔合并单元通信）。

A. 差动保护闭锁，后备保护开放　　　　B. 所有保护闭锁

C. 所有保护开放　　　　　　　　　　　D. 差动保护开放，后备保护闭锁

12. 一台保护用 ETA，额定一次电流 4000A（有效值），额定输出为 SCP＝01CF H（有效值，RangFlag＝0）。对应于样本 2DF0 H 的瞬时模拟量电流值为（　　）。

A. 4000A　　　　B. 463A　　　　C. 11760A　　　　D. 101598A

13. 在同一小接地电流系统中，所有出线均装设两相不完全星形接线的电流保护，电流互感器都装在同名两相上，这样发生不同线路两点接地短路时，可保证只切除一条线路的概率为（　　）。

A. 1/3　　　　　B. 1/2　　　　　C. 2/3　　　　　D. 1

14. 线路正向经过渡电阻 R_g 单相接地时，该侧的零序电压 $\dot{U}_0$，零序电流 $\dot{I}_0$ 间的相位关系，下列正确的是（　　）。

A. R_g 越大时，$\dot{U}_0$ 与 $\dot{I}_0$ 间的夹角越小

B. R_g 越大时，$\dot{U}_0$ 与 $\dot{I}_0$ 间的夹角越大

C. 接地点越靠近保护安装处，$\dot{U}_0$ 与 $\dot{I}_0$ 间的夹角越小

D. $\dot{U}_0$ 与 $\dot{I}_0$ 间的夹角与 R_g 无关

15. 双侧电源线路的 M 侧，若系统发生接地故障，M 母线上有相电压突变量 $\Delta\dot{U}\Delta\dot{U}_\varphi$，另外工作电压 $\dot{U}_{\varphi v}＝\dot{U}_v－(\dot{I}_v＋K3\dot{I}_0)Z_{st}$，其中 $\dot{U}_v$ 为 M 母线相电压，$\dot{I}_v＋K3\dot{I}_0$ 为 M 母线流向被保护线路的电流 $\left(K＝\dfrac{Z_0－Z_1}{3Z_1}\right)$，$Z_{st}$ 为保护区范围确定的线路阻抗。如果有 $|\Delta\dot{U}\Delta\dot{U}_\varphi|\gg|\Delta\dot{U}\Delta\dot{U}_{op\varphi}|$，则接地点位置在（　　）。

A. 保护方向上　　　　　　　　　　B. 保护方向保护范围内

C. 保护方向保护范围　　　　　　　D. 保护反方向上

E. 不能确定保护位置

16. 不论用何种方法构成的方向阻抗继电器，均要正确测量故障点到保护安装点的距

离（阻抗）和故障点的方向，为此方向阻抗继电器中对极化的正序电压（或故障前电压）采取了"记忆"措施，其作用是（　　　）。

A. 正确测量三相短路故障时故障点到保护安装处的阻抗

B. 可保证正向出口两相短路故障可靠动作，反向出口两相短路可靠不动作

C. 可保证正向出口三相短路故障可靠动作，反向出口三相短路可靠不动作

D. 可保证正向出口相间短路故障可靠动作，反向出口相间短路可靠不动作

17. 当 GOOSE 发生且仅发生一次变位时，（　　　）。

A. 装置连发 5 帧，sqNum 序号由 0 变 4

B. 装置连发 5 帧，stNum 序号由 0 变 4

C. 装置连发 5 帧，sqNum 序号由 1 变 5

D. 装置连发 5 帧，stNum 序号由 1 变 5

18. 判断"GOOSE 配置不一致"的条件不包括（　　　）。

A. 双方收发版本不一致　　　　　　　　B. 双方收发数据集个数不一致

C. 双方收发数据类型不匹配　　　　　　D. 双方检修状态不一致

19. URCB 的中文意思是（　　　）。

A. 缓存报告控制块　　　　　　　　　　B. 无缓存报告控制块

C. GOOSE 报告控制块　　　　　　　　D. SMV 报告控制块

二、多项选择题

1. 对解决线路高阻接地故障的切除问题，可选择（　　　）。

A. 分相电流差动保护　　　　　　　　　B. 高频距离保护

C. 高频零序保护　　　　　　　　　　　D. 零序电流保护

2. 应停用整套微机保护装置的情况有（　　　）。

A. 微机继电保护装置使用的交流电压、交流电流、开关量输入、开关量输出回路作业

B. 装置内部作业

C. 继电保护人员输入定值

D. 收集保护装置的故障录波报告时

3. 超范围允许式方向纵联保护，跳闸开放的条件正确说法是（　　　）。

A. 本侧正方向元件动作，收到对侧允许信号 8～10ms

B. 本侧正方向元件动作，本侧反方向元件不动作，收到对侧允许信号 8～10ms

C. 本侧正方向元件动作，本侧反方向元件不动作，收不到对侧监频信号而收到跳频信号

D. 本侧正方向元件动作，本侧反方向元件不动作，监频信号和跳频信号均收不到时，在 100ms 窗口时间内延时 30ms

4. 小接地电流系统单相接地故障时，故障线路的 $3I_0$ 是（　　　）。

A. 某一非故障线路的接地电容电流　　　B. 所有非故障线路的 $3I_0$ 之和

C. 本线路的接地电容电流　　　　　　　D. 相邻线路的接地电容电流

5. 减少电压互感器的基本误差方法有（　　　）。

A. 减小电压互感器线圈的阻抗　　　　　B. 减小电压互感器励磁电流

C. 减小电压互感器负荷电流　　　　　　D. 减小电压互感器的负载

6. 在中性点不接地电网中，经过过渡电阻 R_g 发生单相接地，下列正确的是（　　　）。

A. R_g 大小会影响接地故障电流和母线零序电压相位

B. R_g 不影响非故障线路零序电流和母线零序电压间相位

C. R_g 大小会影响故障线路零序电流和母线零序电压间相位

D. R_g 不影响接地故障电流和母线零序电压相位

7. RCS901A 型保护在非全相运行再发生故障时，阻抗继电器开放，开放保护的判据为（　　）。

A. 非全相运行在发生单相故障时，以选相区不再跳开相时开放

B. 当非全相运行在发生相间故障时，测量非故障两相电流之差的工频变化量，当电流突然增大到一定幅值时开放

C. 非全相运行在发生单相故障时，以选相区在跳开相时开放

D. 当非全相运行在发生相间故障时，测量非故障两相电压之差的工频变化量，当相间电压差突然减小达一定幅值时开放

8. 在中性点经消弧线圈接地的电网中，过补偿运行时消弧线圈的主要作用是（　　）。

A. 改变接地电流相位　　　　　　　　B. 减小接地电流

C. 消除铁磁谐振过电压　　　　　　　D. 减小单相故障接地时故障点恢复电压

9. 智能变电站中，全站子网宜划分成（　　）和（　　）两个子网。

A. 通信层　　　　　B. 站控层　　　　　C. 过程层　　　　　D. 设备层

10. 按 Q/GDW 1396—2012 的规定，智能变电站逻辑设备（LD）建模方面，应把某些具有公用特性的逻辑节点组合成一个逻辑设备且 LD 不宜划分过多，保护功能宜使用一个 LD 来表示。以下几种类型划分表述正确的是（　　）。

A. 测量 LD，inst 名为"MEAS"

B. 控制 LD，inst 名为"TARL"

C. GOOSE 过程层访问点 LD，inst 名为"MUGO"

D. 智能终端 LD，inst 名为"RPIT"

11. 智能变电站母差保护一般配置（　　）压板。

A. 合并单元接收　　　　　　　　　　B. 启动失灵保护接收软

C. 失灵保护联跳发送软　　　　　　　D. 跳闸 GOOSE 发送

12. 以下关于智能变电站过程层网络，正确的说法有（　　）。

A. 过程层 SV 网络、过程层 GOOSE 网络、站控层网络应该完全独立配置

B. 过程层 SV 网络、过程层 GOOSE 网络宜按电压等级分别组网。变压器保护接入不同电压等级的过程层 GOOSE 网时，应采用相互独立的数据接口控制器

C. 继电保护装置采用双重化配置时，对应的过程层网络亦双重化配置，第一套保护接入 A 网，第二套保护接入 B 网

D. 任意两台智能电子设备之间的数据传输路由不应超过两个交换机

13. 为防止变压器差动保护在充电励磁涌流误动可采取措施有（　　）。

A. 采用具有速饱和铁芯的差动继电器　　B. 采用五次谐波制动

C. 鉴别短路电流和励磁电流波形的区别　　D. 采用二次谐波制动

14. RCS-915AB 母差保护中当判断母联 TA 断线后，母联 TA 电流是（　　）。

A. 仍计入小差　　　　　　　　　　　B. 退出小差计算

C. 自动切换成单母方式　　　　　　　　D. 投大差计算

15. 在 SCD 文件中，以下（　　）参数应该唯一。

A. APPID　　　　　　B. IP 地址　　　　　　C. SMVID　　　　　　D. MaxTime

16. 某 220kV 线路第一套保护装置故障不停电消缺时，可做的安全措施有（　　）。

A. 退出第一套母差保护该支路启动失灵保护接受压板

B. 退出第一套线路保护 SV 接受压板

C. 投入该装置检修压板

D. 断开该装置 GOOSE 光缆

17. 电力系统振荡时，两侧等值电动势夹角 δ 进行 $0 \sim 360°$ 变化，其电气量变化特点为（　　）。

A. 离振荡中心越近，电压变化越大

B. 测量阻抗中的电抗变化率大于电阻变化率

C. 测量阻抗中的电阻变化率大于电抗变化率

D. δ 偏离 $180°$ 越大，测量阻抗变化率越小

三、判断题

（　　）1. 突变量构成的保护，不仅可构成快速主保护，也可构成阶段式后备保护。

（　　）2. 系统振荡且发生接地故障，接地点的零序电流随振荡角度的变化而变化，两侧电势摆角到 $180°$，电流最小，故障点越靠近振荡中心，零序电流变化幅度越大。

（　　）3. 当故障点零序综合阻抗大于正序综合阻抗时，单相接地故障电流大于三相短路电流。

（　　）4. 如果不满足采样定理，则根据采样后的数据可还原出比原输入信号中的最高次频率 f_{max} 还要高的频率信号，这就是频率混叠现象。

（　　）5. 控制熔断器的额定电流应按最大负荷电流的 2 倍进行选择。

（　　）6. 计及故障点正序、负序综合阻抗不相等的关系后，则单相金属性接地时，与正序、负序综合阻抗相等时相比较，接地电流与故障点正序电流间的系数两者不同。

（　　）7. 在 220kV 双母线运行方式下，当任一母线故障，母线差动保护动作而母联断路器拒动时，母差保护将无法切除故障，这时需由断路器失灵保护或对侧线路保护来切除故障母线。

（　　）8. 对于动作时间小于系统振荡周期的距离保护段必须经振荡闭锁控制。

（　　）9. 若微机保护装置和收发信机均有远方启信回路，两套远方启信回路可同时使用，互为备用。

（　　）10. 要求断路器失灵保护的相电流判别元件动作时间和返回时间均不应大于 10ms。

（　　）11. GOOSE 报文心跳间隔由 GOOSE 网络通信参数中的 MaxTime（即 T_0）设置。

（　　）12. 合并单元故障不停电消缺时，应退出与该合并单元相关的所有 SV 接收压板。

（　　）13. 装于 Yd 接线变压器高压侧的过电流保护，在低电压侧两相短路，采用三相三继电器的接线方式比两相两继电器的接线方式灵敏度高。

（　　）14. 电抗器差动保护动作值应躲过励磁涌流。

（　　）15. 双母线差动保护按要求在每一单元出口回路加装低电压闭锁。

（　　）16. GOOSE 报文需在 SCD 中定义其发送设备的 IP 地址。

（　　）17. IEC 61850 规约中 SV 报文的推荐组播 MAC 地址区段为 01-0C-CD-04-00-00 至 01-0C-CD-04-03-FF。

四、简答题

1. 简述智能变电站的基本调试流程及各个环节的工作重点。

2. IEC 61850 获得互操作的途径是什么？

3. 在某 IEC61850-9-2 的 SV 报文中看到电流量数值为 0x000005a9，那么该电流的实际瞬时值为多少（用十进制表示）？

4. 为什么智能终端发送的外部采集开关量需要带时标？

5. 某输电线路一侧的相间、接地距离保护中，假设主电流互感器的零线接触不良造成开断，试分析该距离保护的行为。

6. 对于距离保护，当采用线路电压互感器时应注意哪些问题？

7. 电力系统振荡与金属性短路故障的区别是什么（至少答出两点）？当系统振荡时，线路保护中何种继电器可能发生误动作？何种继电器不会误动作（各答出两点）？

8. 变压器为什么要设置过励磁保护，通过什么量的变化可反映变压器过励磁？

9. 系统发生接地故障时，某一侧的 $3U_0$，$3I_0$，试判断故障在正方向上还是反方向上？

打印的数据见表 1-1。

表 1-1　　　　　　　　系统发生接地故障时打印的数据

N=	1	2	3	4	5	6	7	8
$3U_0$（V）	23.9	53.6	68.9	65.8	45	12.2	−23.9	−53.6
$3I_0$（A）	−76.6	−34.2	17.4	64.3	94	98.5	76.6	34.2
N=	9	10	11	12	13	14	15	16
$3U_0$（V）	−68.9	−65.8	−45	−12.2	23.9	53.6	68.9	65.8
$3I_0$（A）	−17.4	−64.3	−94	−98.5	−76.6	−34.2	17.4	64.3

五、计算题

1. 设接地距离保护的电抗、电阻零序补偿系数分别为 $K_x=0.3$、$K_R=0.6$。用手动方式对该保护进行测试，模拟 A 相接地故障，只通入 A 相电流为 5A（B、C 相电流为 0）。当继电器动作点的阻抗为 2Ω、阻抗角 80° 时，计算该动作点所加电压的大小及相位。

2. 某降压变压器容量 $S_N=40MVA$，YNd11 接线，电压变比为 115/6.3kV，YN 侧 TA 变比为 300/5，低压侧 TA 变比 3000/5，微机差动保护采用 d 侧移相方式，差动保护接线如图 1-28 所示，当在"X"处断开，将 A 相高、低压侧 TA 一次侧串联，通入 900A 正弦交流电流，取 YN 侧为基本侧，求 A 相差动回路电流。

3. 单电源线路及参数如图 1-29 所示。在线路 k 点发生 BC 两相金属性短路接地故障，变压器 T 绕组为 YN，d11 接线，中性点直接接地运行，故障前为空载状态，N 侧阻抗继电器的整定阻抗为 j24Ω，回答下列各问题：

（1）求 k 点的故障电压和故障电流。

（2）求流经 N 侧保护的各相电流和零序电流。

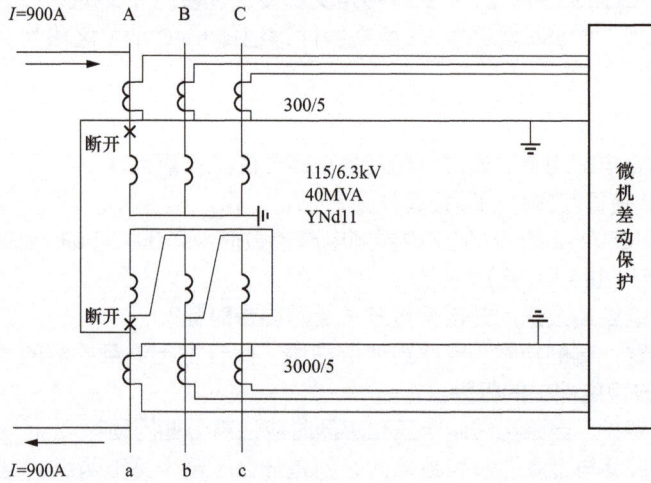

图 1-28　差动保护线路

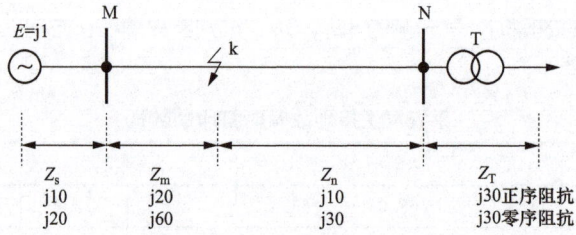

图 1-29　单电源系统接线及参数图

试 题 7

一、单项选择题

1. 自耦变压器中性点必须接地，这是为了避免当高压侧电网内发生单相接地时（   ）。

   A. 中压侧出现过电压　　　　　　　　B. 高压侧出现过电压

   C. 低压侧出现过电压　　　　　　　　D. 以上说法均不对

2. 在（   ）时，从复合序网图中求得的是 A 相上的各序分量电流、电压。

   A. AB 两相接地　　　　　　　　　　B. BC 两相短路

   C. AC 两相短路　　　　　　　　　　D. B 相经过渡电阻接地

3. 系统中的五次谐波属于（   ）。

   A. 负序性质　　　　B. 正序性质　　　　C. 零序性质　　　　D. 负荷性质

4. 大电流接地系统中，线路正方向发生经过渡电阻单相接地、两相接地故障时，零序电流超前零序电压的角度分别为（   ）。

   A. 70°、70°　　　　B. 70°、110°　　　　C. 110°、110°　　　　D. 与过渡电阻有关

5. 发生三相短路时，各相短路电流的非周期分量（   ）。

   A. 为零　　　　B. 相等　　　　C. 不相等　　　　D. 不存在

6. 以电压 U 和（$U-IZ$）比较相位，可构成（   ）。

   A. 全阻抗特性的阻抗继电器　　　　　B. 方向阻抗特性的阻抗继电器

   C. 电抗特性的阻抗继电器　　　　　　D. 带偏移特性的阻抗继电器

7. 变压器励磁涌流与变压器充电合闸电压初相角有关，当初相角为（   ）时励磁涌流最大。

   A. 0°　　　　B. 90°　　　　C. 120°　　　　D. 270°

8. 对双侧电源供电的线路阻抗继电器，叙述正确的是（   ）。

   A. 受过渡电阻的影响，线路阻抗与系统阻抗之比越小，超越越严重

   B. 受过渡电阻的影响，线路阻抗与系统阻抗之比越大，超越越严重

   C. 受过渡电阻的影响，线路阻抗与系统阻抗之比越大，灵敏度越低

   D. 受过渡电阻的影响，线路阻抗与系统阻抗之比越小，灵敏度越低

9. 220kV/110kV/10kV 变压器一次绕组为 YNYNd11 接线，10kV 侧没负荷，也没引线，变压器实际当作两卷变用，采用微机型双侧差动保护。这台变压器差动二次电流是否需要进行转角处理（内部软件转角方式或外部回路转角方式），以下正确的说法是（   ）。

   A. 高中压侧二次电流均必须进行转角

   B. 高中压侧二次电流均不需进行转角

   C. 高压侧二次电流需进行外部回路转角，中压侧不需进行转角

   D. 中压侧二次电流需进行外部回路转角，高压侧不需进行转角

10. 当线路发生两相短路接地故障时，为防止继电器超越，一般采取（   ）的措施

   A. 闭锁滞后相　　　　B. 闭锁超前相　　　　C. 闭锁非故障相　　　　D. 电压

11. GOOSE 报文保证其通信可靠性的方式是（　　　）。

A. 协议问答握手机制 　　　　　　　B. 由以太网链路保证

C. 报文重发与超时机制 　　　　　　D. 没有可靠性保证手段

二、多项选择题

1. 采用比率制动式的差动保护继电器，可以（　　　）。

A. 躲开励磁涌流提高保护内部故障时的灵敏度

B. 提高保护对于外部故障的安全性防止电流互感器二次回路断线时误动

2. 对于高频闭锁式保护，如果由于某种原因使高频通道不通，则（　　　）。

A. 区内故障时能正确动作 　　　　　B. 功率倒向时可能误动作

C. 区外故障时可能误动作 　　　　　D. 区内故障时可能拒动

3. 智能变电站通过Ⅱ区数据网关传输的信息包括（　　　）。

A. 告警简报、故障分析报告 　　　　B. 故障录波数据

C. 状态检测数据 　　　　　　　　　D. 日志和历史记录

4. 以下描述智能变电站建模的层次关系正确的是（　　　）。

A. 服务器包含逻辑设备 　　　　　　B. 逻辑设备包含逻辑节点

C. 逻辑节点包含数据对象 　　　　　D. 数据对象包含数据属性

5. MN 线路上装设了超范围闭锁式方向纵联保护，若线路 M 侧结合滤波器的放电间隙击穿，则可能出现的结果是（　　　）。

A. MN 线路上发生短路故障时，保护拒动

B. MN 线路外部发生短路故障，两侧保护误动

C. N 侧线路外部发生短路故障，M 侧保护误动

D. M 侧线路外部发生短路故障，N 侧保护误动

6. 三绕组自耦变压器，高、中压侧电压的电压变比为 2，高、中、低的容量为 100、100、50，下列说法正确的是（　　　）。

A. 高压侧同时向中、低压侧送电时，公共绕组容易过负荷

B. 中压侧同时向高、低压侧送电时，公共绕组容易过负荷

C. 低压侧同时向高、中压侧送电时，低压绕组容易过负荷

7. 在以下微机保护二次回路抗干扰措施的定义中，正确的是（　　　）。

A. 强电和弱电回路不得合用同一根电缆

B. 保护用电缆与电力电缆不应同层敷设

C. 尽量要求使用屏蔽电缆，如使用普通铠装电缆，则应使用电缆备用芯，在开关场及主控室同时接地的方法，作为抗干扰措施

D. 应使用屏蔽电缆，电缆的屏蔽层应在开关场和控制室两端接地

8. 在发生母线短路故障时，在暂态过程中，关于母差保护差动回路的特点，以下说法正确是（　　　）。

A. 直流分量大

B. 暂态误差大

C. 不平衡电流最大值不在短路最初时刻出现

D. 不平衡电流最大值出现在短路最初时刻

9. 微机保护中采用的差分算法，其正确的是（　　）。

A. 可有效抑制非周期分量电流的影响

B. 有一定抑制高次谐波电流的作用

C. 有放大高次谐波电流的作用

10. 在 YNd11 变压器差动保护中，变压器带额定负荷运行，在 TA 断线闭锁退出的情况下，下列说法正确的是（　　）。

A. YN 侧绕组断线，差动保护不会动作

B. d 侧绕组一相断线，差动保护要动作

C. YN 侧 TA 二次一相断线，差动保护要动作

D. d 侧 TA 二次一相断线，差动保护要动作

11. 220、110、35kV 自耦变压器，中性点直接接地运行，下列说法正确的是（　　）。

A. 中压侧母线单相接地时，中压侧的零序电流一定比高压侧的零序电流大

B. 高压侧母线单相接地时，高压侧的零序电流一定比中压侧的零序电流大

C. 高压侧母线单相接地时，可能中压侧零序电流比高压侧零序电流大，这取决于中压侧零序阻抗的大小

D. 中压侧母线单相接地时，可能高压侧零序电流比中压侧零序电流大，这取决于高压侧零序阻抗的大小

12. 某超高压降压变压器装设了过励磁保护，引起变压器过励磁的可能原因是（　　）。

A. 变压器低压侧外部短路故障切除时间过长

B. 变压器低压侧发生单相接地故障，非故障相电压升高

C. 超高压电网电压升高

D. 超高压电网有功功率不足引起电网频率降低

E. 超高压电网电压升高，频率降低

13. 当一次电流过大，电流互感器饱和时，稳态下二次电流的波形特点为（　　）。

A. 含有二、三次谐波分量　　　　　B. 波形缺损，数值下降

C. 从（−D）到（＋）过零点提前　　D. 从（＋）到（−）过零点提前

E. 含有非周期分量

三、判断题

（　　）1. 运行电压过低，容易使系统发生静稳定破坏。

（　　）2. 方向阻抗继电器在系统运行频率偏高或偏低，其最大灵敏角会发生变化。

（　　）3. 当电压互感器二次星形侧发生相间短路时，在熔丝或自动开关未断开以前，电压回路断相闭锁装置不动作。

（　　）4. 在中性点直接接地的系统中，双侧电源线路上发生单相金属性接地，不论系统处在何种状况、不论接地点在线路何处故障时，接地点总有故障电流存在。两侧电源电压大小、相位相等时，无短路电流。

（　　）5. 断路器的"跳跃"现象一般是在跳闸、合闸回路同时接通时才发生，"防跳"回路设置是将断路器闭锁到跳闸位置。

（   ）6. 在超高压大负荷送电线路末端发生经过渡电阻故障，送电侧领前距离继电器有超越情况，而且以母线电压为极化量的距离继电器比以正序电压为极化的继电器严重。

（   ）7. 变压器纵差保护经星一角相位补偿后，滤去了故障电流中的零序电流，因此，不能反映变压器 YN 侧内部单相接地故障。

（   ）8. 90°接法（接 IA 的接 UBC，依此类推）方向元件的缺点是健全相元件往往与故障相元件一起动作。

（   ）9. 合并单元的守时精度要求 10min 小于 4μs。

（   ）10. 有源式电子式电流互感器（ECT）主要利用电磁感应原理，可分为罗氏（Rogowski）线圈式和"罗氏线圈＋小功率线圈"组合两种形式。

四、简答题

1. 已知短路点故障端口的正、负、零序等值阻抗分别为 $X_{1\Sigma}$、$X_{2\Sigma}$、$X_{0\Sigma}$ 且 $X_{1\Sigma} = X_{2\Sigma}$，$X_{0\Sigma} < X_{1\Sigma}$。试比较该点分别发生三相短路、二相短路和单相接地短路时，短路电流的大小（要求列出算式）。

2. 图 1-30 所示系统中，在整定 MN 线路 M 侧保护阻抗继电器 II 段定值计算助增系数时短路点设在 P 母线上。不考虑线路停运，则应选取的助增系数为多少？

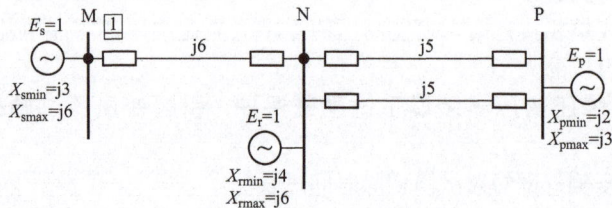

图 1-30　简答题 2 的系统图

3. 在图 1-31 所示系统中，线路阻抗 0.4Ω/km，全系统阻抗角均等于 70°，其他参数如图 1-31 所示。1、2 分别位于线路 AB 的出口和末端 3、4 处分别为线路 BC 的出口和末端。假设系统电动势 $|\dot{E}_m| = |\dot{E}_n|$，若系统发生振荡，试指出振荡中心位于何处，而保护 1（1 处所安装的保护）、保护 2、保护 3 和保护 4 的距离 I 段和 II 段中有哪些保护可能受振荡的影响（假设线路 I 段定值取线路全长的 80%，距离 II 段定值取线路全长的 140%）。

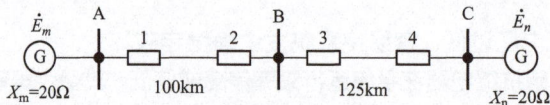

图 1-31　简答题 3 的系统图

4. 如图 1-32 所示，变压器 Y 侧为大电流接地系统，三角形侧为小电流接地系统。若变压器中性点不接地，当变压器 Y 侧母线发生单相接地短路时，Y 侧母线零序电压 $3U_0 = 500kV/\sqrt{3}$。

（1）请分析说明变压器中性点 N 的电压。

（2）若变压器 Y 侧中性点经间隙接地，Y 侧母线发生单相接地，母差保护拒动，接入该母线的线路及接地变压器由后备保护跳闸，Y 侧母线零序电压升至 $3U_0 = 500\text{kV} \times \sqrt{3}$，接入 Y 侧母线的 TV 变比为 $\dfrac{500}{\sqrt{3}} / \dfrac{0.1}{\sqrt{3}} / 0.1$，试问间隙未击穿前，开口三角形电压为多少？TV 二次侧自产 $3U_0$ 为多少？

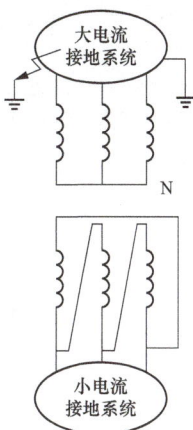

五、分析计算题

1. 如图 1-33 所示，某相间阻抗继电器以正序电压为极化电压，动作方程为 $90° < \arg \dfrac{U_{OP\phi\phi}}{U_{P\phi\phi}} < 270°$，请分析发生反方向 BC 两相短路时的动作特性（以阻抗形式表示），并绘制阻抗特性图。假设故障前线路空载。

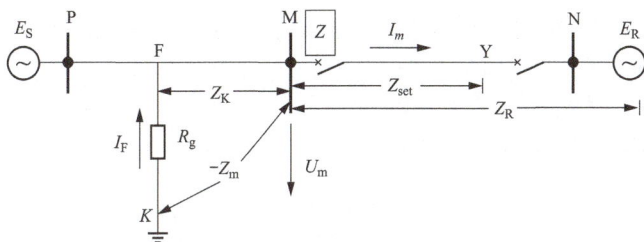

图 1-32　简答题 4 的系统图

图 1-33　分析计算题 1 的系统图

2. 双侧电源线路接线和参数如图 1-34 所示，在 M 侧母线背后发生 A 相经过渡电阻 $R_g = 77.4\Omega$ 的单相短路接地故障，N 侧接地距离继电器第一段整定阻抗为 $j24\Omega$。两侧电动势 $\dot{E}_M = 1e^{j60}$，$\dot{E}_N = 1$。

（1）试作故障前后的电压相量图。
（2）N 侧接地距保护第一段方向阻抗继电器能否动作？
（3）N 侧按保护第一段整定的零序电抗继电器能否动作？
（4）N 侧零序功率方向继电器能否动作？
（5）M、N 线路距离纵联保护能否动作？
（6）M、N 线路零序方向纵联保护能否动作？

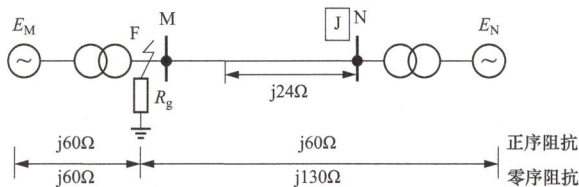

图 1-34　双侧电源线路接线和参数

3. 某 220kV 系统简图如图 1-35 所示。

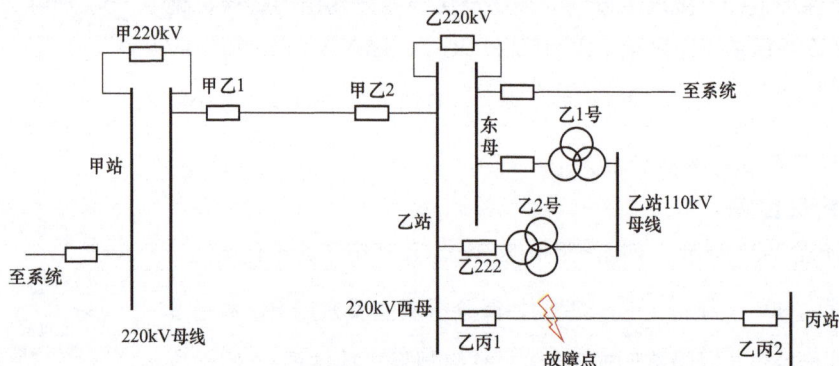

图 1-35　某 220kV 系统简图

　　已知：故障前乙站 1 号变压器 220kV 及 110kV 中性点接地运行，2 号变压器 220kV 及 110kV 中性点不接地。 甲站和乙站 220kV 系统均装设断路器失灵保护，失灵保护 0.25s 跟跳本间隔断路器并跳 220 母联，0.5s 跳所在母线所有断路器。 乙站 1、2 号主变压器高压侧零序过电压保护动作延时整定为 500ms，乙站 110kV 侧 1、2 号主变压器并列运行。

　　相关保护动作情况见表 1-1。

表 1-1　　　　　　　　　　　相关保护动作情况

序号	保护和断路器动作情况
1	乙丙线发生 A 相单相接地故障，乙变电站乙丙 1 纵联保护 32ms 动作跳闸，但 A 相断路器失灵保护
2	由于甲站 220kV 甲乙间隔失灵保护启动回路存在寄生回路，启动失灵保护回路中的线路保护出口接点被短接，乙丙线 A 相故障时失灵保护电流判据满足，甲站失灵保护误动
3	乙站 2 号主变压器高压侧零序过电压保护正确动作跳开 2 号变压器，动作时间为 828ms

试问：

　　（1）乙站 220kV 失灵保护动作行为及其原因。

　　（2）试分析乙站 2 号主变压器高压侧零序过电压保护动作原因。

　　4. 图 1-36 为一个单侧电源系统。 T1 为 YNd12 接线，中性点接地，降压变压器 T2 为 YNYNd1 接线，额定容量 200MVA，额定电压为 230、115、37kV（P 为中压侧、Q 为低压侧）。 其中，变压器 T1 为 YNd0 接线，中性点接地，高压侧中性点不接地，中压侧中性点接地，T2 变压器空载运行。

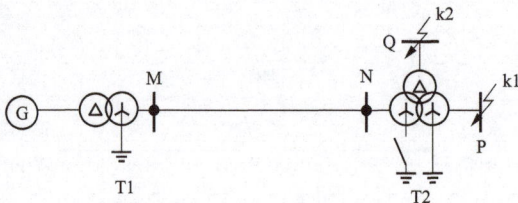

图 1-36　一个单侧电源系统

系统中各元件标幺参数见表 1-2，基准电压为 230kV，基准容量为 1000MVA。

表 1-2   系统中各元件标幺参数

设备	正序参数（负序参数）	零序参数
发电机 G	$X_{G1}=0.4$	$X_{G0}=0.5$
T1 变压器	$X_{T1}=0.6$	$X_{T0}=0.6$
线路 MN	$X_{L1}=0.1$	$X_{L0}=0.3$

T2 主变压器实测参数见表 1-3。

表 1-3   T2 主变压器实测参数

	高—中	18%		70Ω	Z 高＋Z 励
阻抗电压	高—低	28%	零序实测参数	6Ω	Z 中＋Z 励（中压值）
	中—低	10%		46Ω	Z 高＋Z 中//Z 励

（1）请根据 T2 主变压器实测参数，求出 T2 变压器的正序和零序标幺参数。

（2）线路 MN 配置有复用光纤通道纵联电流差动保护，保护同步方法为"采样时刻调整法"。 线路分相纵联差动保护动作方程为

$$\begin{cases} I_{CD\Phi} > K \times I_{R\Phi} \\ I_{CD\Phi} > I_{CD} \end{cases} \quad \Phi = A,\ B,\ C$$

差动电流 $I_{CD\Phi} = |\dot{i}_{M\Phi} + \dot{i}_{N\Phi}|$ 即为两侧电流矢量和，制动电流 $I_{R\Phi} = |\dot{i}_{M\Phi} - \dot{i}_{N\Phi}|$ 即为两侧电流矢量差。 动作门槛 $I_{CD} = 600A$（一次值），制动系数 $K = 0.5$。

由于某种原因保护通道出现收发路由不一致，收发通道延时分别为 0.4ms 和 6.6ms，当系统 k2 点发生 BC 两相短路时，请计算线路 MN 上的故障电流大小，并结合动作方程分析纵差保护的动作行为（忽略负荷电流和电容电流，系统频率始终为 50Hz）。

试 题 8

一、填空题

1. 变压器保护躲励磁涌流的原理一般有三种，分别是_____原理、_____原理、_____原理。

2. 变压器保护中复合电压闭锁元件由_____元件和_____元件按_____逻辑构成。

3. 保护采用双重化配置时，其电压切换箱（回路）隔离开关辅助触点应采用_____输入方式。单套配置保护的电压切换箱（回路）隔离开关辅助触点应采用_____输入方式。电压切换直流电源与对应保护装置直流电源取自_____段直流母线且_____直流空气开关。

4. 母线差动保护各支路电流互感器变比差不宜大于_____倍。

5. 母线差动、变压器差动和发变组差动保护各支路的电流互感器应优先选用_____和_____较高的电流互感器。

6. 继电保护的设计、选型、配置应以继电保护"四性"为基本原则，任何技术创新不得以牺牲继电保护的_____和_____为代价。

7. 变压器的电气量保护应启动断路器失灵保护，断路器失灵保护动作除应跳开失灵断路器相邻的全部断路器外，还应跳开本变压器连接其他_____的断路器。

8. 断路器失灵保护中用于判断断路器主触头状态的电流判别元件应保证其动作和返回的快速性，动作和返回时间均不宜大于_____，其返回系数也不宜低于_____。

9. 所有保护用电流回路在投入运行前，除应在负荷电流满足电流互感器精度和测量表计精度的条件下测定_____、_____以及电流和电压回路_____正确外，还必须测量各_____的不平衡电流（或电压），以保证保护装置和二次回路接线的正确性。

10. 对于双母线接线的常规站断路器失灵保护，变压器支路应具备独立于失灵保护启动的解除电压闭锁的开入回路，"解除电压闭锁"开入长期存在时应告警，宜采用变压器保护_____触点解除失灵保护的电压闭锁，不采用变压器保护_____触点解除失灵保护电压闭锁。

11. 在一次设备运行而停部分保护进行工作时，应特别注意断开_____的跳闸回路（包括远跳回路）、合闸回路和与运行设备安全有关的连线。

12. 断路器跳、合闸压力异常闭锁功能应由断路器本体机构实现，应能提供_____的压力闭锁触点。

13. 继电保护装置传动或整组试验后不应再在_____上进行任何工作，否则应做相应的检验。

14. 对于继电保护装置投入运行后发生的第一次区内、外故障，继电保护人员应通过分析继电保护装置的_____来确认交流电压、交流电流回路和相关动作逻辑是否正常。既要分析_____，也要分析_____。

15. 某收发信机的发信功率为 43dBm，所接高频电缆的特性阻抗为 75Ω，测得的收发信机发信电压电平应为_____dBV。

16. 某断路器距离保护Ⅰ段二次定值为 2Ω，由于电流互感器变比由原来的 600/5 改为 750/5，其距离保护 I 段二次定值应改为_____Ω。

17. 一次设备不具备停电条件时，安全自动装置的传动试验允许传动到出口压板，待条件具备时应补充验证出口压板至断路器_____回路的正确性。

18. 保护装置发生异常或不正确动作且_____时，应由运维单位继电保护部门根据事故情况，有目的地拟定具体检验项目和检验顺序，尽快进行_____。

19. 二次回路绝缘试验时，每进行一项绝缘试验后，需将试验回路_____。

20. 双母线接线的断路器失灵保护中，变压器支路采用_____、_____、_____"或门"逻辑。

21. 保护装置定值单执行完毕_____内，运行维护单位应将继电保护定值回执单报定值单下发单位。

22. 为保证智能变电站二次设备可靠运行、运维高效，_____、_____宜选用与对应保护装置同厂家的产品。

23. 保护装置、智能终端等智能电子设备间的相互_____、相互_____、_____状态等交换信息可通过 GOOSE 网络传输。

24. 保护装置应在_____端设 GOOSE 输出软压板。

25. 智能变电站中光波长 1310nm 光纤，光纤发送功率为 -20 ~ -14dBm，光接收灵敏度为_____dBm。

26. GOOSE 对检修 TEST 位的处理机制是_____、_____。

27. 智能化装置过程层 GOOSE 信号应_____，不应由其他装置转发。

二、多项选择题

1. 电阻连接如图 1-37 所示，则 ab 间的电阻值为（　　）。
A. 2Ω　　　　　　B. 3Ω　　　　　　C. 4Ω　　　　　　D. 6Ω

2. 某 RL 串联电路中（见图 1-38），U_L 和 i 的衰减速度取决于元件 R、L 的参数，以下描述正确的是（　　）。
A. L 越大、R 越小，则 U_L 和 i 衰减越慢
B. L 越小、R 越大，则 U_L 和 i 衰减越慢
C. L 越小、R 越大，则 U_L 和 i 衰减越快
D. L 越大、R 越小，则 U_L 和 i 衰减越快

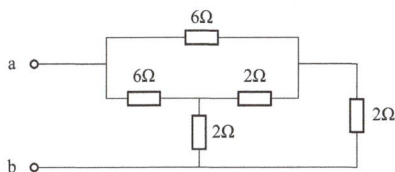

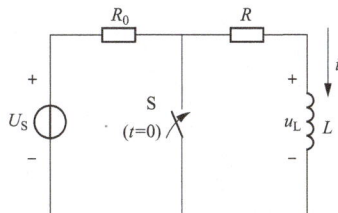

图 1-37　电阻连接　　　　　图 1-38　RL 串联电路

3. 直接跳闸回路，应在启动开入端采用动作电压在额定直流电源电压的（　　）范围以内的中间继电器，并要求其动作功率不低于 5W。
A. 50%~60%　　B. 55%~70%　　C. 50%~75%　　D. 55%~75%

4. 电网中相邻 M、N 两线路，正序阻抗分别为 $50\angle75°\ \Omega$ 和 $60\angle75°\ \Omega$，在 N 线中点发生三相短路，流过 M、N 同相的短路电路如图 1-39 所示，则 M 线 E 侧相间阻抗继电器的测量阻抗一次值为（   ）。

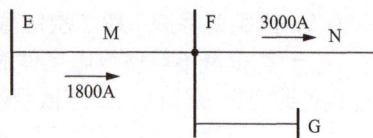

图 1-39 流过 M、N 同相的短路电路

A. 75Ω B. 80Ω

C. 100Ω D. 110Ω

5. 线路发生两相金属性短路时，短路点与保护安装处中点位置的正序电压 U_{1K} 与负序电压 U_{2K} 的关系为（   ）。

A. $U_{1K} > U_{2K}$ B. $U_{1K} = U_{2K}$ C. $U_{1K} < U_{2K}$

6. 当小接地系统中发生单相金属性接地时，故障相对中性点的电压为（   ）。

A. U_φ B. $-U_\varphi$ C. 0   D. $3U_\varphi$

7. 220kV 大接地电流系统中带负荷电流某线路断开一相，其余线路全相运行，下列正确的是（   ）。

A. 非全相线路—全相运行线路中均有负序电流

B. 非全相线路中有负序电流，全相运行线路中无负序电流

C. 非全相线路中的负序电流大于全相运行线路中的负序电流

D. 非全相线路中有零序电流

8. 220kV 单线送终端变电站的变压器中性点直接接地，在该变电站送电线路上发生单相接地故障，不计负荷电流时，下列正确的是（   ）。

A. 线路终端侧有正序、负序、零序电流

B. 线路终端侧只有零序电流，没有正序、负序电流

C. 线路送电侧有正序、负序、零序电流

D. 线路终端侧三相均有电流且相等

9. 开关非全相运行时，负序电流的大小与负荷电流的大小关系为（   ）。

A. 不确定   B. 相等   C. 成正比   D. 成反比

10. 输电线路 BC 两相金属性短路时，短路电流 I_{BC}（   ）。

A. 滞后于 C 相电压—线路阻抗角   B. 滞后于 BC 相间电压—线路阻抗角

C. 超前于 C 相电压—线路阻抗角   D. 超前于 BC 相间电压—线路阻抗角

11. 当电流互感器一次电流不变，二次回路负载增大（超过额定值）时（   ）。

A. 其角误差和变比误差均增大   B. 其角误差和变比误差均不变

C. 其角误差增大，变比误差不变   D. 其角误差不变，变比误差增大

12. 高压线路自动重合闸应（   ）。

A. 手动跳、合闸应闭锁重合闸   B. 手动合闸故障只允许一次重合闸

C. 重合永久故障开放保护加速逻辑   D. 远方跳闸启动重合闸

13. 变压器差动保护防止穿越性故障情况下，误动采取的措施是（   ）。

A. 间断角闭锁   B. 二次谐波制动   C. 五次谐波制动   D. 比率制动

14. 某工程师对一母差保护进行相量检查，该母差已接入三个支路电流。 母线电压 U_A 为基准，测得 U_A 超前所接 3 个支路的 A 相电流，I_{A1}、I_{A2}、I_{A3}（均为极性端接入）的角度依次为 $10°$、$130°$ 和 $250°$。 请帮助这位工程师进行正确判断（   ）。

A. 该母差保护 A 相电流回路相量正确   B. 该母差保护 A 相电流回路相量错误

C. 不能判定

15. 在大电流接地系统中，两侧电源线路发生接地故障，一侧断路器跳开后，另一侧零序电流（　　）。
　　A. 不变　　　　　　　　　　　B. 与两侧零序阻抗有关无法确定
　　C. 减小　　　　　　　　　　　D. 增大

16. 某变电站 220kV 母线电压互感器的开口三角形侧 B 相接反，则正常运行时，如一次侧运行电压为 220kV，开口三角形的输出为（　　）。
　　A. 0V　　　　　B. 100V　　　　　C. 200V　　　　　D. 220V

17. 定期检验时，二次回路绝缘试验工作应在保护屏端子排处将所有（　　）回路的端子的外部接线拆开，用 1000V 绝缘电阻表测量回路对地的绝缘电阻，其绝缘电阻应大于（　　）Ω。
　　A. 电流、电压、直流控制　　　　B. 电流、电压、信号、直流控制
　　C. 1M　　　　　　　　　　　　D. 10M

18. 电力系统短路故障，由于一次电流过大，电流互感器发生饱和，从故障发生到出现电流互感器饱和，称 TA 饱和时间 t_{sat}，下列说法不正确的是（　　）。
　　A. 减少 TA 二次负载阻抗使 t_{sat} 减小　　B. 减少 TA 二次负载阻抗使 t_{sat} 增大
　　C. t_{sat} 与短路故障前的电压相角无关　　D. t_{sat} 与 TA 二次负载阻抗无关

19. 在超高压电网中的电压互感器，可视为一个变压器，就零序电压来说，下列正确的是（　　）。
　　A. 超高压电网中发生单相接地时，一次电网中有零序电压，所以电压互感器二次星形侧出现零序电压
　　B. 超高压电网中发生单相接地时，一次电网中无零序电压，所以电压互感器二次星形侧无零序电压
　　C. 电压互感器二次星形侧发生单相接地时，该侧出现零序电压，因电压互感器相当于一个变压器，所以一次电网中也有零序电压
　　D. 电压互感器二次星形侧发生单相接地时，该侧无零序电压，所以一次电网中也无零序电压

20. 在以太网中，是根据（　　）地址来区分不同的设备。
　　A. LLC　　　　　B. IP　　　　　C. IPX　　　　　D. MAC

21. 智能终端收到保护跳闸的 GOOSE 命令后，（　　）。
　　A. 收到第一帧 GOOSE 命令后执行
　　B. 收到第二帧 GOOSE 命令后执行
　　C. 收到第三帧 GOOSE 命令后执行
　　D. 收到前两帧 GOOSE 命令后进行校核正确后执行

22. 以下说法正确的是（　　）。
　　A. MMXU 逻辑节点用于建立和相别相关的遥测量，MMXN 逻辑节点建立和相别无关的遥测量
　　B. TVRC 逻辑节点一般用于 GOOSE 开出配置，配置跳闸信号、保护启动信号等
　　C. RRTC 用于配置自动重合闸相关信息的逻辑节点
　　D. XCBR 用于配置断路器位置等信息的逻辑节点

23. 智能变电站合并单元检验工作，要求 SV 报文发送间隔离散度检查中测出的间隔抖动应在（   ）之内。

A. ±10μs   B. ±15μs   C. ±20μs   D. ±30μs

三、判断题

（   ）1. 一组不对称的电气量可分解为正序、负序、零序三组对称的电气分量。

（   ）2. 判断断路器失灵有两个条件：①有任一装置对该断路器发过跳闸命令；②该断路器在一段时间内一直有电流。

（   ）3. 纵联电流差动保护两侧差动元件和本侧启动元件同时动作才允许差动保护出口。

（   ）4. 带纵联保护的微机线路保护装置如需停用直流电源，应在两侧纵联保护停用后，才允许停直流电源。

（   ）5. 对经计算影响电网安全稳定运行重要变电站的 220kV 及以上电压等级双母线接线方式的母联、分段断路器，应在断路器两侧配置电流互感器。

（   ）6. 电压互感器仅有一组二次绕组且已经投运的变电站，应积极安排电压互感器的更新改造工作，改造完成前，应在保护室的电压并列屏处，利用具有短路跳闸功能的两组分相空气开关将按双重化配置的两套保护装置交流电压回路分开。

（   ）7. 为防止地网中的大电流流经电缆屏蔽层，应在开关场二次电缆沟道内沿二次电缆敷设截面积不小于 100mm² 的专用铜排（缆）。专用铜排（缆）的一端在开关场的每个就地端子箱处与主地网相连，另一端在保护室的电缆沟道入口处与主地网相连，铜排应与电缆支架绝缘。

（   ）8. 变压器保护启动失灵保护和解除失灵保护电压闭锁应采用变压器保护同一继电器的不同跳闸触点。

（   ）9. 双母线接线的母线 TV 断线时，母线保护可解除该段母线电压闭锁。

（   ）10. 保护装置出现异常时，运行值班人员（监控人员）应根据该装置的现场运行规程进行处理，并立即向主管领导汇报，及时通知继电保护人员。

（   ）11. 微机保护装置在运行中需要切换已固化好的成套定值时，应由运行人员按规定的方法停用微机保护装置后，方可操作。

（   ）12. 对交流二次电压回路通电时，应可靠短接至互感器二次侧的回路，防止反充电。

（   ）13. 检验继电保护和电网安全自动装置时，应按先检查电气量，后检查外观的原则，进行外观检查之后不应再拔插插件。

（   ）14. 电力系统中静止元件施以负序电压产生的负序电流与施以正序电压产生的正序电流相同的，故静止元件的正、负序阻抗也相同。

（   ）15. 双 A/D 采样数据需同时连接虚端子，不能只连接其中一个。

（   ）16. 智能终端发布的保护信息不应在一个数据集。

（   ）17. 站控层网络可传输 MMS、GOOSE、SV 报文。

（   ）18. 交换机 VLAN 的设置对于 GOOSE 的应用主要是为了数据安全隔离。

（   ）19. 保护装置在合并单元上送的数据品质位异常状态下，应瞬时闭锁可能误动的保护，并瞬时告警。

四、简答题

1. 变压器空充时影响励磁涌流大小的因素有哪些？什么情况下会导致励磁涌流变大？

2. 输电线路光纤电流差动保护，甲侧 TA 变比为 1200/5，乙侧 TA 变比为 600/1，因不慎误将 1200/5 的二次额定电流错设为 1A，试分析正常运行、区外故障、区内故障时会发生哪些问题？为什么？

3. 假设 F_a、F_b、F_c 代表不对称的三个电气量，F_{a1}、F_{a2}、F_{a0} 代表 A 相的正、负、零序。

（1）请列出用 F_{a1}、F_{a2}、F_{a0} 计算 F_a、F_b、F_c 的表达式。

（2）请列出用 F_a、F_b、F_c 计算 F_{a1}、F_{a2}、F_{a0} 的表达式。

4. 如果电流互感器的二次负载阻抗超过了其允许的二次负载阻抗，为什么准确度就会下降？误差不满足要求时可采取哪些措施？

5. 如图 1-40 所示电压互感器的二次额定线电压为 100V，当星形接线的二次绕组 C 相熔断器熔断时，试计算负载处 C 相电压，并画出向量图。

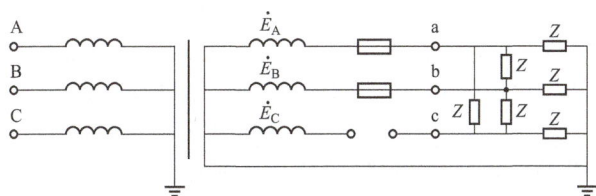

图 1-40　电压互感器的二次额定线电压

6. 在某 9-2 的 SV 报文看到电压量数值为 0xFF4B71EC，请计算该电压的实际瞬时值，并说明计算方法和过程。

7. 智能变电站 GOOSE 报文主要用于传输哪些实时数据？

8. 为防止发生网源协调事故，并网电厂大型发电机组涉网保护装置定值，应在调度部门备案，至少应包括哪些定值？

五、分析题

在如图 1-41 所示的系统中，Ⅰ、Ⅱ 两台发一变组容量、参数完全相同，但Ⅰ号变压器中性点接地，Ⅱ号变压器中性点不接地，M 母线对侧没有电源也没有中性点接地的变压器，各元件的各序阻抗角相同，短路前没有负荷电流，在 MN 线路上发生 A 相单相接地短路，请回答下述问题：①P、Q 处有没有零序电流？为什么？②P、Q 处 B、C 相上是否有电流？为什么？该电流与 A 相电流什么相位关系？请画出向量图分析。③P 处 A 相电流大还是 Q 处 A 相电流大？满足什么大小关系？

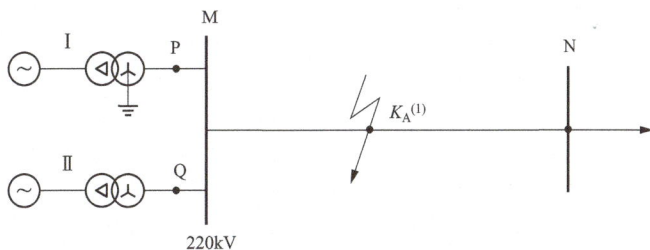

图 1-41　一次系统图

试　题　9

一、单项选择题

1. 保护装置发送 GOOSE 报文的 StNum＝10，SqNum＝96，此时系统故障，保护单跳失败转三跳后整组复归，恢复心跳后，GOOSE 报文的 SqNum 为（　　）。

A. 101　　　　　B. 13　　　　　C. 1　　　　　D. 5

2. 500kV 智能变电站中，站控层按以下（　　）原则组网。

A. 全站　　　　B. 电压等级　　　C. 间隔　　　　D. 串

3. 智能变电站应利用网络技术将保护信息上送至站控层，可上传的信息不包括（　　）。

A. 断路器位置信号　　　　　　　B. 保护动作信号
C. 保护启动失灵保护信号　　　　D. 电流、电压信号

4. 3/2 接线的短引线保护配置可（　　）。

A. 包含在边断路器保护内　　　　B. 包含在中断路器保护内
C. 包含在线路保护内　　　　　　D. 以上三者都可以

5. 保护装置处理 MU 上送的数据时，以下说法错误的是（　　）。

A. 实时处理 SV 的品质位（无效、检修等），及时准确提供告警信息
B. 利用 SV 的信息合理地进行保护功能的退出和保留，瞬时闭锁可能误动的保护
C. 当 SV 数据品质由异常恢复正常后应尽快恢复被闭锁的保护功能
D. SV 数据品质位异常时应实时告警

6. 保护装置应同时支持 GOOSE 点对点和网络方式传输，传输协议遵循（　　）。

A. DL/T 860.72　B. DL/T 860.81　C. DL/T 860.92　D. MMS

7. 智能变电站中的网络交换机，应满足以下要求（　　）。

A. 应采用成熟的商业级或工业级产品
B. 宜使用无扇形，采用直流工作电源
C. 支持端口速率限制和组播风暴限制
D. 应提供完善的异常告警功能，包括失电告警、端口异常等

8. 继电保护设备的自检信息不包括（　　）。

A. 与站控层设备通信状况　　　　B. 与过程层设备通信状况
C. 硬件损坏情况　　　　　　　　D. 功能异常信号

9. 线路保护中，必须具备的逻辑节点是（　　）。

A. TVOC　　　　B. RREC　　　　C. LPHD　　　　D. TTAR

10. 保护装置站控层数据集中，以下正确的是（　　）。

A. 保护事件（brcbTripInfo）　　　B. 保护录波（brcbRec）
C. 告警信号（brcbAlarm）　　　　D. 通信工况（brcbComm）

11. IEC 61850 工程应用中，控制服务应用不正确的是（　　）。

A. 断路器隔离开关遥控使用 sbo-with-enhenced security 方式
B. 装置复归使用 direTA control with normal security 方式

C. 软压板采用 sbo-with-enhanced security 的控制方式

D. 变压器挡位采用 direTA control with normal security 的控制方式

12. 关于电流互感器，相关说法错误的是（　　）。

A. 准确度等级分 0.2、0.5、5P、10P 等

B. 5P、10P 属于保护用电流互感器

C. 500kV 系统中线路保护、断路器保护等常用 TPY 级互感器

D. 暂态型电流互感器有 TPS、TPX、TPY、TPZ 四个等级

13. 对接地距离继电器，如发生 A 相接地故障，为消除电压死区，应采用（　　）作极化电压效果最好。

A. AC 相间电压　　　B. AB 相间电压　　　C. BC 相间电压　　　D. 都可以

14. 电流互感器一次系统中的非周期分量对 TA 的正确传变（　　）。

A. 没有影响，因为 TA 不传变直流

B. 影响很大，会使 TA 暂态饱和，视具体情况合理选择型号

C. 影响很大，会使 TA 暂态饱和，一次电流限值提高一倍即可克服

D. 影响不大，可能会使 TA 暂态饱和，但不会影响保护动作行为

15. 某 110kV 变电站，变压器为 Yd11，用 110kV 侧 TV 与 10kV 侧 TV 进行核相，接线正确的是（　　）。

A. 高压侧 A 相与低压侧 A 相之间电压约为 30V

B. 高压侧 A 相与低压侧 C 相之间电压约为 82V

C. 高压侧 A 相与低压侧 B 相之间电压约为 100V

D. 高压侧 A 相与低压侧 B 相之间电压约为 115V

16. 容量为 50MVA、接线为 YNd11、变比为（115±2）×2.5%/10.5kV 的降压变压器，构成差动保护的电流互感器两侧均为星形接线，差动保护装置的相位补偿采用 d 侧移相方案。当 YN 侧保护区内 A 相接地时，下列说法正确的是（　　）。

A. 仅 A 相差动继电器动作　　　　　B. A、B 相差动继电器动作

C. A、B、C 相差动继电器动作

17. 220kV 平行双回线路Ⅰ、Ⅱ，两侧母线 M、N 分别有 YNd 接线的变压器（变压器中性点接地），在负荷状态下，Ⅰ线 M 侧断路器 A 相跳开，Ⅱ线 M、N 侧的零序方向元件的行为正确的是（　　）。

A. M 侧零序方向元件动作，N 侧零序方向元件不动作

B. M 侧零序方向元件不动作，N 侧零序方向元件动作

C. M、N 两侧的零序方向元件均不动作

18. 某 110kV 平行双回线路Ⅰ、Ⅱ，两侧母线 M、N 分别接有 YNd 接线的变压器（110kV 侧中性点接地），当 M 侧Ⅰ线出口处 A 相接地时，Ⅱ线 M、N 侧的零序方向元件的行为正确的是（　　）。

A. M 侧零序方向元件动作，N 侧零序方向元件不动作

B. M 侧零序方向元件不动作，N 侧零序方向元件动作

C. M、N 两侧的零序方向元件均不动作

19. 在双母线的母差保护中，下列说法正确的是（　　）。

A. 大差动的比率制动系数通常比Ⅰ、Ⅱ母线的小差动比率制动系数略小，其主要原

因是大差动是启动元件，小差动是选择元件

B. 在母联对另一空母线充电时，通常将母差保护短时闭锁，这是防止母差保护在充电期间受干扰而造成的误动

C. 在母联对另一个空母线充电时，将母差保护短时闭锁，这可防止充电时死区内的短路故障造成母差动作

20. 超高压线路采取串补电容后，在线路发生短路故障后，短路电流中含有暂态分量的性质是（   ）。

A. 高频分量　　　　B. 低频分量　　　　C. 工频分量　　　　D. 无法确定

21. 第一次采用的国外保护装置，必须经部级质检中心进行（   ），确认其性能、指标等能满足我国电网对继电保护装置的要求方可选用，否则不得进口、入网运行。

A. 电干扰试验　　　B. 静态模拟试验　　C. 动态模拟试验　　D. 整组试验

22. 内阻为 Z_s 的电源和阻抗为 Z（$Z=Z_s$）的负载相连，在连接点将会产生电压和电流的反射，将电压和电流波反射回电源产生的衰耗称为（   ）。

A. 工作衰耗　　　　B. 传输衰耗　　　　C. 反射衰耗　　　　D. 回波衰耗

23. 根据 Q/GDW 396—2009《IEC 61850 工程继电保护应用模型》，GOOSE 光纤拔掉后装置（   ）报 GOOSE 断链。

A. 立刻　　　　B. T_0 时间后　　　　C. $2T_0$ 时间后　　　　D. $4T_0$ 时间后

24. IEC 61850 标准中 MMS 报文属于（   ）。

A. UDP　　　　B. TCP　　　　C. ARP　　　　D. STAP

25. IEC 61850 标准中，不同的功能约束代表不同的类型，SG 代表（   ）。

A. 状态信息　　　　B. 测量值　　　　C. 控制　　　　D. 定值组

26. 下列选项不属于 SCD 管控比对模块的是（   ）。

A. 比对 IED 设备的 CRC 校验码　　　　B. 图形化比对 IED 的虚端子联系

C. 比对 IED 的 SCL 文件　　　　D. 比对 SCD 版本信息

27. 下列数据类型中，属于双点遥信类型的是（   ）。

A. CN_SPS　　　　B. SN_SPC　　　　C. CN_DPS　　　　D. CN_DPC

28. 智能变电站故障录波器的数字量输入动态记录装置，当点对点方式下 SV 失步时，（   ）次及以下谐波分量测量误差应不超过（   ）%。

A. 10，10　　　　B. 10，5　　　　C. 12，10　　　　D. 12，5

29. 智能变电站主变压器故障时，非电量保护通过电缆接线直接作用于主变压器各侧智能终端的（   ）输入端口。

A. 主变压器保护动作跳闸　　　　B. 其他保护动作三相跳闸

C. TJR　　　　D. TJQ

30. 光数字继电保护测试仪 SV 能加上，但是装置显示变比不对应，原因可能为（   ）。

A. SV 虚端子的映射问题，检查 SV 虚端子的映射，重新配置

B. 测试仪变比设置不一致，检查变比设置，重新设置

C. SCD 文件配置错误，需抓包分析

D. 测试仪 SV 配置光口映射错误，检查配置 SV 配置光口映射，重新配置

31. IEC 61850 标准中定义的逻辑节点名称含义错误的是（   ）。

A．PDIF：距离保护逻辑节点　　　　B．TVOC：过电流保护逻辑节点

C．TTAR：电流互感器逻辑节点　　　D．ATCC：自动分接开关控制

32．某 500kV 智能变电站，5031、5032 断路器（5902 出线）间隔停役检修时，必须将（　　）退出。

A．500kV Ⅰ母母差保护检修压板

B．500 kV Ⅰ母母差保护 5031 支路"SV 接收"压板

C．5031 断路器保护跳本断路器出口压板

D．5902 线线路保护 5031 支路"SV 接收"压板

33．根据 110～750kV 智能变电站网络报文记录分析装置通用技术规范，网络报文监测终端记录 SV 原始报文至少可连续记录（　　）h。

A．12　　　　　B．24　　　　　C．48　　　　　D．72

34．根据 110～750kV 智能变电站网络报文记录分析装置通用技术规范，网络报文监测终端记录 GOOSE、MMS 报文，至少可连续记录（　　）天。

A．7　　　　　B．10　　　　　C．14　　　　　D．30

35．基于 IEC 61850-9-2 的插值再采样同步，报文的发送、传输和接受处理的抖动延时小于（　　）。

A．1μs　　　　B．2μs　　　　C．10μs　　　　D．20μs

36．可实现对 IP 层的组播报文进行管理是（　　）技术。

A．IGMP　　　　B．GMRP　　　　C．GVRP　　　　D．VLAN

37．断路器位置 Pos 的公用数据类型是（　　）。

A．SPC　　　　B．SPS　　　　C．INS　　　　D．DPC

二、多项选择题

1．保护装置 SV 接收软压板退出时，保护装置可能的行为是（　　）。

A．保护装置采样值显示为"0"　　　B．保护装置闭锁相关保护功能

C．保护装置误动作　　　　　　　　D．保护装置拒动作

2．保护装置接收到智能终端位置信号的上一帧 GOOSE 报文的 StNum＝5，SqNum＝8，则接收到下列（　　）帧报文时会更新数据。

A．StNum＝5，SqNum＝8　　　　B．StNum＝4，SqNum＝8

C．StNum＝5，SqNum＝7　　　　D．StNum＝5，SqNum＝9

3．常见的 GOOSE 参数类型有（　　）。

A．布尔型　　　B．位串型　　　C．时间型　　　D．浮点型

4．罗氏线圈原理的电子式互感器准确度的主要影响因素有（　　）。

A．电磁干扰的影响

B．不能测量非周期分量，因为罗氏线圈直接输出信号是直流微分信号

C．高压传感头需电源供给，一旦掉电将停止工作

D．长期大功率激光供能影响光器件的寿命

5．GOOSE 报文可完成下述（　　）功能。

A．保护跳闸　　　B．模拟量　　　C．控制　　　　D．事件上送

6．智能变电站线路保护装置故障检修时，更换（　　）插件需要重新下装 CID 文件。

A. 开入开出　　　　B. CPU　　　　　C. MMI　　　　　　　　D. SV

7. SNTP 具有的工作模式有（　　）。

A. 服务器/客户端模式　　　　　　　　B. 发布/订阅模式

C. 组播模式　　　　　　　　　　　　D. 广播模式

8. VLAN 可基于（　　）划分。

A. 交换机端口　　B. IP 地址　　　　C. MAC 地址　　　　　　D. 网络层地址

9. 数字化采样的智能变电站可利用（　　）进行核相试验。

A. 故障录波器　　　　　　　　　　　B. 继电保护装置

C. 具备波形显示功能的网络报文分析仪　D. 合并单元

10. IEC 61850 系列标准严格规范了（　　），使不同智能电气设备间的信息共享和互操作成为可能。

A. 数据的命名、数据定义　　　　　　B. 设备行为

C. 设备的自描述特征　　　　　　　　D. 通用配置语言

11. 采用基于 IEC 61850-9-2 点对点传输模式的智能变电站，任意侧相电流数据无效将对主变压器保护产生（　　）影响（假定主变压器为双绕组变压器，主变压器保护仅与高低侧合并单元通信）

A. 闭锁差动保护　　　　　　　　　　B. 闭锁本侧过电流保护

C. 闭锁本侧外接零序保护　　　　　　D. 闭锁本侧自产零序过电流保护

12. 母线保护报警"通道延时异常报警"可能是由于（　　）。

A. 文本未配置通道延时　　　　　　　B. 延时通道发生变化

C. 延时通道超过 3ms　　　　　　　　D. 通道延时为 0

13. 变压器空载合闸或外部短路故障切除时，会产生励磁涌流，关于励磁涌流的说法正确的是（　　）。

A. 励磁涌流在三相电流中至少在两相中出现

B. 励磁涌流在三相电流中可在一相电流中出现，也可在两相电流中出现，也可在三相电流中出现

C. 励磁涌流与变压器铁芯结构有关，不同铁芯结构的励磁涌流是不同的

D. 励磁涌流与变压器接线方式有关

14. 当两个及以上电流（电压）互感器二次回路间有直接电气联系时，其二次回路接地点设置应满足的原则有（　　）。

A. 必须且只能有一个接地点

B. 有利于防止电磁干扰

C. 便于运行中的检修维护

D. 互感器或保护设备的故障、异常、停运、检修、更换等均不得造成运行中的互感器二次回路失去接地

三、填空题

1. 合并单元装置若需发送通道延时，宜配置在采样值数据集的第＿＿＿个 FCD。若需发送双 AD 的采样值，双 AD 宜配置相同的＿＿＿或＿＿＿实例且在采样值数据集中双 AD 的 DO 宜按"＿＿＿"顺序连续排放。

2. 智能终端具有开关量 DI 和模拟量 AI 采集功能，输入量点数可根据工程需要灵活配置，开关量输入宜采用 _____ 采集，模拟量输入应能接收 _____ 电流量和 _____ 电压量。

3. 为保证重合闸或手动合闸在故障线路时尽快跳闸，应带 _____ s 延时加速对本线路末端故障有足够灵敏度的零序电流保护的第二段或第三段。

4. 远方投退智能保护重合闸功能是否成功，可根据 _____ 和 _____ 这两个不同源的信号进行对照判断。

5. TA 二次绕组接线系数 $K_{jx}=1$ 的为 _____、_____、$K_{jx}=\sqrt{3}$ 的为 _____、_____。

6. 在大电流接地系统中，两侧电源线路接地故障，一侧断路器跳开后，另一侧零序电流 _____。

四、判断题

（　　）1. GOOSE 报文和 SV 报文中的优先级用 3 位 16 进制数表示，范围为 1~7。

（　　）2. IEC 61850 标准中规范了 GOOSE、SV、MMS 报文的，实现了不同 IED 设备间的互联互通，无需经过协议转换。

（　　）3. SCD 文件中的子网（SubNetwork）是 IED 模型的逻辑连接，全站子网应划分成站控层和过程层两个子网，命名分别为"Subnetwork_Stationbus"和"Subnetwork_Processbus"。

（　　）4. 保护装置建模过程中，所有的过电流保护都采用逻辑节点 TVOC，具体装置实例化过程中通过 InInst 区分不同的过电流保护。

（　　）5. 当保护装置检修压板和 MU 上送的检修数据品质位不一致时，保护装置应报警并闭锁相关保护 "SV 接收" 压板退出后，相应采样值显示为 0，不应发 SV 品质报警信息。

（　　）6. 智能终端 GOOSE 订阅支持的数据集不应少于 16 个。

（　　）7. 220kV 及以上母线保护支路（分段）电流互感器二次断线的处理原则：SV 通信中断，不闭锁大差及所在母线小差。

（　　）8. 合并单元的对时误差应不大于 ±1μs，在外部同步信号消失后，至少能在 10min 内继续满足 4μs 同步精度要求且发送的 SV 品质仍为同步状态。

（　　）9. 当断路器为分相操动机构时，断路器总位置由智能终端合成，逻辑关系为"三相与"或"三相或"。

（　　）10. 涉及多个时限、动作定值相同且有独立的保护动作信号的保护功能，应按照面向对象的概念划分成多个相同类型的逻辑节点，动作定值只在第一个时限的实例中映射。

（　　）11. TCP/IP 通过"三次握手"机制建立连接，通过第四次握手断开连接。

（　　）12. 采用双重化 MMS 通信网络的情况下，客户端只能通过冗余连接组中处于工作状态的网络对属于本连接组的报告实例进行控制。

（　　）13. 当采用 3/2、4/3、角形接线等多断路器接线形式时，应在断路器两侧均配置电流互感器。

（　　）14. 当接线形式为线路—变压器或线路—发变组时，针对本侧断路器无法切除故障问题，应采取启动远方跳闸等后备措施加以解决。

（　　）15. 短路初始时，一次短路电流中存在的直流分量与高频分量是造成距离保护暂态超越的因素之一。

（　　　）16. 零序电流保护逐级配合是指零序电流定值的灵敏度或时间的相互配合。

（　　　）17. 有时零序电流保护要设置两个Ⅰ段，即灵敏Ⅰ段和不灵敏Ⅰ段。灵敏Ⅰ段按躲过非全相运行情况整定，不灵敏Ⅰ段按躲过线路末端故障整定。

（　　　）18. 高频闭锁零序电流方向保护，当所取用的电压互感器接在母线上时，在线路非全相运行期间不会误动作。

（　　　）19. 接地故障时零序电流的分布与发电机的停、开有关。

（　　　）20. 五次谐波电流的大小或方向可作为中性点非直接接地系统中，查找故障线路的一个判据。

（　　　）21. 运行中，电压互感器二次侧某一相熔断器熔断时，该相电压值为零。

五、简答题

1. 智能变电站中，继电保护基于 DL/T 860.92 的插值重采样实现数据同步，必须具备哪几个基本条件？

2. 请简述智能变电站继电保护中数据集 dsAlarm 和数据集 dsWarning 的区别及对两个数据集中信号处理方法。

3. 简述 GOOSE 双网冗余通信方法。

4. 简述智能站 GOOSE 二次回路安措实施原则。

六、综合分析题

1. 以下是某网络报文记录分析仪监测的一帧完整 SV 采样报文（9-2，采样通道顺序为双 AD 保护电流、测量电流、双 AD 母线电压，具体为：I_{A1}、I_{A2}、I_{B1}、I_{B2}、I_{C1}、I_{C2}、I_A、I_B、I_C、UI_1、UI_2、UII_1、UII_2）。请问：

1）此 SV 报文的优先级和 VID 为多少（十进制）？

2）SV 采样报文是否同步？

3）APPID（十六进制）和采样计数值（Sample Count）为多少（十进制）？

4）采样报文的额定延迟时间和 I_{A2} 为多少（十进制，单位：A）？

5）是否有通道数据无效，若有，是哪些通道？

01 0C CD 04 00 21 08 AD 04 01 99 BE 81 00 D0 22 88 BA 40 21
00 AE 00 00 00 00 60 81 A3 80 01 01 A2 81 9D 30 81 9A 80 19
4D 46 32 32 30 31 41 4D 55 2F 4C 4C 4E 30 24 4D 53 24 4D 53
56 43 42 30 31 82 02 05 44 83 04 00 00 00 01 85 01 00 87 70
00 00 02 F9 00 00 00 00 FF FF 02 E6 00 00 00 00 FF FE AE 88
00 00 00 00 00 00 BD D3 00 00 00 00 00 00 A8 BC 00 00 00 00
00 00 69 75 00 00 00 00 00 00 69 75 00 00 00 00 FF FF 04 CD
00 00 00 00 00 B5 3C 00 00 00 00 00 00 6D 95 00 00 00 00
00 00 00 00 00 00 01, 00 00 00 00 00 00 00 01 00 00 00 00
00 00 00 01 00 00 00 00 00 00 00 00 01

2. 现场主变压器是 YnYnd11 接线组别，采集信息如图 1-42 所示 试说明：①故障的演变过程以及故障发生位置和性质；②对保护动作行为进行分析。

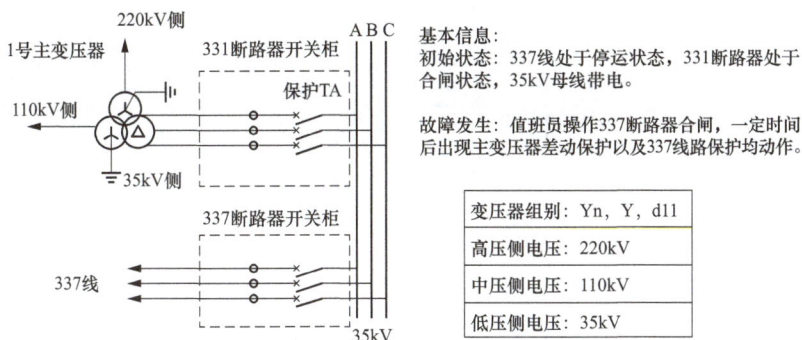

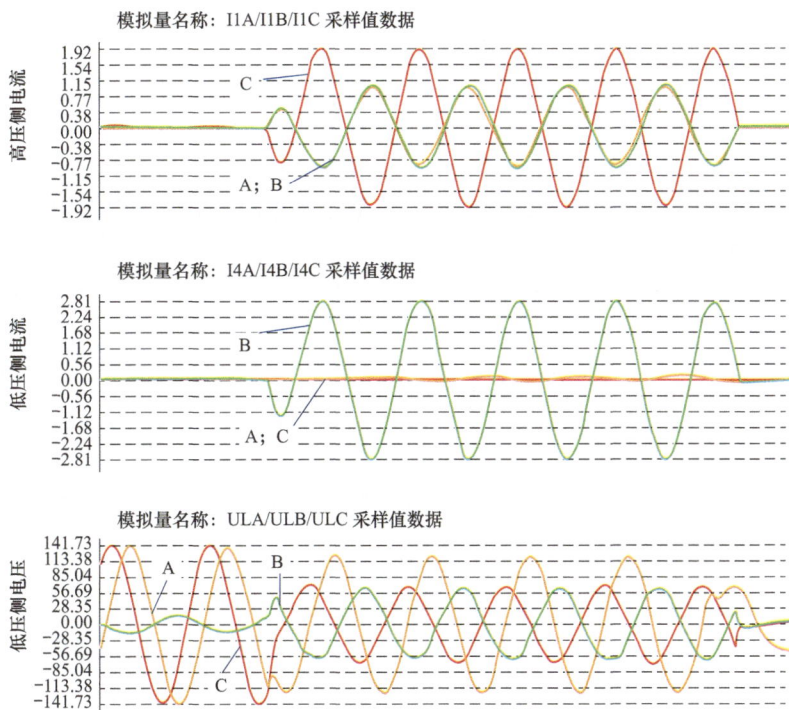

图 1-42　主变压器接线及采集信息

七、计算题

1. 如图 1-43 所示，在线路 L1 的 A 侧装有按 $U_\Phi / (I_\Phi + K_3 I_0)$ 接线的接地距离保护（$K = 0.8$），阻抗元件的动作特性为最大灵敏度等于 80° 的方向圆，一次整定阻抗为 $Z_{zd} = 40\angle 80°\ \Omega$。在 K 点发生 A 相经电阻接地短路故障：①写出阻抗元件的测量阻抗表达式；②该阻抗元件是否会动作？并用阻抗向量图说明。

注：（1）I_1 与 I_2 同相。

（2）Z_{L1} 为线路 L1 的线路正序阻抗，Z_{L3k} 为线路母线 B 到故障点 K 的线路正序阻抗，$Z_{L1} = Z_{L3k} = 5\angle 80°\ \Omega$。

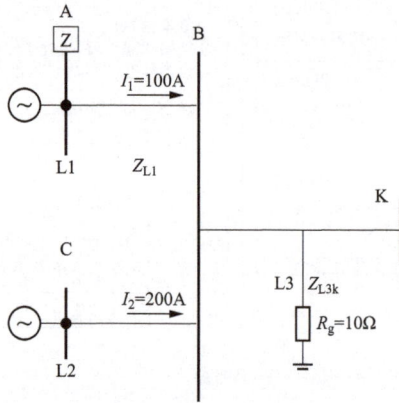

图 1-43　计算题 1 线路图

2. 如图 1-44 所示，已知 k1 点最大三相短路电流为 1000A（折合到 110kV 侧），k2 点的最大接地短路电流为 2500A，最小接地短路电流为 2000A，1 号断路器零序保护的一次整定值为Ⅰ段 1200A，0s Ⅱ段 330A，0.5s。计算 3 号断路器零序电流保护Ⅰ、Ⅱ、Ⅲ段的一次动作电流值及动作时间（不校验灵敏度）。

（不平衡系数取 10%，可靠系数 $K_k = 1.3$，配合系数 $K'_k = 1.1$，时间级差 $\Delta t = 0.3s$）

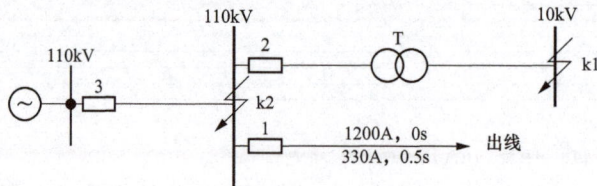

图 1-44　计算题 2 线路图

试　题　10

一、单项选择题

1. 接地距离继电器在线路正方向发生两相短路故障时，（　　）。

A. 保护范围增加，等值电源阻抗与整定阻抗之比越大，增加的情况越严重

B. 保护范围缩短，等值电源阻抗与整定阻抗之比越小，缩短的情况越严重

C. 保护范围增加，等值电源阻抗与整定阻抗之比越小，增加的情况越严重

D. 保护范围缩短，等值电源阻抗与整定阻抗之比越大，缩短的情况越严重

2. 中性点不接地系统发生单相接地短路时，网络中（　　）为零。

A. 正序电压　　　　　B. 负序电压　　　　　C. 零序电压

3. 影响母差保护 TA 饱和程度，以下说法正确的是（　　）。

A. TA 精确级别选择（0.2、0.5、5P＊＊、TPY）对饱和无影响

B. 母线故障时，TA 饱和最严重

C. 线路 TA 外侧故障时，TA 饱和最严重

4. 带负荷测相量得到的负荷相角（　　）。

A. 负荷中心的综合负荷相角，是由负荷性质决定的

B. 是母线电压与本线电流的相角差，是由系统潮流决定的

C. 线路阻抗角

5. 当距离保护的阻抗灵敏角比线路阻抗角小时，可改变电抗变压器的二次负载电阻来调整，应（　　）。

A. 增大电阻　　　　　B. 减小电阻　　　　　C. A、B 均可

6. 传输线路纵联保护信息的数字式通道传输时间应不大于（　　），点对点的数字式通道传输时间应不大于（　　）。

A. 15ms，8ms　　　B. 12ms，8ms　　　C. 12ms，5ms　　　D. 8ms，3ms

7. 在 OSI 参考模型中，以下关于传输层描述错误的是（　　）。

A. 确保数据可靠、顺序、无差错地从发送主机传输到接收主机，同时进行流量控制

B. 按网络能处理数据包的最大尺寸，发送方主机的传输层将较长的报文进行分割，生成较小的数据段

C. 对每个数据段安排一个序列号，以便数据段到达接收方传输层时，能按序列号以正确的顺序进行重组

D. 判断通信是否被中断，以及中断后决定从何处重新发送

8. 220kV 及以上变压器各侧的中性点电流、间隙电流应（　　）。

A. 并于相应侧的 MU 进行采集　　　　　B. 各侧配置单独的 MU 进行采集

C. 统一配置独立的 MU 进行采集　　　　　D. 其他方式

9. 关于电子式互感器，下列说法错误的是（　　）。

A. 有源电子式互感器利用电磁感应等原理感应被测信号

B. 无源电子式互感器利用光学原理感应被测信号

C. 10、35kV 低压电子式互感器通常输出小模拟量信号

D. 所有电压等级的电子式互感器其输出均为数字信号

10. 对于 MN 线路 M 侧的保护装置，工频变化量方向元件的原理是（　　　）。

A. 正向故障时 $\Delta U/\Delta I = Z_L + Z_{sm}$，反向故障时 $\Delta U/\Delta I = -Z_{sn}$

B. 正向故障时 $\Delta U/\Delta I = Z_L + Z_{sn}$，反向故障时 $\Delta U/\Delta I = -Z_{sm}$

C. 正向故障时 $\Delta U/\Delta I = -Z_{sm}$，反向故障时 $\Delta U/\Delta I = Z_L + Z_{sn}$

D. 正向故障时 $\Delta U/\Delta I = -Z_{sn}$，反向故障时 $\Delta U/\Delta I = Z_L + Z_{sm}$

11. 用于 10kV 消弧线圈接地系统的专用接地变压器阻抗呈现（　　　）特征。

A. 正序阻抗→∞、零序阻抗→0　　　　　B. 正序阻抗、零序阻抗→0

C. 正序阻抗、零序阻抗→∞　　　　　　D. 正序阻抗→0、零序阻抗→∞

12. 智能变电站系统中，在 CID 文件中，GOOSE 连线一般放置在（　　　）逻辑节点内。

A. LPHD　　　　　B. LLN0　　　　　C. GGIO　　　　　D. CIL0

13. 在光数字继电保护测试仪中将 SV 输出置检修位，此时 SV 通道品质状态显示值为（　　　）。

A. 0x0000　　　　　B. 0x0800　　　　　C. 0x0900　　　　　D. 0x0B00

14. 220～500kV 线路分相操作断路器使用单相重合闸，要求断路器三相合闸不同期时间不大于（　　　）。

A. 1ms　　　　　B. 5ms　　　　　C. 10ms　　　　　D. 15ms

15. 变电站增加一台中性点直接接地的负荷变压器，在该变电站母线出线上发生两相故障时，该出线的负序电流（　　　）。

A. 变大　　　　　B. 变小　　　　　C. 不变　　　　　D. 视具体情况而定

16. 220kV 电压等级终端变压器侧的其中一台中性点不接地变压器，当该变压器高压侧断路器单相偷跳时，采用母线 TV 时，其开口三角电压为（　　　）。

A. 0V　　　　　B. 150V　　　　　C. 200V　　　　　D. 300V

17. 接地方向阻抗继电器中，目前大多使用了零序电抗继电器进行组合，其作用是（　　　）。

A. 保证正反向出口接地故障时，不致因较大的过渡电阻而使继电器失去方向性

B. 保证保护区的稳定，使保护区不受过渡电阻的影响

C. 可提高保护区内接地故障时继电器反应过渡电阻的能力

D. 躲过系统振荡的影响

18. 电力系统正常运行中的电压互感器，同样大小的电阻负载接成（　　　）时负荷大。

A. 星形　　　　　B. 三角形　　　　　C. 两者差不多　　　　　D. 一样

19. 现场可用模拟两相短路的方法（单相电压法）对负序电压继电器的动作电压进行调整试验，继电器整定电压为负序相电压 U_{op2}，如果在 A 和 BC 间施加单相电压 U_{op} 时继电器动作，则 $U_{op2} = U_{op}/$（　　　）。

A. 1　　　　　B. $\sqrt{3}$　　　　　C. 2　　　　　D. 3

20. 当标幺值基准容量选取为 100MVA 时，220kV 额定电压下的基准阻抗为（　　　）。

A. 484Ω　　　　　B. 529Ω　　　　　C. 251Ω　　　　　D. 不定

21. 新"六统一"电抗器保护装置在首末端 TA 变比不一致时，差动保护启动电流定值为（　　　）倍的额定电流。

A. 0.2　　　　　B. 0.3　　　　　C. 0.4　　　　　D. 0.5

22. 母线保护的双母双分段接线的分段 TA 断线后，程序应（　　）处理。

A. 仅报 TA 断线，不闭锁保护

B. 闭锁母线 300ms，延时跳故障母线

C. 应按普通支路处理，即应闭锁差动保护

23. 对于采用常规互感器不带合并单元的变压器保护，输入 2 倍整定值测试整组整定时间，差流速断保护不应大于（　　）。

A. 27ms　　　　　B. 29ms　　　　　C. 37ms　　　　　D. 39ms

24. VLAN ID 为 0 的帧进入交换机（　　）处理。

A. 丢弃　　　　　　　　　　　B. 加上默认 VLANID 进行转发

C. 向每个端口转发　　　　　　D. 向 VLAN 内除本端口外的所有端口转发

25. 暂态过程的大小与持续时间与系统的时间常数有关，一般 220kV 系统的时间常数不大于（　　）。

A. 10ms　　　　　B. 60ms　　　　　C. 80～200ms　　　　　D. 200～300ms

26. 下列（　　）不属于线路纵联电流差动保护装置的主要保护功能。

A. 纵联电流差动主保护　　　　B. 相间和接地距离保护

C. 零序电流保护　　　　　　　D. 过电压保护

27. 220kV 及以上电抗器保护 TA 断线闭锁，差动中差流大于（　　）I_e 开放分相差动保护。

A. 1.1　　　　　B. 1.2　　　　　C. 1.3　　　　　D. 1.4

28. 故障录波器应具备对（　　）次及以下谐波的分析功能。

A. 20　　　　　B. 25　　　　　C. 30

29. 全网故障录波系统的时钟误差应不大于（　　）ms，装置内部时钟 24h 误差应不大于（　　）s。

A. 1，±5　　　　　B. 2，±4　　　　　C. 3，±3　　　　　D. 4，±2

30. 单相故障时，健全相的电流突变量是（　　）。

A. 零　　　　　B. 增大　　　　　C. 减小　　　　　D. 不变

31. 某三角形网络 LMN，其支路阻抗（Z_{LM}、Z_{MN}、Z_{LN}）均为 Z，变换为星形网络 LMN-O，其支路阻抗（Z_{LO}、Z_{MO}、Z_{NO}）均为（　　）。

A. $3Z$　　　　　B. $Z/3$　　　　　C. Z

32. 在 220kV 电力系统中，校验变压器零序差动保护灵敏系数所采用的系统运行方式应为（　　）。

A. 最大运行方式　　　B. 正常运行方式　　　C. 最小运行方式

33. 报告服务中触发条件为 qchg 类型，代表着（　　）。

A. 由于数据属性的变化触发

B. 由于品质属性值变化触发

C. 由于冻结属性值的冻结或任何其他属性刷新值触发

D. 由于设定周期时间到后触发

34. 智能变电站的故障录波文件格式采用（　　）。

A. GB/T 22386　　B. Q/GDW 131　　C. DL/T 860.72　　D. Q/GDW 1344

35. 基于零序方向原理的小电流接地选线继电器的方向特性，对于无消弧线圈和有消

弧线圈过补偿的系统，如方向继电器按正极性接入电压，电流按流向线路为正，对于故障线路零序电压超前零序电流的角度是（　　）。

A. 均为＋90°

B. 均为－90°

C. 无消弧线圈为－90°，有消弧线圈为＋90°

D. 无消弧线圈为＋90°，有消弧线圈为－90°

36. 当电压互感器接于母线上时，线路出现非全相运行，如果断线相又发生接地故障，两端负序方向元件（　　）。

A. 不能正确动作　　B. 能正确动作　　　C. 动作特性不确定

37. 当母线上连接元件较多时，电流差动母线保护在区外短路时不平衡电流较大的原因是（　　）。

A. 电流互感器的变比不同　　　　　B. 电流互感器严重饱和

C. 励磁阻抗大　　　　　　　　　　D. 合后位置

二、多项选择题

1. 突变量继电器的动作特点有（　　）。

A. 能保护各种故障，不反应负荷和振荡

B. 一般作瞬时动作的保护，但也可作延时段后备保护

C. 两相稳定运行状态不会启动，出现故障能灵敏动作

D. 振荡在三相故障，能可靠动作

2. 减少电压互感器的基本误差方法有（　　）。

A. 减小电压互感器线圈的阻抗　　　B. 减小电压互感器励磁电流

C. 减小电压互感器负荷电流　　　　D. 减小电压互感器的负载

3. 高电压、长线路用暂态型电流互感器是因为（　　）。

A. 短路过渡过程中非周期分量大，衰减时间常数大

B. 保护动作时间相对短，在故障暂态状时动作

C. 短路电流幅值大

D. 运行电压高

4. 改进电流互感器饱和的措施通常为（　　）。

A. 选用二次额定电流较小的电流互感器

B. 铁芯设置间隙

C. 减小二次负载阻抗

D. 缩小铁芯面积

5. 带记忆作用的方向阻抗继电器具有（　　）。

A. 增强了这种继电器允许弧光电阻故障的能力

B. 保护正方向经串联电容出口短路的能力

C. 可区分系统振荡与短路

D. 反向出口三相经小电阻故障不会误动作

6. 大型变压器过励磁时，变压器差动回路电流发生变化，下列说法正确的是（　　）。

A. 差动电流随过励磁程度的增大而非线性增大

B. 差动电流中没有非周期分量及偶次谐波

C. 差动电流中含有明显的 3、5 次谐波

D. 5 次谐波与基波的比值随着过励磁程度的增大而增大

7. 变压器空载合闸或外部故障切除电压突然恢复时，会出现励磁涌流，对于 YNd11 接线变压器，差动回路的涌流特点是（　　　　）。

A. 涌流幅值大并不断衰减

B. 三相涌流中含有明显的非周期分量并不断衰减

C. 涌流中含有明显的 3 次谐波和其他奇次谐波

D. 涌流中含有明显的 2 次谐波和其他偶次谐波

8. 在单模光纤通信系统中，目前普遍采用的光波长是（　　　　）。

A. $0.85\mu m$　　　　B. $1.31\mu m$　　　　C. $1.55\mu m$　　　　D. $1.273\mu m$

9. TA 暂态饱和时具有（　　　）特点。

A. 从 TA 二次看，其内阻大大减小，极端状况下内阻等于零

B. 故障发生瞬间 TA 不会立即饱和，通常 3～4ms 才饱和

C. 当故障电流波形通过零点附近，该 TA 又可线性传递电流

D. TA 二次电流中含有高次谐波分量

10. 影响阻抗继电器正确测量的因素有（　　　）。

A. 故障点的过渡电阻

B. 保护安装处与故障点之间的助增电流和汲出电流

C. 电压二次回路断线

D. 被保护线路的并联电抗

11. 下列情况中出现 3 次谐波的是（　　　）。

A. TA 稳态饱和时二次电流中有 3 次谐波

B. TA 暂态饱和时二次电流中有 3 次谐波

C. 发电机过励磁时差动电流中有 3 次谐波

D. 变压器过励磁时差动电流中有 3 次谐波

12. 网络报文记录与分析装置在智能变电站中主要作用是（　　　）。

A. 辅助调试人员排查互操作异常

B. 辅助运维人员评估智能变电站二次设备和网络的工作状态

C. 辅助运维人员对智能变电站二次设备和网络的故障与异常进行分析定位

D. 辅助运维人员分析一次设备故障

13. 网络风暴产生的原因主要有（　　　）。

A. 网络拓扑结构　　　　　　　　B. 接口芯片异常

C. 网络拥堵　　　　　　　　　　D. 网络协议设计不合理

14. SCD 文件导入内容包括（　　　）。

A. SV 配置（地址、描述、类型、相别）

B. GOOSE 配置（地址、描述、关联）

C. MMS 报告配置（报告数据集、关联等）

D. 系统网络信息（网络拓扑、关联等）

15. 距离保护克服"死区"的方法有（　　　）。

A. 记忆回路　　　　　　　　　　B. 引入非故障相电压

C. 潜供电流　　　　　　　　　　D. 引入抗干扰能力强的阻抗继电器

16. 要构成多段式的保护必须具备的条件有（　　　）。

A. 能区分正常运行和短路故障两种状态　B. 能区分单相接地还是相间短路

C. 能区分短路点的远近　　　　　　　　D. 能区分高阻接地还是直接接地

17. 工频变化量继电器的缺陷有（　　　）。

A. 只能用于快速保护

B. 电容效应导致线路末端电压升高，工频变化量阻抗继电器误动

C. 由于暂态电气量影响，工频阻抗继电器离散性大

D. 系统振荡时继电器会误动

18. 针对单侧电源双绕组变压器和三绕组变压器的相间短路后备保护说法正确的是（　　　）。

A. 相间短路后备保护宜装于各侧

B. 非电源侧保护带两段或三段时限，用第一时限断开本侧母联或分段断路器，缩小故障影响范围

C. 非电源侧保护用第二时限断开各侧断路器

D. 电源侧保护带一段时限，断开变压器各侧断路器

19. 当高压侧相电压数据采集异常时，下列（　　　）保护功能是退出的。

A. 过励磁　　　　　　　　　　　　B. 差动

C. 高压侧接地阻抗　　　　　　　　D. 中压侧相间阻抗

三、填空题

1. 母联_____死区保护确认母联跳闸位置的延时为_____。

2. 220kV 电压等级变压器保护优先采用 TPY 型 TA。 若采用 P 级 TA，为减轻可能发生的暂态饱和影响，其暂态系数不应小于_____。

3. 任何情况下差流大于_____时纵差保护应动作 。

4. 故障测距的精度要求为：对金属性短路误差不大于线路全长的_____。

5. 具有全线速动保护的线路，其主保护的整组动作时间应为：对近端故障≤_____对远端故障≤_____（不包括通道时间）。

6. 220kV 及以上电压分相操作的断路器应附有三相不一致_____保护回路。 三相不一致保护动作时间应为_____可调，以躲开单相重合闸动作周期。

7. 断路器应有足够数量的、动作逻辑正确、接触可靠的辅助触点供保护装置使用。 辅助触点与主触头的动作时间差不大于_____。

8. 零序反时限电流保护启动时间超过_____应发告警信号，并重新启动开始计时。

9. 智能站保护装置跳闸触发录波信号应采用_____跳闸信号。

10. 公共绕组零序过电流取自产零序电流和外接零序电流"_____"门判别。

四、判断题

（　　　）1. 变压器接线为 YNd11 接线，微机差动保护采用 d 侧移相方式，变压器比率差动保护启动值为 $0.4I_e$，当该变压器在额定运行时，YN 侧 TA 的 B 相二次回路断线，则 B 相差动元件动作，其余两相差动元件处于制动状态（TA 二次回路断线不闭锁比率差动

保护）。

（　　）2. 继电保护装置的跳闸出口接点，必须在断路器确实跳开后才能返回，否则，该接点会由于断弧而烧毁。

（　　）3. 断路器重合闸的整定时间考虑的是发生永久性故障，备自投装置的整定时间是考虑发生瞬时性故障的情况。

（　　）4. A 相接地距离继电器按 $\dfrac{U_A}{I_A + kI_0}$ 计算测量阻抗，在 A 相金属性短路接地时能正确动作，对 I_B 和 I_C 没有任何限制，即使振荡使 I_B 和 I_C 变得很大也无妨。

（　　）5. 在采用自适应阻抗加权抗饱和法的母差保护装置中，如果工频变化量阻抗元件先动作而工频变化量差动元件及工频变化量电压元件后动作，即判为区外故障 TA 饱和，立即将母差保护闭锁。

（　　）6. 线路中间发生单相断线时，只要负荷电流足够大，两侧零序功率方向元件都会动作。

（　　）7. 双重化配置保护使用的 GOOSE（SV）网络应遵循相互独立的原则，当一个网络异常或退出时不应影响另一个网络的运行。

（　　）8. 根据《智能变电站通用技术条件》，GOOSE 开入软压板除双母线和单母线接线启动失灵保护、失灵保护联跳开入软压板既可设在接收端，也可设在发送端。

（　　）9. 当合并单元的检修压板投入时，其发出的 SV 报文中的"TEST"位应置"0"当检修压板退出时，SV 报文中的"TEST"应置"1"。

（　　）10. 保护装置可通过在 ICD 文件中支持多个 AccessPoint 的方式支持多个独立的 GOOSE 网络。

（　　）11. 采用光纤 IRIG-B 码对时方式时，宜采用 ST 接口。采用电 IRIG-B 码对时方式时，采用交流 B 码，通信介质为屏蔽双绞线。

（　　）12. 智能终端 DSP 芯片一方面负责 MMS 通信，另一方面完成动作逻辑，开放出口继电器的正电源。

（　　）13. 智能变电站中，当"GOOSE 出口软压板"退出后，保护装置可发送 GOOSE 跳闸命令，但不会跳闸出口。

（　　）14. 如果智能变电站的线路差动保护采用来自电子式电流互感器的采样值，那么对侧常规变电站的线路间隔也必须配置相同型号的电子式电流互感器。

（　　）15. IEC 61850-7-3 中将数据对象按功能分为信号类、控制类、测量类、定值类和参数类一共五类。

五、简答题

1. 变压器零差保护相对于反映相间短路的纵差保护有什么优缺点？
2. 为什么不考虑相间距离保护与对侧断路器失灵保护在时间上进行配合？
3. 大接地电流系统中的变压器中性点有的接地，有的不接地，取决于什么因素？
4. 《智能变电站继电保护技术规范》中对线路保护有何要求？
5. 试简述合并单元与继电保护间采用点对点 DL/T 860、92（IEC 61850-9-2）传输采样相对采用组网方式采样有哪些优缺点？

六、综合分析题

如图 1-45 所示，故障前某 220kV 母线 M 共有甲乙两回线路及一台主变压器运行。故障后调取甲线 M 侧故障录波如图 1-46 所示。 请根据录波图分析系统发生什么故障？并分析说明故障点位置在哪里（已知甲乙线重合闸均停用，保护使用母线 TV 电压）？

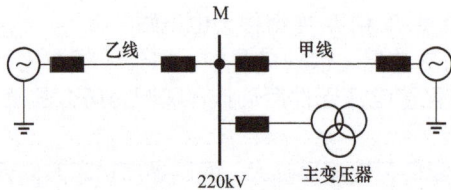

图 1-45　220kV 母线图

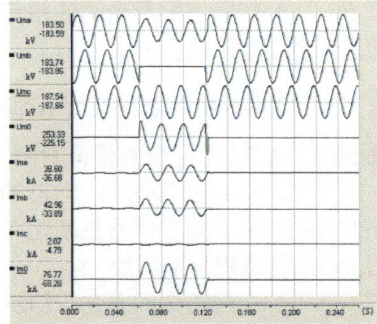

图 1-46　甲线 M 侧故障录波

七、计算题

1. 如图 1-47 所示，发电机经 YNd5 变压器及断路器 B1 接入高压母线，在准备用断路器 B2 并网前，高压母线发生 B 相接地短路，短路电流为 I_{BK}。 变压器配置有其两侧 TA 接线为星-角的分相差动保护，设变压器零序阻抗小于正序阻抗。

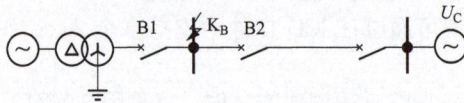

图 1-47　计算题 1 的系统图

（1）画出故障时变压器两侧的电流、电压相量图及序分量图。

（2）计算各相差动保护各侧的电流及差流（折算到一次）。

（3）故障时各序功率的流向如何？

2. 500kV 双端电源系统，500kV PM 双线和 MN 线均配置两套分相电流差动保护，因 M 侧通信电源失去，差动功能告警，所有线路 CVT 变比为 500/0.1kV，TA 变比为 4000/1A，一、二次阻抗比为 1.25。 系统和线路阻抗如图 1-48 所示（均为经过折算的二次值），$\dot{E}_M = \dot{E}_N = 60.5 \angle 0° \text{ V}$。

MN 线两套线路保护后备保护均配置三段式相间、接地距离和反时限方向零流保护 TEF，接地距离阻抗均为四边形特性，M 侧接地距离Ⅰ、Ⅱ段和Ⅲ段的电阻 R、电抗 X 的定值和延时 t 如下（均为二次值）：$R_1 = 7\Omega$、$X_1 = 11\Omega$、$t_1 = 0.0\text{s}$；$R_2 = 14\Omega$、$X_2 = 22\Omega$、$t_2 = 1.2\text{s}$；$R_3 = 21\Omega$、$X_3 = 26\Omega$、$t_3 = 2.4\text{s}$。

N 侧接地距离Ⅰ、Ⅱ段和Ⅲ段的电阻 R、电抗 X 的定值和延时 t 如下（均为二次值）：$R_1 = 7\Omega$、$X_1 = 11\Omega$、$t_1 = 0.0\text{s}$；$R_2 = 14\Omega$、$X_2 = 22\Omega$、$t_2 = 0.8\text{s}$；$R_3 = 21\Omega$、$X_3 = 26\Omega$、$t_3 = 2.4\text{s}$。

MN 线反时限方向零流保护采用标准反时限曲线，反时限方向零流 TEF 的 $3I_0$ 启动门槛为 0.25A/3.02s 动作、0.5A/1.71s 动作、1.0A/1.19s 动作、1.1A/1.14s 动作、1.2A/1.10s 动作。 大于 1.5A 时，T_{EF} 动作时间均为 1.0s。

PM 线两套线路保护后备保护均配置三段式相间、接地距离和反时限方向零流保护 TEF，第一套线路保护的接地距离阻抗为圆特性，第二套线路保护的接地距离为四边形特性。 PM 线圆特性的接地距离Ⅱ段定值 $Z = 44\Omega$、延时 $t_2 = 0.8s$，负荷限制阻抗线 $R = 42\Omega$，负荷限制阻抗线的角度为线路正序阻抗角四边形特性的接地距离Ⅱ段定值和延时，$R = 42\Omega$、$X = 44\Omega$、$t_2 = 0.8s$，负荷限制阻抗线的角度为 60°。

线路 MN 在 M 侧出口（0%处，k 点）发生 A 相经过渡电阻 R_g 接地，$R_g = 11\Omega$（二次值）。

$$\left(零序补偿系数为\ k = \frac{Z_0 - Z_1}{3Z_1}\right)$$

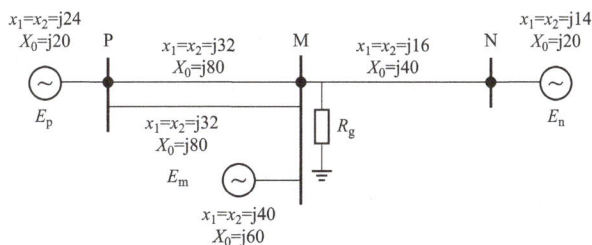

图 1-48 计算题 2 的系统图

问题：

（1）故障点 k 的电压和故障电流。

（2）MN 线路两侧保护的接地距离保护和反时限方向零流保护动作情况。

（3）PM 双线 P 侧接地距离Ⅱ段圆特性和四边形特性的动作情况。

为简化分析过程，只考虑故障刚发生时流经保护的电流作为保护动作情况的判断依据，不考虑后备保护的动作跳闸引起电网结构的变化和故障电流分布的变化。

试 题 11

一、单项选择题

1. 方向阻抗继电器受电网频率变化影响较大的回路是（   ）。
A. 幅值比较回路   B. 相位比较回路
C. 记忆回路   D. 执行元件回路

2. 零序、负序过电压元件的灵敏度应在电力系统的下列运行方式下进行校验（   ）。
A. 大运行方式   B. 正常运行方式   C. 小运行方式

3. 智能站母线保护，实时对各支路和母联位置开入的检修状态进行判别，当位置开入的检修状态与保护检修状态不一致时，保护处理方式为（   ）。
A. 该开入不做处理   B. 采用当前实时开入信号
C. 记忆检修不一致之前的位置状态

4. 在平行双回路上发生短路故障是：非故障线发生功率倒方向，功率倒方向发生在（   ）。
A. 故障线发生短路故障时
B. 故障线一侧断路器三相跳闸后
C. 故障线一侧断路器单相跳闸后
D. 故障线两侧断路器三相跳闸后，负荷电流流向发生变化

5. 以下几种母线的主接线方式中，当在母线内部故障时不会有汲出电流产生的是（   ）。
A. 多角形母线   B. 二分之三接线
C. 双母线接线   D. 单母线分段接线

6. 变压器励磁涌流的衰减时间为（   ）。
A. 1.5～2s   B. 0.5～1s   C. 3～4s   D. 4.5～5s

7. 对于 220kV 及以上的变压器相间短路后备保护的配置原则，下面说法正确的是（   ）。
A. 除主电源外，其他各侧保护作为变压器本身和相邻元件的后备保护
B. 作为相邻线路的远后备保护，对任何故障具有足够的灵敏度
C. 对稀有故障，例如电网的三相短路，允许无选择性动作
D. 送电侧后备保护对各侧母线应有足够灵敏度

8. 变压器励磁涌流的大小与变压器额定电流幅值的倍数有关，变压器容量（   ），励磁涌流对额定电流幅值的倍数（   ）。
A. 越小，越小   B. 越小，越大   C. 越大，越大   D. 两个无关联

9. 对母线保护装置电压闭锁元件叙述正确的是（   ）。
A. 低电压为母线线电压，零序电压为母线零序电压，负序电压为母线负序电压
B. 低电压为母线线电压，零序电压为母线三倍零序电压，负序电压为母线三倍负序电压
C. 低电压为母线相电压，零序电压为母线三倍零序电压，负序电压为母线负序电压
D. 低电压为母线相电压，零序电压为母线三倍零序电压，负序电压为母线三倍负序电压

10. 过电流保护一只继电器接入两相电流差的连接方式能反应（　　）。

A. 各种相间短路

B. 单相接地故障

C. 两相接地故障

D. 相间和装有电流互感器的那一相的单相接地短路

11. 单个合并单元的数据流量为（　　）。

A. 1～2M　　　　　B. 3～4M　　　　　C. 5～8M　　　　　D. 10～12M

12. 某超高压输电线路零序电流保护中的零序方向元件，其零序电压取自线路侧 TV 二次侧，当两侧 U 相断开线路处非全相运行期间，测得该侧零序电流为 240A，下列说法正确的是（　　）。

A. 零序方向元件是否动作取决于线路有功功率、无功功率的流向及其功率因数的大小

B. 零序功率方向元件肯定不动作

C. 零序功率方向元件肯定动作

D. 零序功率方向元件动作情况不明，可能动作，也可能不动作，与电网具体结构有关

13. 单一数据集的成员个数不应超过（　　）。

A. 128　　　　　B. 64　　　　　C. 256　　　　　D. 32

14. 模拟两相短路从负序电流继电器 AB 端子通入电流，此时继电器的动作电流是负序相电流的（　　）倍。

A. 1/3　　　　　B. $\sqrt{3}$　　　　　C. $1/\sqrt{3}$　　　　　D. 3

15. 对相阻抗继电器，在两相短路经电阻接地时，（　　）继电器在正方向短路时发生超越，在反方向短路时要失去方向性。

A. 超前或滞后相　　　B. 滞后相　　　C. 超前相

16. 根据国家电网公司标准化要求，中性点电抗器过电流、过负荷保护优先采用（　　）。

A. 中性点零序 TA 电流　　　　　　　B. 主电抗器末端三相 TA 电流

C. 主电抗器首端三相 TA 电流

17. "通道延时变化"对母线保护的影响是（　　）。

A. 装置告警，不闭锁保护　　　　　B. 闭锁差动保护

C. 开放复压闭锁功能，不闭锁保护　　　D. 没有影响

18. 某线路发生短路故障，通常情况下故障线路中的电流含有非周期分量，该线路所在母线电压也含有非周期分量，关于非周期分量相对含量的大小，下列说法正确的是（　　）。

A. 电压中的非周期分量的含量相对较大

B. 电流、电压中的非周期分量相对含量相当

C. 电流中的非周期分量的含量相对较大

D. 无法断定哪个较大

19. 距离保护区内故障时，补偿电压 $U'_\phi = U_\phi - (I_\phi + K_3 I_0) ZZD$ 与同名相母线电压 U_ϕ 之间的关系（　　）。

A. 基本同相位　　　B. 基本反相位　　　C. 相差 90°　　　D. 不确定

20. 按照 Q/GDW 1396《IEC 61850 工程继电保护应用模型》规定，保护遥信预定义的

保护压板数据集名为（　　　）。

  A. dsRelayDin   B. dsRelayEna   C. dsRelayAin   D. dsSetting

  21. 当母联合并单元 SV 采样报文品质异常时，母线保护（　　　）。

  A. 置母线互联状态   B. 置母线解列状态

  C. 闭锁差动保护   D. 保持原来的运行状态

  22. 变压器各侧的过电流保护均按躲过变压器（　　　）负荷整定，但不作为短路保护的一级参与选择性配合，其动作时间应（　　　）所有出线保护的最长时间。

  A. 最大　小于   B. 额定　小于   C. 最大　大于   D. 额定　大于

  23. 一台 Yd11 型变压器，低压侧无电源，当其高压侧内部发生故障电流大小相同的三相短路故障和两相短路故障时，其差动保护的灵敏度（　　　）。

  A. 相同

  B. 三相短路的灵敏度大于两相短路的灵敏度

  C. 不定

  D. 两相短路的灵敏度大于三相短路的灵敏度

  24. 变压器间隙保护有 0.3～0.5s 的动作延时，其目的是（　　　）。

  A. 躲过系统的暂态过电压   B. 与线路保护Ⅰ段相配合

  C. 作为变压器的后备保护   D. 躲过变压器的后备保护

  25. 供电变电站降压变压器的相间短路后备保护，高压侧（主电源侧）动作方向指向（　　　），中压侧动作方向指向（　　　）。

  A. 变压器，变压器   B. 变压器，本侧母线

  C. 本侧母线，本侧母线   D. 本侧母线，变压器

  26. 为保证在工作电源确已断开后，备用电源自动投入，投入备用电源的启动元件应为（　　　）。

  A. 受电侧断路器的动合辅助触点 B. 送电侧断路器的动断辅助触点

  C. 受电侧断路器的动断辅助触点 D. 送电侧断路器的动合辅助触点

二、多项选择题

  1. 某超高压单相重合闸方式的线路，其接地保护第Ⅱ段动作时限应考虑（　　　）。

  A. 与相邻线路接地Ⅰ段动作时限配合

  B. 与相邻线路选相拒动三相跳闸时间配合

  C. 与相邻线断路器失灵保护动作时限配合

  D. 与单相重合闸周期配合

  2. 下列情况中出现 2 次谐波的是（　　　）。

  A. 超高压变压器铁芯严重饱和时，励磁电流中含有较多的 2 次谐波电流

  B. 电力系统严重故障短路电流过大，致使电流互感器饱和，二次电流中会出现 2 次谐波分量

  C. 变压器空载合闸时，励磁电流中含有 2 次谐波分量电流

  D. 发电机励磁绕组不同地点发生两点接地

  E. 励磁涌流与变压器接线方式有关

  3. 在变压器工频变化量差动保护和比率制动差动保护中，下列说法正确的是（　　　）。

A. 工频变化量差动保护不必考虑励磁涌流的影响

B. 两者的动作电流是相等的，都是故障电流

C. 两者的制动电流不一样

D. 工频变化量差动的灵敏度高于比率差动保护

4. 下列对于突变量继电器的描述，正确的是（　　　）。

A. 突变量保护与故障的初相角有关

B. 突变量继电器在短暂动作后仍需保持到故障切除

C. 突变量保护在故障切除时会再次动作

D. 继电器的启动值离散较大，动作时间也有离散

5. 采样值组网情况下，合并器的同步输入中断后，220kV 光纤差动线路保护的（　　　）保护元件可继续正常运行。

A. 距离　　　　　　　　B. 差动　　　　　　　C. 重合闸　　　　　　　D. 零序

6. 比率差动构成的国产母线差动保护中，若大差电流不返回，其中有一个小差动电流动作不返回，母联电流越限，则可能的情况是（　　　）。

A. 母联断路器失灵保护

B. 短路故障在死区范围内

C. 母联电流互感器二次回路断线

D. 其中的一条母线上发生了短路故障，有电源的一条出线断路器发生了拒动

7. 对于母联充电保护，（　　　）是母线保护判断母联（分段充电并进入充电逻辑的依据）。

A. SHJ 触点　　　　　　　　　　　　B. 母联 TWJ

C. TJR 触点　　　　　　　　　　　　D. 母联 TA "有无电流"

8. 重合闸后加速主要有（　　　）。

A. 加速零序电流保护　　　　　　　　B. 加速距离保护

C. 加速非全相保护　　　　　　　　　D. 加速过电流保护

9. 输电线路纵联电流差动保护中所用的差动继电器种类有（　　　）。

A. 稳态量的分相差动继电器　　　　　B. 工频变化量的分相差动继电器

C. 零序差动继电器　　　　　　　　　D. 负序差动继电器

10. 某 220kV 线路采用单相重合闸方式，在线路单相瞬时故障时，一侧单跳单重，另一侧直接三相跳闸。 若排除断路器本身问题，下面可能造成直接三跳的原因是（　　　）。

A. 选相元件问题　　　　　　　　　　B. 重合闸方式设置错误

C. 沟通三跳回路问题　　　　　　　　D. 控制回路断线

11. 不需要考虑振荡闭锁的继电器有（　　　）。

A. 极化量带记忆的阻抗继电器　　　　B. 工频变化量距离继电器

C. 多相补偿距离继电器　　　　　　　D. 序分量距离继电器

12. 线路非全相运行时，零序功率方向元件是否动作与（　　　）因素有关。

A. 线路阻抗　　　　　　　　　　　　B. 两侧系统阻抗

C. 电压互感器装设位置　　　　　　　D. 两侧电动势

13. 以下运行方式中，允许保护适当牺牲部分选择性的有（　　　）。

A. 线路—变压器组接线　　　　　　　B. 预定的解列线路

C. 多级串联供电线路　　　　　　　　D. 一次操作过程中

14. 超高压输电线单相接地两侧保护动作单相跳闸后，故障点有潜供电流，潜供电流大小与多种因素有关，正确的是（　　　）。

A. 与线路电压等级有关　　　　　　　B. 与线路长度有关

C. 与负荷电流大小有关　　　　　　　D. 与故障点位置有关

E. 与故障点的过渡电阻大小有关

15. 220kV 及以上电压等级，由断路器本体机构实现的有（　　　）。

A. 断路器失灵保护　　　　　　　　　B. 非全相保护功能

C. 断路器防跳功能　　　　　　　　　D. 断路器跳、合闸压力异常闭锁功能

16. 智能变电站过程层组网使用 VLAN 划分的目的为（　　　）。

A. 把同一物理网段内的不同装置逻辑地划分成不同的广播域

B. 减少装置网络流量和降低装置网络负载

C. 实现信息的安全隔离

D. 便于管理

17. 为提高继电保护装置的抗干扰能力，下列采取的措施正确的是（　　　）。

A. 微机保护和控制装置的屏柜下部应设有截面积不小于 $100mm^2$ 的铜排（不要求与保护屏绝缘）

B. 微机保护和控制装置的屏柜下部应设有截面积不小于 $100mm^2$ 的铜排（要求与保护屏绝缘）

C. 屏柜内所有装置、电缆屏蔽层、屏柜门体的接地端应用截面积不小于 $4mm^2$ 的多股铜线与其相连

D. 屏柜下部铜排应用截面不小于 $100mm^2$ 的铜缆接至保护室内的等电位接地网

18. 合并单元保护交流电流回路的过载能力为（　　　）。

A. 1.2 倍额定电流，长期连续工作　　B. 10 倍额定电流，允许 10s

C. 20 倍额定电流，允许 10s　　　　　D. 40 倍额定电流，允许 1s

19. CID 文件和 ICD 文件不同的信息有（　　　）。

A. MMS 通信地址　　　　　　　　　B. GOOSE 通信地址

C. IED 名称　　　　　　　　　　　　D. GOOSE 输入

20. 变压器保护零序过电流（方向）保护技术原则是（　　　）。

A. 高、中压侧零序方向过电流保护的方向元件采用本侧自产零序电压和自产零序电流，过电流元件宜采用本侧自产零序电流

B. 自耦变压器的高、中压侧零序过电流保护的过电流元件宜采用本侧自产零序电流，普通三绕组或双绕组变压器零序过电流保护宜采用中性点零序电流

C. 自耦变压器公共绕组零序电流保护宜采用自产零序电流，变压器不具备时，可采用外接中性点 TA 电流

D. 具有 TV 断线告警功能，TV 断线或电压退出后，本侧零序方向过电流保护退出方向元件

21. 过渡电阻对单相阻抗继电器（Ⅰ类）的影响有（　　　）。

A. 稳态超越　　　　　　　　　　　　B. 失去方向性

C. 暂态超越　　　　　　　　　　　　D. 振荡时易发生误动

22. 保护装置在电压互感器二次回路（　　）线、失压时，应发告警信号，并闭锁可能误动作的保护。

    A. 一相　　　　　　　B. 两相　　　　　　　C. 三相同时　　　　　　D. 外接 $3U_0$

23. 当用零序电流、负序电流比相先出故障相时，判据为 $-60° < \arg (/ \phi_z) < 60°$（$\phi = A$、B、C）时，当 $\phi = A$ 时，则发生的故障是（　　）。

    A. A 相接地　　　　B. BC 相接地　　　C. AB 相接地　　　　D. AC 相接地

24. 以下（　　）LN 是 LD 中必须包含的。

    A. GGIO　　　　　　B. TVRC　　　　　　C．LLN0　　　　　　D. LPHD

25. "远方修改定值"软压板只能在装置本地修改。"远方修改定值"软压板投入时，（　　）可远方修改。

    A. 软压板　　　　　B. 装置参数　　　　C. 装置定值　　　　D. 定值区

26. 所有差动保护在投入运行前，应测量（　　），以保证保护装置和二次回路接线的正确性。

    A. 相回路　　　　　　　　　　　　　　B. 差回路

    C. 线回路　　　　　　　　　　　　　　D. 中性线的不平衡电流、电压

三、填空题

1. 保护室与通信室之间信号优先采用_____传输。若使用电缆，应采用_____电缆，屏蔽层应可靠接地。

2. 直流空气开关的额定工作电流应按最大动态负荷电流_____的_____倍选用。

3. 交换机 VLAN 划分应遵循"_____"的原则。

4. 纵联距离保护应具备_____，在正、负序阻抗过大或两侧零序阻抗差别过大的情况下，允许纵续动作。

5. 防止断路器跳跃回路采用串联自保持时，接入跳合闸回路的自保持线圈，自保持电流不应大于额定跳合闸电流的_____，线圈压降应小于额定电压的_____。

6. 报文接收装置将接收到 GOOSE 报文 TEST 位、SV 报文数据品质 TEST 位与装置自身检修压板状态做_____逻辑判断，两者一致时信号进行处理或动作，两者不一致时则报文视为无效。

7. IEC 61850 标准中，不同的功能约束代表不同的类型，请写出下列功能约束的含义，ST：_____MX：_____CO：_____SG：_____。

8. 交换机传输各种帧长数据时交换机固有时延应小于 _____μs，帧丢失率应为_____。智能变电站交换机 MAC 地址缓存能力应不低于_____个。

9. 220kV 双母双分段接线方式下，分段断路器失灵时不同组的母差失灵保护之间能_____，达到最终隔离故障的目的。

10. 双母线接线方式下母线故障，变压器断路器失灵时，除应跳开失灵断路器相邻的全部断路器外，还应跳开该变压器连接其他电源侧的断路器，失灵保护电流再判别元件应由_____实现。

11. 母线保护在充电逻辑的有效时间内，如满足动作条件应_____跳母联_____断路器，如母线保护仍不复归，延时_____ms 跳运行母线，以防止误切除运行母线。

12. 继电保护应输出的信息包括信号触点、报文、人机界面、日志记录。信号触点是

指_____的触点。

13. 低压侧后备保护过电流保护和复压过电流保护采用外附 TA 电流。负序电压闭锁定值 U_2_____固定为 _____。零序过压告警固定为_____，延时 10s。

14. 过励磁保护采用相电压"_____"关系。

15. GOOSE 输出软压板应在相关输出信号_____中建模，GOOSE、SV 接收软压板采用_____建模。

16. 当变压器差动保护电流互感器接成星形时，保护对单相接地故障的灵敏度比电流互感器接成三角形时高_____倍，但电流互感器接成三角形的负载比接成星形时大_____倍。

17. 为防止失压误动作，距离保护通常经由_____或_____构成的启动元件控制，以防止正常过负荷误动作。

18. 过程层交换机中 VLAN 的设置，对于 SMV 的主要作用是_____。交换机 VLAN 设置对于 GOOSE 的应用主要是为了_____。

19. 为了确保方向过电流保护在反方向两相短路时不受_____电流的影响，保护装置应采取_____启动的接线方式。

四、判断题

（   ）1. 在零序网图中没有出现发电机的电抗是发电机的零序电抗为零。

（   ）2. 线路发生单相接地故障，其保护安装处的负序、零序电流大小相等、方向相同。

（   ）3. 电流互感器的二次中性线回路如果存在多点接地，当系统发生故障时，继电器所感受的电流会与实际电流有一定的偏差，站内发生三相故障时可能会导致保护装置误动。

（   ）4. 过渡电阻不影响零序电压和零序电流之间的相位关系，也不影响突变量电压和突变量电流间的相位关系。

（   ）5. 只要系统零序阻抗和零序网络不变，无论系统运行方式如何变化，零序电流的分配和零序电流的大小都不会发生变化。

（   ）6. 三次谐波的电气量不一定是零序分量。

（   ）7. 整定计算完成定值计算后需校验灵敏度，灵敏度一般根据可能出现的最小运行方式和最不利的单一故障情形进行校验。

（   ）8. 考虑线路故障，可将系统等值为两机一线系统。故障电流由 M、N 两侧供给，其故障正序电流分流系数定义 K_m、K_n。该系数仅与系统运行接线方式及故障点有关，而与短路故障的类型无关。

（   ）9. 某接地距离保护，零序电流补偿系数为 0.6，现错设为 0.85，则该接地距离保护区缩短。

（   ）10. 单相经高阻接地故障一般是导线对树枝放电。高阻接地故障一般不会破坏系统的稳定运行。因此，当主保护灵敏度不足时可用简单的反时限零序电流保护来保护。

（   ）11. 某系统中的 Ⅱ 段阻抗继电器，因汲出与助增同时存在且助增与汲出相等，所以整定阻抗没有考虑它们的影响。若运行中因故助增消失，则 Ⅱ 段阻抗继电器的保护区要缩短。

（　　）12. 一台容量为 8000kVA、短路电压为 5.56%、变比为 20/0.8kV、接线为 Y/Y 的三相变压器，因需要接到额定电压为 6.3kV 的系统上运行，当基准容量取 100MVA 时，该变压器的标示阻抗应为 7。

（　　）13. 变压器微机保护所用的电流互感器二次侧采用三角形接线，其相位补偿和电流补偿系数由软件实现，在正常运行中显示差流值，防止极性、变比、相别等错误接线，并具有差流超限报警功能。

（　　）14. 智能变电站主变压器保护高压侧、低压侧同时加量比较两侧差流。高、低侧加三相平衡电流。在装置液晶上显示保护有较大差流，保护装置高压侧所加幅值和相角正确，低压侧幅值正确，相角比实际所加角度大 9°，则低压侧合并单元的额定延时比固有延时多 500μs。

（　　）15. GOOSE 通信的重传序列中，每个报文都带有允许生存时间常数，用于通知接收方等待下一次重传的最大时间。如果在该时间间隔中没有收到新报文，接收方将认为关联丢失。

（　　）16. 为防止保护装置先上电而操作箱后上电时断路器位置不对应误启动重合闸，宜由操作箱对保护装置提供"闭锁重合闸"接点方式或采用"断路器合后"接点的开入方式。

（　　）17. 安装在通信机房继电保护通信接口设备的直流电源应取自保护直流电源，并与所接入通信设备的直流电源相对应，采用-48V 电源。

（　　）18. 由于母差保护装置中采用了复合电压闭锁功能，所以当发生 TA 断线时，保护装置将延时发 TA 断线信号，不需要闭锁母差保护。

（　　）19. 220kV 双母线接线的断路器失灵保护，线路支路与变压器支路应设置分相和三相跳闸启动失灵保护开入回路。

（　　）20. 母差保护为分相差动，TA 断线闭锁元件也应分相设置，即哪一相 TA 断线应去闭锁哪一相动保护，以减少母线上又发生故障时差动保护误动的概率。

（　　）21. 在母线保护中，母线差动保护、断路器失灵保护、母联死区保护、母联充电保护、母联过电流保护都要经符合电压闭锁。

（　　）22. 某降压变压器在投入运行合闸时产生励磁涌流，当电源阻抗越小时，励磁涌流越大。

（　　）23. 变压器差动保护（包括无制动的电流速断部分）的定值应能躲过励磁涌流和外部故障的不平衡电流。

（　　）24. 微机保护中，构成零序方向的零序电压，可取 TV 二次三相电压自产，它与零序电压取自 TV 开口三角相比，其优点是 TV 二次断线后，方向元件不需要退出运行。

（　　）25. GOOSE 报文的 APPID 范围为 0001～3FFF。

（　　）26. 智能变电站线路保护的"远方投退压板""远方切换定值区""远方修改定值"三个软压板相互联系，当"远方投退压板"退出时，不能远方对"远方切换定值区""远方修改定值"软压板进行控制。

（　　）27. 正常运行时，应按整定及运行要求投入保护装置的功能投入压板、GOOSE 发送（接受）软压板、智能终端装置跳合闸出口硬压板及装置检修状态硬压板。

（　　）28. 参数、配置文件仅在检修压板退出时才可下装，下装时应闭锁保护。

（　　）29. 任意两台智能电子设备之间的数据传输路由不应超过 4 个交换机。当采用级联方式时，允许短时丢失数据。

五、简答题

1. 影响阻抗继电器正确测量的因素有哪些？ 至少写出五点。

2. 安装的变压器差动保护在投运前应做哪些试验？

3. GOOSE 报文在智能变电站中主要用于传输哪些实时数据？

4. 试述 220kV 及以上保护电流互感器二次回路断线的处理原则。

5. 请论述智能变电站线路保护装置中 GOOSE、SV 软压板设置原则。

六、综合分析题

1. 小电流接地系统两点接地分析。

某站 110kV 变压器，低压侧 10kV 为小电流接地系统，故障前各断路器均在运行状态。 图 1-49 为某次事故时该主变压器低压侧电流、电压波形，试阐述各时间段交流量情况，并分析故障发生、发展过程及可能的保护动作行为。

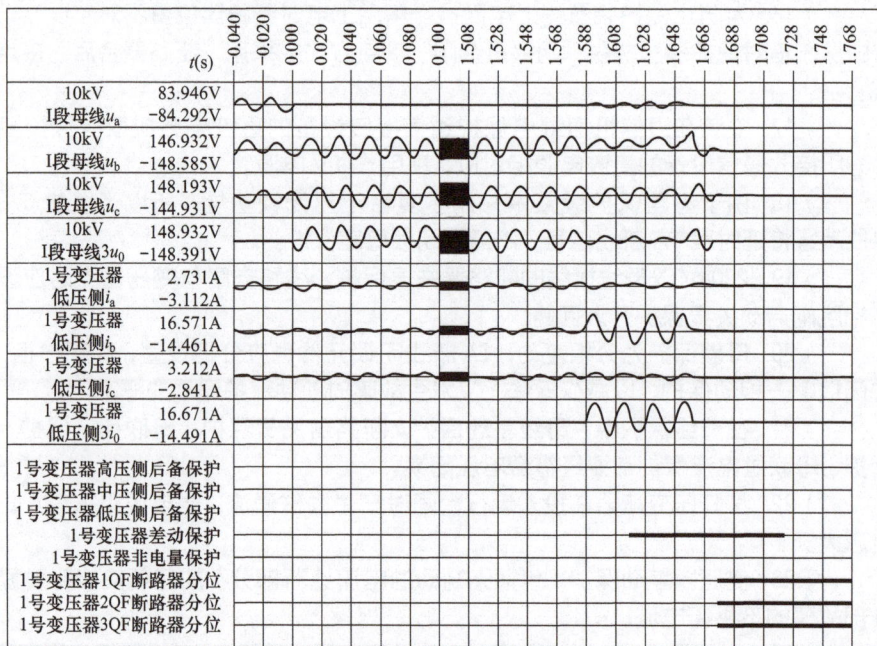

图 1-49　某次事故时主变压器低压侧电流、电压波形

2. 运行中变压器跳闸（正确动作），微机保护装置事件报告显示变压器 BC 两相差动元件动作，变压器高压侧套管 TA 三相电流波形如图 1-50 所示。

变压器接线组别为 Ynd1，差动保护的移相方式为高压侧移相。

（1）确定故障类型、故障相别及故障点所在位置（提示：有三种可能，第一可能位于变压器内部；第二可能位于高压侧套管内，TA 与变压器之间；第三可能位于套管引出线上）。

（2）判断变压器低压侧工况是不是空载？说明原因。

（3）简要说明判断依据。

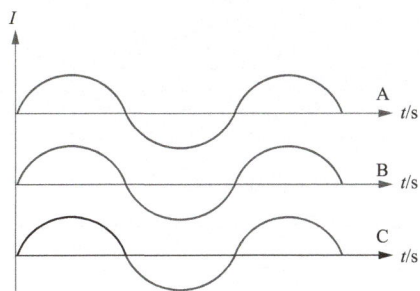

图 1-50 变压器高压侧套管 TA 三相电流波形

七、计算题

如图 1-51 所示，1、2 号断路器均装设三段式的相间距离保护（方向阻抗继电器，0°接线方式），已知 1 号断路器一次整定阻抗值为 $Z^{\text{I}}_{\text{zd}(1)} = 3.6\,\Omega$，0s；$Z^{\text{II}}_{\text{zd}(1)} = 11\,\Omega$，0.5s；$Z^{\text{III}}_{\text{zd}(1)} = 114\,\Omega$，2.5s。 AB 段线路全长 9km，输送的最大负荷电流为 400A，最大负荷功率因数角为 $\Phi_{\max} = 30°$，时间级差 $\Delta t = 0.5\text{s}$。 试计算 2 号断路器距离保护的 I、II、III 段的二次整定阻抗值和最大灵敏角。

［注：2 号断路器距离保护的 I 段按线路全长 85% 整定，2 号断路器距离保护的 II 段与 1 号断路器保护的配合系数 $K'_{\text{k}} = 0.8$，2 号断路器距离保护的 III 段按躲负荷电流整定，其中最小负荷阻抗计算按 90% 额定运行电压（相间电压），可靠系数 K_{k} 取 1.2，返回系数 K_{f} 取 1.2，自启动系数 $K_{\text{qd}} = 1.5$］。

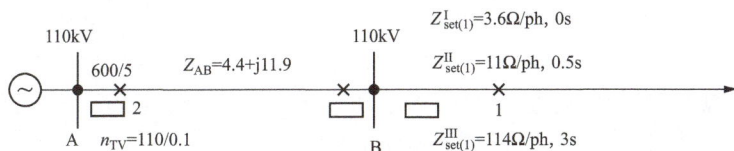

图 1-51 计算题的系统图

试　题　12

一、单项选择题

1. 应对两回及以上并联线路两侧系统短路容量行校核，如果因两侧系统短路容量相差较大，存在重合于永久故障时由于直流分量较大而导致断路器无法灭弧，需靠失灵保护动作延时切除故障的问题时，线路重合闸应（　　）。

A. 两侧同时合闸方式

B. 一侧先重合，另一侧待对侧重合成功后再重合的方式

C. 两侧均不投重合闸

D. 以上均不正确

2. 关于风电场、光伏发电站汇集线系统的单相故障应快速切除，以下说法错误的是（　　）。

A. 经电阻接地的汇集线系统发生单相接地故障时，应能通过相应保护快速切除

B. 经消弧线圈接地的汇集线系统发生单相接地故障时，应能可靠选线，快速切除

C. 汇集线系统应采用不接地或经消弧柜接地方式

D. 汇集线系统应采用经电阻或消弧线圈接地方式，不应采用不接地或经消弧柜接地方式

3. 加强继电保护试验仪器、仪表的管理工作，每（　　）年应对微机型继电保护试验装置进行一次全面检测，确保试验装置的准确度及各项功能满足继电保护试验的要求，防止因试验仪器、仪表存在问题造成继电保护误整定、误试验。

A. 1～2　　　　　　B. 2～3　　　　　　C. 3　　　　　　D. 5

4. 某 YNy12 的变压器，其高压侧电压为 220kV 且变压器的中性点接地，低压侧为 6kV 的小接地电流系统（无电源），变压器差动保护采用内部未进行星/三角变换的静态型变压器保护，如两侧 TA 二次均接成星形接线，则（　　）。

A. 此种接线无问题

B. 低压侧区外发生故障时差动保护可能误动

C. 高压侧区外发生故障时差动保护可能误动

D. 高、低压侧区外发生故障时差动保护均可能误动

5. 断路器失灵保护的电流判别元件的动作和返回时间均不宜大于（　　），其返回系数也不宜低于（　　）。

A. 20ms，0.95　　B. 40ms，0.90　　C. 20ms，0.90　　D. 40ms，0.95

6. 在同一小接地电流系统中，所有出线均装设两相不完全星形接线的电流保护，但电流互感器不装在同名两相上，这样在发生不同线路两点接地短路时，两回线路保护均不动作的概率为（　　）。

A. 1/3　　　　　　B. 1/6　　　　　　C. 1/2　　　　　　D. 1

7. 对线路纵联方向（距离）保护而言，以下说法错误的是（　　）。

A. 当线路某一侧纵联方向（距离）保护投入压板退出后，该线路两侧纵联方向（距离）保护均退出

B. 当线路两侧纵联方向（距离）保护投入压板均投入后，该线路两侧纵联方向（距

离）保护方投入

C. 当线路一侧纵联方向（距离）保护投入压板退出时，该线路另一侧纵联方向（距离）保护仍在正常运行状态

D. 在运行中为安全起见，当线路某一侧纵联方向（距离）保护投入压板退出时，该线路另一侧纵联方向（距离）保护投入压板也退出

8. 微机型双母线母差保护中使用的母联断路器电流取自Ⅱ母侧电流互感器，并列运行时，如母联断路器与电流互感器之间发生故障，将造成（　　）。

A. Ⅰ母差动保护动作，切除故障，Ⅰ母失压Ⅱ母差动保护不动作，Ⅱ母不失压

B. Ⅰ母差动保护动作，Ⅰ母失压，但故障没有切除，随后Ⅱ母差动保护动作切除故障，Ⅱ母失压

C. Ⅰ母差动保护动作，Ⅰ母失压，但故障没有切除，随后失灵保护动作切除故障，Ⅱ母失压

D. 双母线大差动保护动作，两条母线均失压

9. 根据 Q/GDW 429—2010《智能变电站网络交换机技术规范》，当 SV 采用组网或与 GOOSE 公网的方式传输时，用于母差保护或主变压器保护的过程层交换机宜支持在任意 100MB 网口出现持续（　　）的（　　）突发流量时不丢包，在任意 1000MB 网口出现持续（　　）的（　　）突发流量时不丢包。

A. 0.1ms，500MB，0.1ms，1000MB　　B. 0.25ms，500MB，0.25ms，1000MB

C. 0.1ms，1000MB，0.1ms，2000MB　　D. 0.25ms，1000MB，0.25ms，2000MB

10. 以下关于故障录波器说法错误的是（　　）。

A. 110（66）kV 及以上电压等级变电站应配置故障录波器。

B. 变电站内的故障录波器应能对站用直流系统的各母线段（控制、保护）电压进行录波

C. 记录变电站站内设备在故障前 200ms 至故障后 6s 的电气量数据

D. 以上均不正确

11. 某智能变电站里有两台完全相同的保护装置，请选出下面描述中正确的选项：（　　）。

A. 两台保护装置提供一个 ICD 文件，并使用相同的 CID 文件

B. 两台保护装置提供一个 ICD 文件，但使用不同的 CID 文件

C. 两台保护装置提供两个不同的 ICD 文件，但使用相同的 CID 文件

D. 两台保护装置提供两个不同的 ICD 文件，并使用不同的 CID 文件

12. 采用点对点直接采样模式的智能变电站，仅母线合并单元投入检修对母线保护产生了一定的影响，下列说法不正确的是（　　）。

A. 闭锁所有保护　　　　　　　　　　B. 不闭锁保护

C. 开放该段母线电压　　　　　　　　D. 显示无效采样值

13. 220kV 及以上电压等级的母联、母线分段断路器应按断路器配置专用的、具备（　　）功能的装置。

A. 瞬时跳闸的过电流保护和延时跳闸功能的过电压保护

B. 瞬时跳闸功能的过电流保护

C. 瞬时和延时跳闸功能的过电压保护

D. 瞬时和延时跳闸功能的过电流保护

14. 在现场调试线路保护时，不报 GOOSE 断链的情况下，测试仪模拟断路器变位，保护却收不到，原因可能是（　　）。

A. 下载错误的 GOOSE 控制块

B. GOOSE 控制块的光口输出设置与实际接线不对应

C. 映射的控制块的通道没有连接到该保护中

D. 测试仪没有正常下载配置该控制块

15. 智能终端装置在正常工作时，装置功率消耗不大于（　　）W，当装置动作时，功率消耗不大于（　　）W。

A. 30，50　　　　　B. 30，60　　　　　C. 40，60　　　　　D. 40，70

16. 当与接收线路保护 GOOSE 断链时，母差保护采集线路保护失灵开入应（　　）。

A. 置 1　　　　　B. 清 0　　　　　C. 取反　　　　　D. 保持前值

17. 继电保护直流系统运行中的电压纹波系数应不大于（　　），最低电压不低于额定电压的 85％，最高电压不高于额定电压的（　　）。

A. 1％，110％　　B. 2％，110％　　C. 5％，110％　　D. 5％，115％

18. 500kV 主变压器低压侧断路器电流数据无效时，以下（　　）保护可以保留。

A. 纵差保护（独立 TA）　　　　　B. 分侧差动保护

C. 小区差保护　　　　　　　　　D. 低压侧过电流

19. 关于 GOOSE，下述说法不正确的是（　　）。

A. 代替了传统的智能电子设备之间硬接线的通信方式

B. 为逻辑节点间的通信提供了快速且高效可靠的方法

C. 基于发布/订阅机制基础上

D. GOOSE 报文经过 TCP/IP 协议进行传输

20. 根据 Q/GDW 715—2012《110kV～750kV 智能变电站网络报文记录分析装置通用技术规范》，网络报文监测终端对时精度应不大于（　　）μs，网络报文管理机对时精度应小于等于（　　）ms。

A. 10，1　　　　　B. 1，10　　　　　C. 100，1　　　　　D. 100，10

21. 所有涉及直接跳闸的重要回路应采用动作电压在额定直流电源电压的（　　）范围以内的中间继电器，并要求其动作功率不低于（　　）。

A. 55％～70％，3W　　　　　B. 65％～80％，5W

C. 55％～70％，5W　　　　　D. 65％～80％，3W

22. 主变压器复合电压闭锁过电流保护，当失去交流电压时，（　　）。

A. 整套保护就不起作用　　　　　B. 仅失去低压闭锁功能

C. 失去复合电压闭锁功能　　　　D. 保护不受影响

23. 在变压器低压侧未配置母差保护和失灵保护的情况下，为提高切除变压器低压侧母线故障的可靠性，宜在变压器的低压侧设置取自不同电流回路的两套电流保护。当短路电流大于变压器热稳定电流时，变压器保护切除故障的时间不宜大于（　　）s。

A. 0.5　　　　　B. 1　　　　　C. 1.5　　　　　D. 2

24. 加强微机保护装置、合并单元、智能终端、直流保护装置、安全自动装置软件版本管理，对智能变电站还需加强（　　）文件的管控，未经主管部门认可的软件版本和（　　）文件不得投入运行。

A. SPCD，IPCD，CID，CCD　　　　B. SPCD，SCD，IPCD，ICD

C. ICD，SCD，CID，CCD　　　　D. SPCD，SCD，CID，IPCD

25. 为提高继电保护装置的抗干扰能力，下列说法正确的是（　　）。

A. 微机保护和控制装置的屏柜下部应设有截面积不小于 $100mm^2$ 的铜排，不要求与保护屏绝缘

B. 微机保护和控制装置的屏柜下部应设有截面积不小于 $100mm^2$ 的铜排，要求与保护屏绝缘

C. 微机保护和控制装置的屏柜下部应设有两根截面积不小于 $100mm^2$ 的铜排，一根与保护屏绝缘，一根与保护屏不绝缘

D. 微机保护和控制装置的屏柜下部应设有两根截面积不小于 $50mm^2$ 的铜排，一根与保护屏绝缘，一根与保护屏不绝缘

26. 对于可能导致多个断路器同时跳闸的直跳开入，应采取在开入回路中装设大功率抗干扰继电器，其额定直流电源电压下动作时间为（　　）。

A. 10～35ms　　B. 10～25ms　　C. 5～35ms　　D. 5～25ms

27. 保护室与通信室之间信号优先采用双绞双屏蔽电缆，以下说法正确的是（　　）。

A. 内屏蔽在电缆两端接地，外屏蔽在信号接收侧单端接地

B. 内屏蔽在电缆两端接地，外屏蔽在信号发送侧单端接地

C. 内屏蔽在信号发送侧单端接地，外屏蔽在电缆两端接地

D. 内屏蔽在信号接收侧单端接地，外屏蔽在电缆两端接地

28. 智能变电站保护双重化配置时，任一套保护装置（　　）跨接双重化配置的两个网络。

A. 应　　　　B. 不应　　　　C. 宜　　　　D. 可

二、多项选择题

1. 工频变化量阻抗继电器是（　　），工频变化量方向继电器是（　　）。

A. 比幅式继电器　　　　B. 比相式继电器

C. 对称分量继电器　　　　D. 多边形继电器

2. 某条 220kV 输电线路，保护安装处的零序方向元件，其零序电压由母线电压互感器二次电压的自产方式获取，对正向零序方向元件，当该线路保护安装处 A 相断线时，下列说法正确的是（　　）（说明：-j80 表示容性无功）。

A. 断线前送出 80-j80MVA 时，零序方向元件动

B. 断线前送出 80+j80MVA 时，零序方向元件动作

C. 断线前送出 -80-j80MVA 时，零序方向元件动作

D. 断线前送出 -80+j80MVA 时，零序方向元件动作

3. （　　）保护应适应常规互感器和电子式互感器混合使用的情况。

A. 变压中性点零序过电流保护　　B. 线路纵联保护

C. 母线差动保护　　　　D. 变压器差动保护

4. （　　）各支路的电流互感器应优先选用误差限制系数和饱和电压较高的电流互感器。

A. 母线差动保护　　　　　　　　　B. 变压器差动保护

C. 发变组差动保护　　　　　　　　D. 线路差动保护

5. 电压互感器二次绕组的接地方式主要有（　　）。

A. 中性点接地　　　B. 两点接地　　　C. B 相接地　　　　D. 三相接地

6. 电磁环网对电网运行的弊端有（　　）。

A. 造成系统热稳定破坏

B. 造成系统动态稳定破坏

C. 不利于电网经济运行

D. 可能需要安装切机切负荷等安全自动装置

E. 引起谐振过电压

7. 可启动远方跳闸的保护动作有（　　）。

A. 线路主保护动作　　　　　　　　B. 断路器失灵保护动作

C. 过电压保护动作　　　　　　　　D. 母差保护动作（3/2 接线方式）

8. 母差保护通常采用的启动元件有（　　）。

A. 阻抗元件　　　　　　　　　　　B. 电压工频变化量元件

C. 电流工频变化量元件　　　　　　D. 差流越线元件

9. 合并单元数据发送采样逻辑节点包括（　　）。

A. TVRC　　　　B. RREC　　　　C. TTAR　　　　D. TVTR

10. 电流互感器的（　　）应能满足所在一次回路的最大负荷电流和短路电流的要求，并应适当考虑系统的发展情况。

A. 额定连续热电流　　　　　　　　B. 额定短时热电流

C. 额定动稳定电流　　　　　　　　D. 额定短路电流

11. 智能控制柜的技术要求包括（　　）。

A. 控制柜应装有 $100mm^2$ 截面的铜接地母线，并与柜体绝缘，接地母线末端应装好可靠的压式端子，以备接到电站的接地网上。柜体应采用双层结构，循环通风

B. 控制柜内设备的安排及端子排的布置，应保证各套保护的独立性，在一套保护检修时不影响其他任何一套保护系统的正常运行

C. 控制柜应具备温度、湿度的采集、调节功能，柜内温度控制在 $-10\sim50℃$，湿度保持在 90% 以下，并可通过智能终端 GOOSE 接口上送温度、湿度信息

D. 控制柜应能满足 GB/T 18663.3—2020《电子设备机械结构　公制系列和英制系列的试验　第 3 部分：机柜和插箱的电磁屏蔽性能试验》，关于变电站户外防电磁干扰的要求

12. GOOSE 接收机制中应检查参数的匹配性（　　）。

A. APPID　　　　　　B. Val　　　　　　C. Q

D. GOID　　　　　　E. GOCBRef

13. 下面关于比率制动的差动保护分析正确的是（　　）。

A. 区内轻微故障，短路电流小，TA 不饱和，比率差动保护灵敏动作

B. 区内严重故障，短路电流大，TA 饱和，制动电流大，可能拒动

C. 区外轻微故障，短路电流小，TA 不饱和，差流小不动作

D. 区外严重故障，短路电流大，TA 饱和，产生较大差流可能会误动作

14. 涉及电网安全稳定运行的发、输、变、配及重要用电设备的继电保护装置应纳入电网统一规划、（　　）、（　　）和管理。 在一次系统规划建设中，应充分考虑继电保护的适应性，避免出现特殊接线方式造成继电保护配置及整定难度的增加，为继电保护安全可靠运行创造良好条件。

A. 设计 　　　B. 可研 　　　C. 运行 　　　D. 运维

15. MN 线路为双侧电源线路，振荡中心落在本线路上，当两侧电源失去同步发生振荡时，对圆或四边形阻抗特性的方向阻抗元件来说，下列说法正确的是（　　）。

A. Ⅱ、Ⅲ段阻抗元件均要动作

B. Ⅱ段阻抗元件返回时两侧电动势的夹角一定大于 180°

C. Ⅱ段阻抗元件动作期间，有 $\left|\dfrac{\mathrm{d}R_\mathrm{m}}{\mathrm{d}t}\right| > \left|\dfrac{\mathrm{d}X_\mathrm{m}}{\mathrm{d}t}\right|$，其中 R_m、X_m 为继电器的测量电阻、电抗

三、填空题

1. 风电场、光伏发电站内涉网保护定值应与电网保护定值相配合，报（　　）审核合格并备案。

2. 继电保护组屏设计应充分考虑运行和检修时的安全性，确保能采取有效的防继电保护"三误"措施。 当双重化配置的两套保护装置不能实施确保运行和检修安全的技术措施时，应（　　）。

3. 长距离、重负荷线路距离保护应采用基于（　　）判据防止后备距离保护误动作。

4. 纵联保护应优先采用光纤通道。 双回线路采用同型号纵联保护，或线路纵联保护采用双重化配置时，在回路设计和调试过程中应采取有效措施防止保护通道交叉使用。分相电流差动保护应采用（　　）的通道。

5. 根据《220～500kV 电网继电保护装置运行整定规程》的规定，对 50km 以下的线路，相间距离保护中应有对本线末端故障的灵敏度不小于（　　）的延时段保护。

6. 当灵敏性与选择性难以兼顾时，应首先考虑以保（　　）为主，防止保护拒动，并备案报主管领导批准。

7. 智能控制柜应具备温湿度调节功能，附装空调、加热器或其他控温设备，柜内湿度应保持在 90% 以下，柜内温度应保持在（　　）之间。

8. 继电保护及安全自动装置应选用抗干扰能力符合有关规程规定的产品，在保护装置内，直跳回路开入量应设置必要的（　　）回路，防止由于开入量的短暂干扰造成保护装置误动出口。

四、判断题

（　　）1. 两套保护装置的交流电流应分别取自电流互感器互相独立的绕组，交流电压宜分别取自电压互感器互相独立的绕组。 其保护范围应交叉重叠，避免死区。

（　　）2. 每套完整、独立的保护装置应能处理可能发生的所有类型故障。 两套保护之间应有任何电气联系，当一套保护退出时不应影响另一套保护的运行。

（　　）3. 线路纵联保护的通道（含光纤、微波、载波等通道及加工设备和供电电源等）、远方跳闸及就地判别装置应遵循相互独立的原则按双重化配置。

（　　）4. 220kV 电压等级线路、变压器、高抗、串补、滤波器等设备微机保护应按

双重化配置。 每套保护均应含有完整的主、后备保护，能反应被保护设备的各种故障及异常状态，并能作用于跳闸或给出信号。

（　　）5. 应充分考虑电流互感器二次绕组合理分配，对确实无法解决的保护动作死区，在满足系统稳定要求的前提下，可采取起动失灵保护和远方跳闸等后备措施加以解决。

（　　）6. 联络线的每套保护应能对全线路内发生的各种类型故障均快速动作切除。 对于要求实现三重的线路，在线路发生单相经高阻接地故障时，应能正确选相并单相动作跳闸。

（　　）7. 对于远距离、重负荷线路及事故过负荷等情况，宜采用设置负荷电阻线或其他方法避免相间、接地距离保护的后备段保护误动作。

（　　）8. 纵联保护应优先采用光纤通道。 双回线路可采用不同型号纵联保护，或线路纵联保护采用双重化配置时，在回路设计和调试过程中应采取有效措施防止保护通道交叉使用。 分相电流差动保护可采用不同路由收发、往返延时不同的通道。

（　　）9. 应从保证设计、调试和验收质量的要求出发，合理确定新建、扩建、技改工程工期。 基建调试应严格按规程规定执行，不得为赶工期减少调试项目，降低调试质量。

（　　）10. 当需要用一次电流及工作电压进行检验时，必须按当时的负荷情况加以分析，拟订预期的检验结果，凡所得结果与预期的不一致时，应进行认真细致的分析，必要时经许可后通过改动保护回路的接线查找原因。

（　　）11. 电力系统正常运行和三相短路时，三相是对称的， 即各相电动势是对称的正序系统，发电机、变压器、线路及负载的每相阻抗都是相等的。

（　　）12. 被保护线路上任一点发生 AB 两相金属性短路时，母线上电压 U_{ab} 将等于零。

（　　）13. 过电流保护在系统运行方式变小时，保护范围也将缩小。

（　　）14. 电流互感器变比越小，其励磁阻抗越大，运行的二次负载越小。

（　　）15. 交流电流二次回路使用中间变流器时，采用降流方式互感器的二次负载小。

（　　）16. 对于双重化保护的电流回路、电压回路、直流电源回路，双套跳闸线圈的控制回路等，不宜合用同一根多芯电缆。

（　　）17. 中性点经消弧线圈接地系统，不采用欠补偿和全补偿的方式，主要是为了避免造成并联谐振和铁磁共振引起过电压。

（　　）18. 高频闭锁负序功率方向保护，当被保护线路上出现非全相运行时，只有电压取至线路电压互感器时，保护装置不会误动。

（　　）19. 大接地电流系统是指所有的变压器中性点均直接接地的系统。

（　　）20. 一般距离保护振荡闭锁工作情况是正常与振荡时不动作、闭锁保护，系统故障时开放保护。

（　　）21. 大接地电流系统中接地短路时，系统零序电流的分布与中性点接地点的多少有关，而与其位置无关。

（　　）22. 电流互感器本身造成的测量误差是由于有励磁电流的存在。

（　　）23. 在双母线母联电流比相式母线保护中，任一母线故障只要母联断路器中电流为零，母线保护将拒动。 为此要求两条母线都必须有可靠电源与之连接。

（　　）24. 阻抗选相元件带偏移特性，应取消阻抗选相元件中的零序电流分量。

（　　）25. 当变压器发生少数绕组匝间短路时，匝间短路电流很大，因而变压器瓦斯保护和纵差保护均动作跳闸。

（　　）26. 变压器各侧电流互感器型号不同，变流器变比与计算值不同，变压器调压分接头不同，所以在变压器差动保护中会产生暂态不平衡电流。

（　　）27. 对 Yd11 接线的变压器，当变压器三角形侧出口故障，星形侧绕组低电压接相间电压，不能正确反映故障相间电压。

（　　）28. 对三绕组变压器的差动保护各侧电流互感器的选择，应按各侧的实际容量来选型电流互感器的变比。

（　　）29. 变压器的后备方向过电流保护的动作方向应指向变压器。

（　　）30. 电抗器差动保护动作值应躲过励磁涌流。

（　　）31. 保护装置采样值采用点对点接入方式，采用同步由合并单元实现。

（　　）32. 智能变电站网络交换机应使用无扇型，采用交流工作电源。

（　　）33. 保护装置"SV 接收"压板退出后，相应采样值应显示，但是不参与保护计算。

（　　）34. 保护装置应能通过不同输入虚端子对电流极性进行调整。

（　　）35. 采用 GOOSE 服务传送温度等模拟量信号时，接收装置应设置变化量门槛，避免模拟量信号频繁变化。

（　　）36. 电子式互感器两路独立采样数据的幅值误差不应大于实际输入量幅值的 1%。

（　　）37. 无时钟同步信号或时钟同步信号丢失，MU 发送报文同步标志应立即置非同步状态。

（　　）38. 当 SMV 采用组网或与 GOOSE 共同组网的方式传输时，用于母线差动保护或主编差动保护的过程层交换机宜支持任意 100M 网口出现持续 0.25ms 的 1000M 突发流量时不丢包。

（　　）39. 交换机应至少支持 6 个优先级队列，具有绝对优先级功能，应能确保关键应用和时延要求高的信息流优先进行传输。

（　　）40. 母线差动保护、变压器差动保护和发变组差动保护各支路的电流互感器应优先选用误差限制系数和饱和电压较低的电流互感器。

五、简答题

1. 怎样理解在 220kV 及以上电压等级变电站中，所有用于连接由开关场引入控制室继电保护设备的电流、电压和直流跳闸等可能由开关场引入干扰电压到基于微电子器件的继电保护设备的二次回路，都应当采用带屏蔽层的控制电缆且屏蔽层在开关场和控制室两端同时接地。

2. 更改二次回路接线时应注意哪些事项？

3. 220kV 变压器低压侧未配置母差保护时，应采取什么措施提高切除变压器低压侧母线故障的可靠性？

4. 继电保护验收中，基建单位应至少提供哪些资料？

5. 如何理解应"根据系统短路容量合理选择电流互感器的容量、变比和特性，满足保护装置整定配合和可靠性的要求"?

六、综合分析题

微机型线路保护，高频零序方向采用自产 $3U_0$，电流回路接线正确，电压回路接线如图 1-52 所示，问题：

（1）TV 二、三次没有分开，在开关场引入一颗 N 线。

（2）在端子排上，U_N 错接在 L 线上。试分析该线路高频保护在反方向区外 A 相接地时的动作行为。

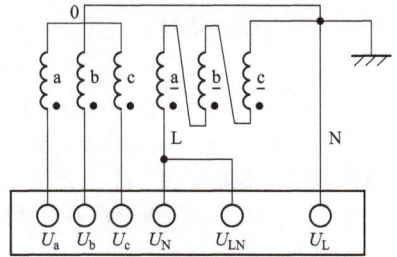

图 1-52　电压回路接线

七、计算题

1. 某线路第一套保护发出差流异常告警，已知保护本地和远方电流采样值，试计算各相电流差流值，并分析可能存在的故障。

表 1-4　　　　　　　　　差流异常保护各相采样值

相别			A相	B相	C相
第一套保护	本地电流	幅值（mA）	199	210	201
		相位（°）	0	−121	119
	远方电流	幅值（mA）	200	212	198
		相位（°）	−175	75	−57

注　以上相别的相位以 A 相本地电流为基准。

2. 如图 1-53 所示，某 110kV 系统的各序阻抗为 $X_{\Sigma1}=X_{\Sigma2}=j5\Omega$，$X_{\Sigma0}=j3\Omega$，母线电压为 115kV。P 级电流互感器变比为 1200/5，星形连接，不计电流互感器二次绕组漏阻抗、铁芯有功损耗。不计二次电缆电抗和微机保护电流回路阻抗，若 $Z_L=4\Omega$，K 点三相短路时测得 TA 二次电流稳态电流为 54.8A，TA 不饱和求：

（1）K 点单相接地时稳态下 TA 的变比误差 ε。

（2）K 点单相接地时稳态下 TA 的相角误差 δ。

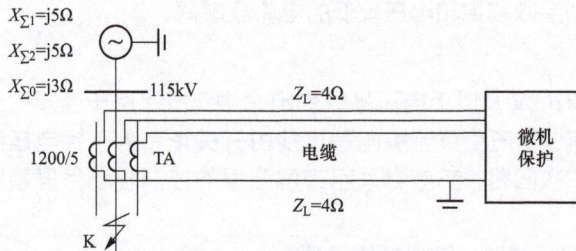

图 1-53　计算题 2 的系统图

试　题　13

一、单项选择题

1. 已知正弦电压 $u = 311\sin\left(314t - \dfrac{\pi}{6}\right)$ V，有一正弦电流 $i = 7.07\sin\left(314t + \dfrac{\pi}{3}\right)$，它们之间的相位差为（　　　）。

A. 电压滞后电流 $\dfrac{\pi}{2}$

B. 电压超前电流 $\dfrac{\pi}{2}$

C. 电压滞后电流 $\dfrac{\pi}{6}$

D. 电压超前电流 $\dfrac{\pi}{6}$

2. 某 220kV 线路断路器处于冷备用状态，运行人员对部分相关保护装置的跳闸连接片进行检查，如果站内直流系统及保护装置均正常，则（　　　）（直流系统为 110V）。

A. 母差保护对应该线路的跳闸压板下口对地为 -55V 左右

B. 母差保护对应该线路的跳闸压板上口对地为 0V 左右

C. 母差保护对应该线路的跳闸压板上口对地为 $+55$V 左右

D. 母差保护对应该线路的跳闸压板上口对地为 -55V 左右

3. RCS-931 保护装置假设 M 侧保护的 "TA 变比系数" 定值整定为 1，二次额定电流为 5，N 侧保护的 "TA 变比系数" 定值整定为 0.8，二次额定电流为 1，下列正确的是（　　　）。

A. 在 M 侧加电流 5，N 侧显示的对侧电流为 0.8

B. 在 N 侧加电流 1，M 侧显示的对侧电流为 2

C. 在 M 侧加电流 5，N 侧显示的对侧电流为 1.25

D. 在 N 侧加电流 1，M 侧显示的对侧电流为 1.25

4. 一台 Yd11 型变压器，低压侧无电源，当其高压侧差动范围内引线发生三相短路故障和两相短路故障时，对相位补偿为星/三角转换方式的 PST1200 变压器差动保护，其差动电流（　　　）。

A. 相同

B. 三相短路大于两相短路

C. 不定

D. 两相短路大于三相短路

5. 具有二次谐波制动的差动保护，为了可靠躲过励磁涌流，可（　　　）。

A. 增大 "差动速断" 动作电流的整定值

B. 适当减小差动保护的二次谐波制动比

C. 适当增大差动保护的二次谐波制动比

D. 减小 "差动速断" 动作电流的整定值

6. 母差保护分列运行方式的自动判别方式与手动判别方式相比优先级要（　　　）。

A. 高　　　　　　B. 低　　　　　　C. 一样　　　　　　D. 随机

7. 现场二次工作开始前，应检查已做的安全措施是否符合要求，（　　　）之间的隔离措施是否正确完成。

A. 装置和直流系统

B. 运行设备和检修设备

C. 装置和信号系统

D. 直流系统和信号系统

8. GOOSE 报文的重发传输采用（　　　）方式。

A. 连续传输 GOOSE 报文，StNum＋1

B. 连续传输 GOOSE 报文，StNum 保持不变，SqNum＋1

C. 连续传输 GOOSE 报文，StNum＋1 和 SqNum＋1

D. 连续传输 GOOSE 报文，StNum 和 SqNum 保持不变

9. 合并单元正常情况下的对时精度和守时精度应分别达到（　　）。

A. 对时精度±1μs，10min 内守时精度±4μs

B. 对时精度±4μs，10min 内守时精度±10μs

C. 对时精度±10μs，10min 内守时精度±4μs

D. 对时精度±1μs，10min 内守时精度±10μs

10. 采用点对点的智能站，仅某支路合并单元投入检修对母线保护产生了一定影响，下列说法不正确的是（　　）。

A. 闭锁差动保护　　　　　　　　　　B. 闭锁该支路失灵保护

C. 闭锁所有支路失灵保护　　　　　　D. 显示无效采样值

11. 合并单元一级级联传输采样值额定延时应不大于（　　）。

A. 1000μs　　　　B. 2000μs　　　　C. 3000μs　　　　D. 4000μs

12. 智能变电站中三相不一致功能宜由（　　）实现。

A. 智能终端　　　B. 合并单元　　　C. 保护装置　　　D. 断路器本体

13. 高压并联电抗器非电量保护采用（　　）跳闸，并通过相应断路器的两套智能终端发送 GOOSE 报文，实现远跳。

A. GOOSE 点对点　　　　　　　　　B. 就地直接电缆

C. GOOSE 网络　　　　　　　　　　D. MMS、GOOSE 合一网络

14. MU 数据品质位（无效、检修等）异常时，保护装置应怎样处理？（　　）

A. 延时闭锁可能误动的保护

B. 瞬时闭锁可能误动的保护，并且一直闭锁

C. 瞬时闭锁可能误动的保护，并且在数据恢复正常后尽快恢复被闭锁的保护

D. 不闭锁保护

15. GMRP、VLAN 在智能变电站网络应用中描述准确的是（　　）。

A. GMRP 可仅需交换机支持，不需智能电子设备支持 VLAN 可仅需交换机支持，不需智能电子设备支持

B. GMRP 可仅需交换机支持，不需智能电子设备支持 VLAN 需交换机、智能电子设备同时支持

C. GMRP 需要智能电子设备、交换机同时支持 VLAN 可仅需交换机支持，不需智能电子设备支持

D. GMRP 需要智能电子设备、交换机同时支持 VLAN 需交换机、智能电子设备同时支持

16. 常规直流输电属于（　　）型，柔性直流输电属于（　　）型。

A. 电流源、电流源　　　　　　　　　B. 电流源、电压源

C. 电压源、电压源　　　　　　　　　D. 电压源、电流源

17. GOOSE 报文判断中断的依据为在接收报文的允许生存时间的（　　）倍时间内没有收到下一帧报文。

A. 1   B. 2   C. 3   D. 4

二、多项选择题

1. 保护装置应承受工频试验电压 2000V 的回路有（　　）。

A. 装置的交流电压、电流互感器对地回路 110V 或 220V 直流回路对地

B. 各对触点相互之间　装置背板线对地回路

2. 网络传输延时主要包括（　　）几个方面。

A. 交换机存储转发延时   B. 交换机延时

C. 光缆传输延时   D. 交换机排队延时

3. 按 Q/GDW 441—2010《智能变电站继电保护技术规范》，母线保护 GOOSE 组网接收（　　）信号。

A. 智能终端母线隔离开关   B. 保护装置起动失灵保护信号

C. 保护装置断路器信号   D. 主变压器保护解复压闭锁信号

4. 网络风暴产生的原因主要有（　　）。

A. 网络拓扑结构   B. 接口芯片异常

C. 网络拥堵   D. 网络协议设计不合理

5. SCD 文件导入内容包括（　　）。

A. SV 配置（地址、描述、类型、相别）

B. MMS 报告配置（报告数据集、关联等）

C. GOOSE 配置（地址、描述、关联）

D. 系统网络信息（网络拓扑、关联等）

三、判断题

（　　）1. 根据反措要求，防止直接远方跳闸回路因通道干扰引起误动作，本侧在收到对侧远方直接跳闸信号时本侧在经就地判别确认后再去进行跳闸，以提高安全性。

（　　）2. 采用分层分布式布置的变电站综合自动化系统包括过程层、站控层及间隔层。调度中心和厂站之间交换的是实时信息，通常用远动装置传送。

（　　）3. 长距离输电线路为了补偿线路分布电容的影响，以防止过电压和发电机的自励磁，需装设并联电抗补偿装置。

（　　）4. 在电力系统运行方式变化时，如果中性点接地的变压器数目不变，则系统零序阻抗和零序等效网络就是不变的。

（　　）5. I_0、I_{2a} 比相的选相元件，当落入 C 区时，可能 AB 相故障。

（　　）6. 距离保护配合时助增系数的选择，要通过各种运行方式的比较，选取最大值。

（　　）7. 十八项反措规定继电保护整定中当灵敏性与选择性难兼顾时，应首先考虑以保灵敏度为主。

（　　）8. 母线合并单元通过 GOOSE 接收母联断路器位置实现电压并列功能，双母线接线的间隔合并单元通过 GOOSE 接收间隔隔离开关位置实现电压切换功能。

（　　）9. 智能变电站一体化监控系统中，根据数据通信网关机的分类，可将全站分为安全Ⅰ区、安全Ⅱ区、安全Ⅲ/Ⅳ区等几个分区。

（　　）10. 交换机的转发方式有存储转发、直通式转发等，存储转发方式对数据帧

进行校验，任何错误帧都被丢弃，直通式转发不对数据帧进行校验，因而转发速度快于存储转发。

（　　）11. "远方修改定值""远方切换定值区""远方控制压板"只能在装置就地修改，当某个远方软压板投入时，装置相应操作只能在远方进行，不能在就地进行。

（　　）12. 智能终端不设置软压板是因为智能终端长期处于开关场就地，液晶面板容易损坏；同时也是为了符合运行人员的操作习惯，所以智能终端不设软压板，而设置硬压板。

（　　）13. 智能保护装置跳闸状态是指：保护交直流回路正常，主保护、后备保护及相关测控功能软压板投入，GOOSE 跳闸、启动失灵保护及 SV 接收等软压板投入，保护装置检修硬压板退出。

（　　）14. 某间隔断路器改检修时，为避免合并单元送出无效数据影响运行设备的保护功能，断路器拉开后应首先投入该间隔合并单元"检修状态压板"。

（　　）15. 智能终端动作时间是指智能终端从接收到 GOOSE 控制命令（如保护的跳合闸）到相应硬接点动作所经历的时间。通常包括智能终端订阅 GOOSE 信息后的处理响应时间和智能终端开出硬接点的所用时间。

四、简答题

1. 对于目前通常采用的 DL/T 860.92（IEC 61850-9-2）传输采样：

（1）目前常用的采样频率为多少？电压采样值和电压采样值最小分辨率是多少？电流采样值最小分辨率是多少？

（2）如果合并单元采用上述采样频率，并接入测控装置，则测控装置能准确测量的最高次谐波是多少？

2. GOOSE 报文在智能变电站中主要用以传输哪些实时数据？

3. 智能站保护 GOOSE 断链告警初步判断与处理？

4. 引起光纤差动保护差流异常有哪些可能因素？

5. 对 Yd11 变压器，Y 侧 B、C 两相短路时，通过绘制向量图分析两侧电流关系。

五、计算题

1. 某电流互感器变比为 600/5，带有 3Ω 负载（含电流互感器二次漏抗）。已测得此电流互感器二次伏安特性如图 1-54 所示，试分析一次最大短路电流为 4800A 时，此电流互感器变比误差是否满足 10% 的要求？如有一组同型号、同变比的备有电流互感器，可采取什么措施来满足要求？各点坐标为 A（0.5A，80V）、B（3A，85V）、C（4A，90V）。

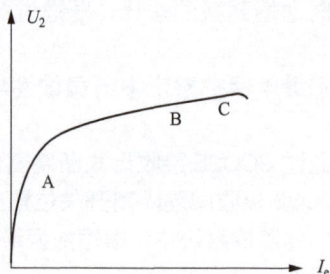

图 1-54　电流互感器二次伏安特性

2. 某 500kV 线路 1 启动过程中，对线路 1 电压与线路 2 电压进行同电源核相，试根据核相表（见表 1-2）画出电压相量图，并推断可能存在的接线错误。

表 1-2 核 相 表

电压核相表	U_{a2}(V)	U_{b2}(V)	U_{c2}(V)	U_{n2}(V)
U_{a1}(V)	57.7	57.7	57.7	0
U_{b1}(V)	152.7	57.7	115.4	100
U_{c1}(V)	152.7	115.4	57.7	100
U_{n1}(V)	57.7	57.7	57.7	0

六、分析题

1. 保护动作正确，智能终端无法实现跳闸时应检查哪些部位？

2. 对于如图 1-55A、B 两个 500kV 智能变电站。 线路出线不带隔离开关，A 站侧Ⅰ、Ⅱ回线路均带并联电抗器线路保护选用集成过电压远跳功能的光纤差动保护，重合闸方式均为单重方式，试回答以下问题（动作情况分析时，需注明发跳合闸令的保护装置，并指出保护跳闸、合闸对应的断路器）：

（1）请列出图 1-55 中 A 站Ⅰ、Ⅱ母，第二串设备 B 站第一串设备所需配置的保护类型。

（2）说明当Ⅰ回线路的并联电抗器发生匝间短路故障时，两侧变电站各保护装置的动作情况。

（3）说明当 A 站Ⅱ回线路出口处发生 A 相瞬时接地故障，断路器 DL5 失灵，两侧变电站各保护装置的动作情况。

（4）说明当 A 站Ⅰ母上发生 AB 相故障时，断路器 DL4 失灵，两侧变电站各保护装置的动作情况。

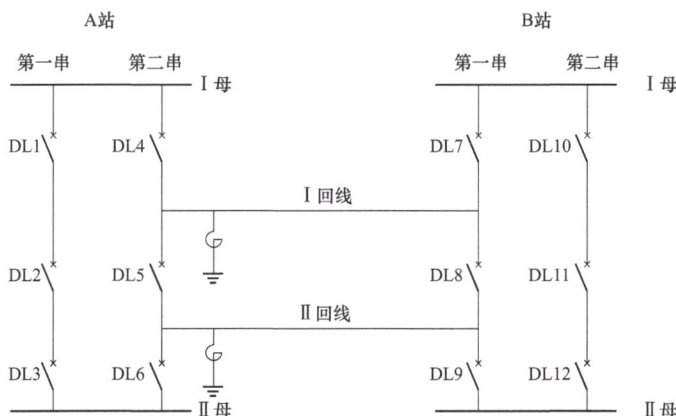

图 1-55　A、B 智能变电站线路图

3. 某变电站母线区内发生故障，母线接线方式为双母线接线，L1 为母联间隔，L2 及 L4 为电源间隔，L3 及 L5 为负荷支路。 各间隔 TA 变比相同，全部为 1200/5，间隔及母联 TA 极性如图 1-56 所示。 故障前母联断路器一次处于分位，故障相别为 A 相，母线保护型号为 BP-2CS。 图 1-57 为故障时刻Ⅰ母 A 相电压/Ⅱ母 A 相电压及各间隔 A 相电流。波形图标识了 T_1 时刻及 T_2 时刻的波形幅值，I_1～I_5 代表 L1～L5 的电流。

（1）请根据图 1-57 的电压及电流波形，分析母线故障点位置。

（2）假设故障前母联断路器二次辅助接点 TWJ 异常，母线保护装置认为母联断路器为合，经计算差流门槛及比率都满足动作条件，请分析母线保护装置的动作行为。

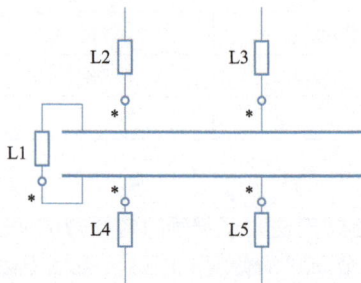

图 1-56　主接线示意图

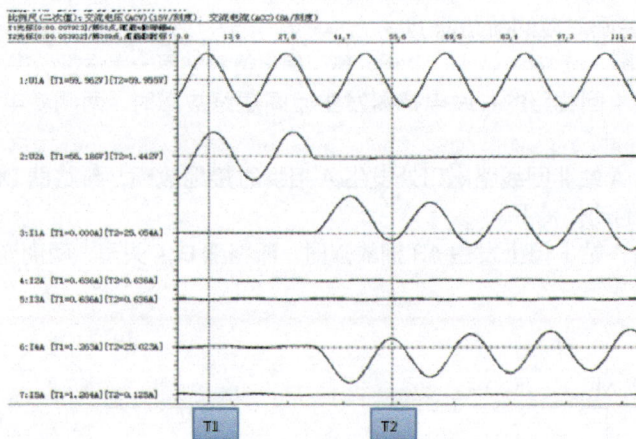

图 1-57　故障波形图

试　题　14

一、判断题

（　　）1. 双重化配置保护所采用的电子式电流互感器一、二次转换器及合并单元应双重化配置。

（　　）2. Q/GDW 441—2010《智能变电站继电保护技术规范》中要求双母双分段接线，按双重化配置四台母线电压合并单元，不考虑横向并列。

（　　）3. GOOSE 报文允许存活时间为 $5T_0$，接收方若超过 $5T_0$ 没有收到 GOOSE 报文即判断为中断，发 GOOSE 断链报警信号。

（　　）4. 变压器各侧及公共绕组的 MU 均按双重化配置，中性点电流、间隙电流配置单独的 MU。

（　　）5. 智能终端具备跳/合闸命令输出的监测功能，当智能终端接收到跳闸命令后，应通过 GOOSE 网发出收到跳令的报文。

（　　）6. 变电站应配置一套时钟同步系统，宜采用主备方式的时间同步系统，以提高时间同步系统的可靠性。

（　　）7. 采用直接采样方式的所有 SV 网口或 SV.GOOSE 公用网口同一组报文应同时发送，报文内容应完全一致。

（　　）8. SV 采样值报文接收方应根据采样值数据对应的品质中的 validity.test 位，来判断采样数据是否有效，以及是否为检修状态下的数据。

（　　）9. 220kV 及以下智能变电站可配置一套网络通信记录分析系统。系统应能实时监视、记录网络通信报文，周期性保存为文件，并进行各种分析。信息记录保存不少于 3 个月。

（　　）10. 智能站变压器保护与各侧（分支）合并单元之间应采用点对点方式通信，与各侧（分支）智能终端之间应采用点对点方式通信。

（　　）11. 断路器智能终端 GOOSE 发出组合逻辑中闭锁本套重合闸的逻辑为：遥合（手合）、遥跳（手跳）、TJR、TJF、闭重开入、本智能终端上电的"与"逻辑。

（　　）12. Q/GDW 426—2010《智能变电站合并单元技术规范》要求合并单元宜具备光纤通道光强监视功能，实时监视光纤通道接收到的光信号强度，并根据检测到的光强度信息，提前报警。

（　　）13. 330kV（220kV）−750kV 等级的变电站间隔层和过程层设备宜采用 IRIG−B.GPS 对时方式，条件具备时也可采用 SNTP 网络对时。

（　　）14. 智能化短引线保护过程层接口数量基本要求：MMS 接口 2 个，SV 接口 2 个点对点，GOOSE 接口 2 个点对点、1 个组网。

（　　）15. 对重要的保护装置，特别是复杂保护装置或有联跳回路（以及存在跨间隔 SV.GOOSE 联系的虚回路）的保护装置，如母线保护、失灵保护、主变压器保护、安全自动装置等装置的检修作业，应编制经工作负责人审批继电保护安全措施票。

（　　）16. 一次设备复役时，继电保护系统投入运行，宜按以下顺序进行操作：①投入相关运行保护装置中该间隔 SV 软压板；②投入该间隔智能终端出口硬压板；③投入该间隔保护装置跳闸、重合闸、启失灵保护等 GOOSE 发送软压板；④投入相关运行保护装置中该间隔的 GOOSE 接收软压板（如失灵保护启动、间隔投入等）；⑤退出该间隔合并单元、保护装置、智能终端检修压板。

（　　　）17. 录波及网络报文记录分析装置的采样值传输可采用网络方式或点对点方式，开关量采用 DL/T 860.81（IEC 61850-8-1）通过过程层 GOOSE 网络传输，采样值通过 SV 网络传输时采用 DL/T 860.92（IEC 61850-9-2）协议。

（　　　）18. 智能变电站以全站信息网络化、通信平台标准化、信息共享数字化为基本要求，自动完成信息采集、测量、控制、保护、计量和监测等基本功能，并可根据需要支持电网实时自动控制、智能调节、在线分析决策、协同互动等高级功能的变电站。

二、单项选择题

1. 变压器过励磁保护的起动、反时限和定时限元件应根据变压器的过励磁特性曲线进行整定计算并能分别整定，其返回系数不应低于（　　　）。

A. 0.88　　　　　　B. 0.9　　　　　　C. 0.95　　　　　　D. 0.96

2. 反应相间故障的阻抗继电器，采用线电压和相电流的接线方式，其继电器的测量阻抗（　　　）。

A. 在三相短路和两相短路时均为 Z_{1L}

B. 在三相短路时为 sqrt（3）Z_{1L}，在两相短路时为 $2Z_{1L}$

C. 在三相短路和两相短路时均为 sqrt（3）Z_{1L}

D. 在三相短路和两相短路时均为 $2Z_{1L}$

3. 具有相同保护范围的全阻抗继电器、方向阻抗继电器、偏移圆阻抗继电器、四边形方向阻抗继电器，受系统振荡影响大的是（　　　）。

A. 全阻抗继电器　　　　　　　　　B. 方向阻抗继电器

C. 偏移圆阻抗继电器　　　　　　　D. 四边形方向阻抗继电器

4. 某 220kV 线路甲侧电流互感器变比为 1250/1A，乙侧电流互感器变比为 1200/5A，两侧保护距离Ⅱ段一次侧定值均为 22Ω，则甲、乙两侧距离Ⅱ段二次侧定值分别为（　　　）。

A. 38.7Ω，201.7Ω　　　　　　　　B. 12.5Ω，12.0Ω

C. 2.5Ω，2.4Ω　　　　　　　　　　D. 12.5Ω，2.4Ω

5. 终端变电站的变压器中性点直接接地，在向该变电站供电的线路上发生两相接地故障，若不计负荷电流，则下列说法对的是（　　　）。

A. 线路供电侧有正、负序电流　　　B. 线路终端侧有正、负序电流

C. 线路终端侧三相均没有电流　　　D. 线路供电侧非故障相没有电流

6. 对 220kV 单电源馈供线路，当重合闸采用"三重方式"时，若线路上发生永久性单相短路接地故障，保护及重合闸的动作顺序为（　　　）。

A. 选跳故障相，延时重合故障相，后加速跳三相

B. 三相跳闸不重合

C. 三相跳闸，延时重合三相，后加速跳三相

D. 选跳故障相，延时重合故障相，后加速再跳故障相，同时三相不一致保护跳三相

7. 220kV 采用单相重合闸的线路使用母线电压互感器。事故前负荷电流 700A，单相

故障双侧选跳故障相后,按保证 100Ω 过渡电阻整定的方向零序Ⅳ段在此非全相过程中( )。

    A. 虽零序方向继电器动作,但零序电流继电器不动作,故Ⅳ段不出口

    B. 零序方向继电器会动作,零序电流继电器也动作,故Ⅳ段可出口

    C. 零序方向继电器动作,零序电流继电器也动作,但Ⅳ段不会出口

    D. 虽零序电流继电器动作,但零序方向继电器不动作,故Ⅳ段不出口

    8. 选相元件是保证单相重合闸得以正常运用的重要环节,在无电源或小电源侧,适合选择( )作为选相元件。

    A. 零序负序电流方向比较选相元件   B. 相电流差突变量选相元件

    C. 低电压选相元件   D. 无流检测元件

    9. 为了使线路两侧闭锁式纵联距离保护和纵联方向零序保护通过高频通道构成快速保护,在保护逻辑上应采用( )原则。

    A. 正向元件优先发信原则   B. 反向元件优先发信原则

    C. 距离元件优先发信原则   D. 零序方向元件优先发信原则

    10. IEC 61850 模型中,GOOSE 虚端子连线关系在( )参数字段中描述。

    A. GSEConTrol   B. ReportControl   C. Inputs   D. DOI

    11. 在某 IEC 61850-9-2 的 SV 报文看到电压量数值为 0x000c71fb,已知其为峰值,那么其有效值为( )。

    A. 0.5768kV   B. 5.768kV   C. 8.15611kV   D. 0.815611kV

    12. 高压并联电抗器非电量保护采用( )跳闸,并通过相应断路器的两套智能终端发送 GOOSE 报文,实现远跳。

    A. 就地直接电缆   B. GOOSE 网络

    C. GOOSE 点对点   D. MMSGOOSE 合一网络

    13. 关于 GOOSE,下述说法不正确的是( )。

    A. 代替了传统的智能电子设备之间硬接线的通信方式

    B. 为逻辑节点间的通信提供了快速且高效可靠的方法

    C. 基于发布/订阅机制基础上

    D. GOOSE 报文经过 TCP/IP 协议进行传输

三、多项选择题

    1. 电力系统振荡与短路的区别是( )。

    A. 振荡时系统各点电流和电压值均作往复运动,而短路时电流和电压值是突变的

    B. 振荡时系统电流和电压值是突变的,而短路时电流和电压值均作往复运动

    C. 振荡时系统各电流和电压之间的相位角是随功角的变化而变化,而短路时电流和电压之间的相位角是基本不变的

    D. 振荡时电流和电压之间的相位角是基本不变的,而短路时各电流和电压之间的相位角是随功角的变化而变化

    2. 正常运行的电力系统,出现非全相运行,非全相运行线路上可能会误动的继电器是( )。

    A. 差动继电器   B. 负序功率方向继电器

C. 零序功率方向继电器 　　　　　　　　D. 零序电流继电器

3. 小接地电流系统的零序电流保护，可利用（　　）电流作为故障信息量。

A. 网络的自然电容电流

B. 消弧线圈补偿后的残余电流

C. 人工接地电流（此电流不宜大于 10～30A 且应尽可能小）

D. 单相接地故障的暂态电流

4.《华东 500kV 保护应用原则》规定，所有涉及直接跳闸的重要回路的中间继电器，应满足（　　）。

A. 启动功率不小于 5W

B. 最小动作电压在 55％～70％直流电源电压之间

C. 具有抗 220V 工频电压干扰的能力

D. 动作时间少于 10ms

5. 耦合电容器在高频保护中的作用是（　　）。

A. 耦合电容器是高频收发信机和高压输电线路之间的重要连接设备

B. 耦合电容器对工频电流具有很大的阻抗，可防止工频高电压对收发信机的侵袭

C. 耦合电容器与结合滤波器组成带通滤过器，使高频信号顺利通过

D. 耦合电容器具有匹配阻抗的作用

6. 综合重合闸的运行方式及功能有（　　）。

A. 综合重合闸方式，功能是：单相故障，跳单相，单相重合（检查同期或检查无压），重合于永久性故障时跳三相。相间故障，跳三相重合三相，重合于永久故障时跳三相

B. 三相重合闸方式，功能是：任何类型的故障都跳三相，三相重合（检查同期或检查无压），重合于永久性故障时跳三相

C. 单相方式，功能是：单相故障时跳单相，单相重合，相间故障时三相跳开不重合

D. 停用方式，功能是：任何故障时都跳三相，不重合，检无压方式，任何故障后检测线路无压后重合

7. 高、中、低侧电压分别为 220、110、35kV 的自耦变压器，接线为 YN、yn、d，高压侧与中压侧的零序电流可以流通，就零序电流来说，下列说法对的是（　　）。

A. 中压侧发生单相接地时，自耦变压器接地中性点的电流可能为 0

B. 中压侧发生单相接地时，中压侧的零序电流比高压侧的零序电流大

C. 高压侧发生单相接地时，自耦变压器接地中性点的电流可能为 0

D. 高压侧发生单相接地时，中压侧的零序电流可能比高压侧的零序电流大

8. 在使用 GOOSE 跳闸的智能变电站中，（　　）可能导致保护动作但断路器未跳闸。

A. 智能终端检修压板投入，保护装置检修压板未投入

B. 保护装置 GOOSE 出口压板未投入

C. 智能终端出口压板未投入

D. 保护到智能终端的直跳光纤损坏

9. 智能变电站交换机 VLAN 配置的必要性为（　　）。

A. 减轻交换机和装置的负载

B. 采用 VLAN 技术，有效隔离网络流量

C. 安全隔离，限制每个端口只收所需报文，避免无关信号干扰

D. 控制数据流向，提高网络可靠性、实时性

10. 直通式交换方式的缺点是（　　　）。

A. 因为数据包内容并没有被交换机保存下来，所以无法检查所传送的数据包是否有误，不能提供错误检测能力

B. 在数据处理时延迟大，这是它的不足，但是它可对进入交换机的数据包进行错误检测

C. 由于没有缓存，不能将具有不同速率的输入/输出端口直接接通

D. 当以太网交换机的端口增加时，交换矩阵变得越来越复杂，实现起来越来越困难

11. 合并单元数据发送采样逻辑节点包括（　　　）。

A. TVRC   B. RREC   C. TTAR   D. TVTR

12. 在制作全站系统配置文件 SCD 时，主要配置的部分是（　　　）。

A. Communication   B. LLN0   C. Inputs   D. DataSets

13. 按 SCD 文件 IED 设备命名规则，下列选项中属于过程层设备的是（　　　）。

A. PL2201   B. TV2201   C. IL2201   D. ML2201

14. 以下关于某间隔合并单元检修压板与母线保护检修压板，以及母线保护间隔投入压板的说法正确的是（　　　）。

A. 间隔压板投入，检修状态不一致，告警闭锁保护

B. 间隔压板投入，检修压板一致，不告警不闭锁保护

C. 间隔压板退出，检修不一致，不告警，不闭锁保护

D. 间隔压板退出，检修一致，不告警，不闭锁保护

15. 下面属于组播地址的是（　　　）。

A. 01：2a：32：34：5c：54   B. 87：33：45：f5：00：00

C. 5c：66：7e：72：00：06   D. 6b：12：34：3d：23：8a

16. 某 220kV 线路第一套合并单元故障不停电消缺时，可做的安全措施有（　　　）。

A. 退出该线路第一套线路保护 SV 接受压板

B. 退出第一套母差保护该支路 SV 接受压板

C. 投入该合并单元检修压板

D. 断开该合并单元 SV 光缆

17. 对于直采直跳 500kV 智能站的 500kV 第一套主变压器保护进行缺陷处理时，二次安全措施包括（　　　）。

A. 退出该 500kV 第一套主变压器保护 GOOSE 启失灵保护，出口软压板，投入装置检修压板

B. 退出 220kV 第一套母线保护该间隔 GOOSE 失灵保护接收软压板

C. 如有需要可断开该 500kV 第一套主变压器保护背板光纤

D. 退出该 500kV 第一套主变压器保护各侧 SV 接收软压板

四、简答题

1. 合并单元的主要功能和要求是什么？

2. 在使用 GOOSE 跳闸的智能变电站中，哪些情况可能导致保护动作但断路器未跳闸？

3. 220kV 线路单间隔检修的安全措施有哪些?

4. 正常情况下发生的第一次短路故障振荡闭锁都采用短时开放距离Ⅰ、Ⅱ段的方法。请说明为什么不采取长期开放保护?

五、绘图分析题

如图 1-58 所示,在 FF′点 A 相断开,求 A 相断开后,画出系统的等值序网图。

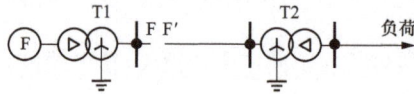

图 1-58　系统图

X_1	0.25	0.2	0.15	0.2	1.2
X_2	0.25	0.2	0.15	0.2	0.35
X_0		0.2	0.57	0.2	

假设各元件参数已归算到以 $S_b = 100MVA$, U_b 为各级电网的平均额定电压为基准的标幺值表示。$E_{a1} = j1.43$。

六、论述题

1. 某智能站的 500kV 短引线保护,两个断路器的 TA 变比都是 3000/1,两个 TA 都通过合并单元采样后通过点对点采样方式将采样值分别送至短引线保护,假设此时两套合并单元设置的采样延时都为 750ns,而实际上一套合并单元的采样延时为 1310ns,另一套 560ns,某一时刻两个断路器为穿越性的平衡电流,幅值为 1000A,请问此时保护装置采集到的二次差流有多大?

2. 某 AIS 电子式互感器采用激光供能,远端模块最大电功率消耗为 150mW,地面端的激光供电模块的最大连续输出功率为 750mW,已知远端模块的光电转换器转换效率为 30%,地面端供能激光模块用 POF 光纤连接到远端模块,该光纤衰耗为 0.22dB/m,光纤长度为 5m,请问远端模块能否稳定工作?

3. 如图 1-59 所示,变压器 YN,d11 的中性点接地,系统为空载,忽略系统的电阻,故障前系统电动势为 57V,线路发生 A 相接地故障,故障点 R_g 不变化。已知:$X_{M1} = X_{M2} = 1.78\Omega$,$X_{T10} = 3\Omega$;$X_{L1} = X_{L2} = 2\Omega$,$X_{L0} = 6\Omega$ $X_{T21} = X_{T22} = X_{T20} = 2.4\Omega$ 保护安装处测得 $I_A = 14.4A$,$3I_0 = 9A$ (以上所给数值均为归算到保护安装处的二次值)

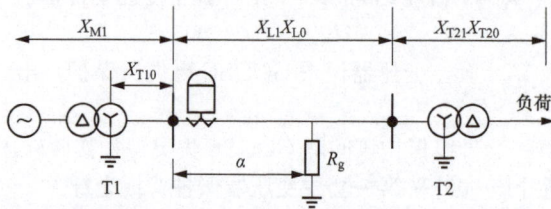

图 1-59　论述题 3 的系统图

求:(1)故障点的位置比 α。

(2)过渡电阻 R_g 的大小。

4. 如图 1-60 所示系统，求三相系统振荡时，相间阻抗继电器 KZ 的测量阻抗轨迹，用图 1-60 表示。 方向阻抗继电器在 $\delta=90°$ 时动作， $\delta=270°$ 时返回（ δ 为 EM、EN 两相量间的夹角），系统最长振荡周期为 2s，则方向阻抗继电器动作时间应整定何值。

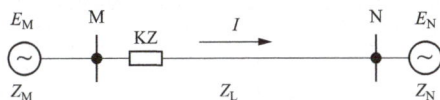

图 1-60 论述题 4 的系统图

试　题　15

一、单选题

1. 有一台组别为 YN, d11 压器，在该变压器高、低压侧分别配置电流保护，假设低压侧母线三相短路故障为 I_d。高压侧过电流保护定值为 I_{gdz}，低压侧过电流保护定值为 I_{ddz}。高压侧过电流保护灵敏度、高压侧过电流保护对低压侧过电流保护的配合系数分别为（　　）。

A. （I_d/I_{gdz}, 0.85）　　　　　　B. （$2I_d/I_{gdz}$, 1.15）

C. （$I_d/2I_{gdz}$, 1.15）　　　　　D. （$I_{ddz}/2I_{gdz}$, 1.15）

2. 正常运行的电力系统，TV 装在线路上，出现非全相运行，非全相运行线路上可能会误动的继电器是（　　）。

A. 阻抗继电器　　　　　　　　　B. 负序功率方向继电器

C. 零序功率方向继电器　　　　　D. 零序电流继电器

3. 如果保护设备与通信设备间采用电缆连接，当使用双绞一双屏蔽电缆时，正确的做法是（　　）。

A. 每对双绞线的屏蔽层，内层发端接地，收端悬浮，外屏蔽层两端接地

B. 每对双绞线的屏蔽层，内层收端接地，发端悬浮，外屏蔽层两端接地

C. 整个电缆的外屏蔽层，发端接地，收端悬浮，内屏蔽层两端接地

D. 每对双绞线的屏蔽层及整个电缆的外屏蔽层在两端接地

4. 在发电厂母线上发生单相接地故障，发电厂切除一台中性点不接地的发变组时，发电厂出线的零序电电流互感器（　　）。

A. 大　　　　　　B. 小　　　　　　C. 不变　　　　　　D. 不定

5. 就 P 型电流互感器、TPY 型电流互感器来说，下列正确的是（　　）。

A. TPY 电流互感器因铁芯有小气隙，故铁芯不会发生饱和

B. P 型电流互感器铁芯剩磁大、TPY 型电流互感器铁芯剩磁小

C. 当一次电流因断路器跳闸强迫为零后，P 型 TA 二次电流衰减要比 TPY 型二次电流衰减慢得多

D. P 型 TA 二次回路时间常数比 TPY 型二次回路时间常数大得多

6. 已在控制室一点接地的电压互感器二次绕组，宜在开关场将二次绕组中性点经放电间隙或氧化锌阀片接地，其击穿电压峰值应大于（　　）I_{maxV}[I_{max} 为电网接地故障时通过变电站的可能最大接地电流（　　）值，单位为 kA]。

A. 30，峰　　　　B. 50，有效　　　C. 30，有效　　　D. 50，峰

7. 同杆双回线运行时，第二回线中的零序电流对第一回线零序电抗的作用是（　　），架空地线零序电流对线路的零序电抗作用是（　　）。

A. 减少，增大　　B. 增大，增大　　C. 减少，减少　　D. 增大，减少

8. 当双极运行时，如果存在接地故障，或接地极线电流过大，进行（　　）操作。

A. 极隔离　　　　B. 极平衡　　　　C. 功率回降　　　D. 双极闭锁

9. 微机线路保护每周波采样 12 点，现负荷潮流为有功 $P = 86.6$MW、无功 $Q =$

50MW，微机保护打印出电压、电流的采样值，在微机保护工作正确的前提下，下列各组中哪一组是正确的（　　）（提示：$\tan30° = 0.577$）。

A. U_a 比 I_b 由正到负过零点滞后 3 个采样点

B. U_a 比 I_b 由正到负过零点超前 5 个采样点

C. U_a 比 I_c 由正到负过零点滞后 4 个采样点

D. U_a 比 I_c 由正到负过零点滞后 5 个采样点

10. 某电流互感器的变比为 1600/1，二次接入负载阻抗 3.6Ω（包括电流互感器二次漏抗及电缆电阻），电流互感器伏安特性试验得到的一组数据为电压 80V 时，电流为 1A。试问当其一次侧通过的最大短路电流为 30000A 时，其变比误差（　　）规程要求。

A. 满足　　　　　　　　　　　　B. 不满足

C. 无法判断　　　　　　　　　　D. 视具体情况而定

11. 和应涌流的特点是（　　）。

A. 和应涌流与空载合闸变压器励磁涌流几乎同时出现

B. 空载合闸变压器与并联或级联变压器涌流方向相反

C. 和应涌流持续时间较短

D. 和应涌流幅值随时间逐步增大到最大值

12. 引入两组及以上电流互感器构成合电流的保护装置两组 TA 应（　　）保护装置。

A. 同极性合流接入　　　　　　　B. 反极性接入

C. 合流接入　　　　　　　　　　D. 分别接入

13. 输电线路 BC 相短路经过渡电阻 R_g 接地，A 相正序电流 $\dot{I}_{A1}$、负序电流 $\dot{I}_{A2}$、零序电流 $\dot{I}_0$ 的相位关系，正确的是（　　）。

A. $\arg\left(\dfrac{\dot{I}_{A1}}{\dot{I}_{A2}}\right)=180°$、$\arg\left(\dfrac{\dot{I}_{A1}}{\dot{I}_0}\right)=180°$

B. $0°<\arg\left(\dfrac{\dot{I}_{A1}}{\dot{I}_{A2}}\right)<180°$、$0°<\arg\left(\dfrac{\dot{I}_{A2}}{\dot{I}_0}\right)<180°$、$0°<\arg\left(\dfrac{\dot{I}_0}{\dot{I}_{A1}}\right)<180°$

C. $0°<\arg\left(\dfrac{\dot{I}_{A1}}{\dot{I}_0}\right)<180°$、$0°<\arg\left(\dfrac{\dot{I}_0}{\dot{I}_{A2}}\right)<180°$、$0°<\arg\left(\dfrac{\dot{I}_{A2}}{\dot{I}_{A1}}\right)<180°$

D. 以上说法均不正确

14. 如果将 TV 的 $3U_0$ 回路短接，则在系统发生单相接地故障时，（　　）。

A. 会对 TV 二次的三个相电压都产生影响，其中故障相电压将高于实际的故障相电压

B. 不会对 TV 二次的相电压产生影响

C. 只会对 TV 二次的故障相电压都产生影响，使其高于实际的故障相电压

D. 以上均不对

15. 为了提高动作可靠性，低频减载装置应（　　）。

A. 快速动作的基本轮　　　　　　B. 频率启动级和频率变化率 df/dt 闭锁

C. 设有长延时动作的特殊轮

16. 超高压输电线路上安装了串补电容，一般补偿电容小于系统等值阻抗，对阻抗继电器的影响，下列说法不正确的是（　　）。

A. 串补电容安装在保护的正方向，正方向电容器后故障时，方向阻抗继电器可能要拒动

B. 串补电容安装在保护的正方向，正方向电容器后故障时，工频变化量阻抗继电器可能要拒动

C. 串补电容安装在保护的反方向，反方向电容器后故障时，方向阻抗继电器可能要误动

D. 串补电容安装在保护的反方向，反方向电容器后故障时，工频变化量阻抗继电器可能要误动

17. 远跳就地判据：（　　）展宽延时应大于远跳经故障判据时间的整定值，远跳开入收回后能快速返回。

　　A. 电流突变量　　　　B. 电压突变量　　　　C. 零序电流突变量　　　D. 零序电压突变量

18. YN，d11 接线变压器，在三角形侧发生 A、B 两相短路时，星形侧阻抗继电器能正确反映保护安装处至故障点的测量阻抗是（　　）。

　　A. A 相接地阻抗继电器　　　　　　　　B. B 相接地阻抗继电器

　　C. C 相接地阻抗继电器　　　　　　　　D. AB 相间阻抗继电器

19. 母联 TA 断线后发生断线相故障，先跳开母联，延时（　　）ms 后选择故障母线。

　　A. 100　　　　　　　　B. 120　　　　　　　　C. 150　　　　　　　　D. 200

20. 按频率降低自动减负荷装置具体整定时，其最高一轮的低频整定值，一般选为多少（　　）？（单位：Hz）

　　A. 49.3～49.5　　　B. 49.1～49.2　　　C. 48.9～49.0　　　D. 48.5～49.0

21. 以下对智能变电站时间同步相关技术要求的描述，错误的是（　　）。

A. 变电站应配置一套时间同步系统，宜采用主备方式的时间同步系统，以提高时间同步系统的可靠性

B. 保护装置应具备上送时钟当时值的功能

C. 装置时钟同步信号异常后，应发告警信号

D. 采用光纤 IRIG-B 码对时方式时，宜采用直流 B 码

22. GOOSE 光纤拔掉后，装置最长需（　　）报 GOOSE 断链。

　　A. T_0 时间后　　　B. $2T_0$ 时间后　　　C. $3T_0$ 时间后　　　D. $4T_0$ 时间后

23. 如图 1-61 所示，由于电源 S2 的存在，线路 L2 发生故障时，N 点该线路的距离保护所测的测量距离和从 N 到故障点的实际距离关系是（　　）（距离为电气距离）。

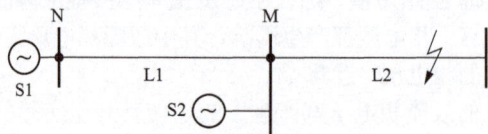

图 1-61　距离保护测距示意图

　　A. 相等　　　　　　　　　　　　　　　B. 测量距离大于实际距离

　　C. 测量距离小于实际距离　　　　　　　　D. 不能比较

24. 一台三绕组变压器绕组间的短路电压的百分值分别为，$U_{dⅠ-Ⅱ}=9.92\%$，$U_{dⅠ-Ⅲ}=15.9\%$，$U_{dⅡ-Ⅲ}=5.8\%$，高压绕组的短路电压为（　　）%。

A. 10.01 　　　　B. 0.09 　　　　C. 5.89 　　　　D. 12.19

25. 发电厂和变电站应采用铜芯控制电缆和导线，弱电控制回路的截面不应小于（　　）。

A. $1.5mm^2$ 　　B. $2.5mm^2$ 　　C. $0.5mm^2$ 　　D. $4mm^2$

26. 对于 BP-2C 母线保护装置，若只考虑母线区内故障时流出母线的电流最多占总故障电流的 25%，复式比率系数 K_r 整定为（　　）最合适 $[I_d > K_r(I_r - I_d)]$。

A. 0.5 　　　　B. 1 　　　　C. 1.5 　　　　D. 2

二、多选题

1. 对于双母线接线方式的变电站，当某一出线故障发生在断路器和 TA 之间时，应由（　　）切除电源。

A. 失灵保护 　　B. 母线保护 　　C. 对侧线路保护 　　D. 线路保护

2. 大型汽轮发电机要配置逆功率保护，目的是（　　）。

A. 防止系统在发电机逆功率状态下产生振荡

B. 防止主汽门关闭后，长期电动机运行造成汽轮机尾部叶片过热

C. 防止主汽门关闭后，发电机失步

D. 防止汽轮机在逆功率状态下损坏

3. 由于过渡电阻的存在，对距离继电器的影响是（　　）。

A. 使送电端距离继电器的测量阻抗增大、保护范围减小

B. 使送电端距离继电器的测量阻抗减小、保护范围增大

C. 使受电端距离继电器的测量阻抗减小、保护范围减小

D. 可能造成受电端距离继电器反方向误动作

4. 220kV 变电站 220、110kV 均双母线配置，有两台变压器 220kV 侧及 110kV 侧分别挂不同的母线并列运行，当 220kV 其中一条母线故障时变压器高压侧断路器失灵，若未配置变高断路器失灵联跳各侧回路，可能出现的保护动作行为是（　　）。

A. 变压器高压侧后备保护动作 　　　　B. 变压器差动保护动作

C. 变压器中压侧后备保护动作 　　　　D. 非故障母线 220kV 母线的母差保护动作

5. YN，d11 变压器，变比为 $\sqrt{3}:1$，低压侧为电源侧。不计负荷电流情况下，星形侧单相接地时，则三角形侧三相电流为（　　）。

A. $\sqrt{3}$ A. 最小相电流为 0

B. 最大相电流等于 Y0 侧故障相电流的 $1/\sqrt{3}$

C. $\sqrt{3}$ C. 最大相电流等于 Y0 侧故障相电流

D. 最大相电流等于 Y0 侧故障相电流的 $\sqrt{3}$ 倍

6. 电力系统短路故障时，电流互感器饱和是需要时间的，饱和时间与下列因素有关：（　　）。

A. 电流互感器剩磁越小，饱和时间越长

B. 二次负载阻抗减小，可增长饱和时间

C. 饱和时间受短路故障时电压初相角影响

D. 饱和时间受一次回路时间常数影响

7. 不会受到励磁涌流影响的保护是（　　）。

A. 变压器分侧差动保护   B. 变压器比率差动保护

C. 变压器零序差动保护   D. 变压器过励磁保护

8. 提高静态稳定的措施有（　　）。

A. 减小发电机到系统的联系总阻抗   B. 提高送电侧和受电测的运行电压

C. 提高发电机的有功功率   D. 发电机自动调节励磁

9. 继电保护单纯采用序分量比相原理进行选相所得的结果不是唯一的，如果故障时满足 $60° < Arg \dfrac{I_0}{I_{2A}} < 180°$，则可能发生（　　）故障。

A. AB 相   B. BC 相   C. CA 相   D. B 相

10. 某 220kV 线路保护装置，若区外发生接地故障同时保护装置 TV 二次低压断路器跳开，下列保护可能误动的是（　　）。

A. 距离保护   B. TV 断线过电流保护

C. 零序方向过电流保护   D. 工频变化量阻抗保护

11. 智能变电站中，GOOSE 技术的应用解决了传统变电站中（　　）的问题。

A. 电缆二次接线复杂、抗干扰能力差   B. 采样值精度不准确

C. 保护拒动、误动   D. 二次回路无法在线监测

12. 某 220kV 线路间隔停役检修时，在不断开光缆连接的情况下，可做的安全措施有（　　）。

A. 投入该线路两套线路保护、合并单元和智能终端检修压板

B. 退出该线路两套线路保护启动失灵保护压板

C. 退出两套线路保护跳闸压板

D. 退出两套母差保护该支路启动失灵保护接收压板

13. 在不计负荷电流情况下，带有浮动门槛的相电流差突变量起动元件，下列情况正确的是（　　）。

A. 双侧电源线路上发生各种短路故障，线路两侧的元件均能起动

B. 单侧电源线路上发生相间短路故障，当负荷侧没有接地中性点时，负荷侧元件不能起动

C. 单侧电源线路上发生接地故障，当负荷侧有接地中性点时，负荷侧元件能起动

D. 系统振荡时，元件不动作

14. 直流输电降压运行模式有（　　）。

A. 90％降压运行   B. 80％降压运行   C. 70％降压运行   D. 60％降压运行

15. 双母线接线的母线保护设置复合电压闭锁元件的原因有（　　）。

A. 防止由于人员误碰，造成母差或失灵保护误动出口，跳开多个元件

B. 防止母差或失灵保护由于元件损坏或受到外部干扰时误动出口

C. 双母线接线的线路由一个断路器供电，一旦母线误动，会导致线路停电，所以母线保护设置复合电压闭锁元件可保证较高的供电可靠性

D. 当变压器断路器失灵时，电压元件可能不开放

16. 从交换机导出的配置描述文件，包括（　　），用于更换设备时快速恢复到原设置。

A. 交换机型号、参数   B. VLAN 划分

C. 镜像设置等端口配置信息   D. 其他私有设置数据

17. 以下对 SV 数据的 q 属性说法正确的是（　　）。

A. q 属性值为 0x0400 时表示数据置检修

B. q 属性值为 0x0800 时表示数据置检修

C. q 属性值为 0x0001 时表示数据无效

D. q 属性值为 0x0003 时表示数据无效

18. 母联断路器位置接点接入母差保护，作用是（　　）。

A. 母联断路器合于母线故障问题　　　B. 母差保护死区问题

C. 母线分裂运行时的选择性问题　　　D. 母线并联运行时的选择性问题

19. 发生直流两点接地时，以下可能的后果是（　　）。

A. 可能造成断路器误跳闸　　　　　　B. 可能造成熔丝熔断

C. 可能造成断路器拒动　　　　　　　D. 可能造成保护装置拒动

三、判断题

（　　）1. 单回线路发生断线时，只有断线处两侧都有接地中性点时，才会出现零序电流。

（　　）2. 进行新安装装置验收试验时，从保护屏柜的端子排处将所有外部引入的回路及电缆全部断开，分别将电流、电压、直流控制、信号回路的所有端子各自连接在一起，用 1000V 绝缘电阻表测量对地绝缘电阻，其阻值应大于 10MΩ。

（　　）3. 电流互感器的饱和从故障开始就立即出现。

（　　）4. 变压器如果是带负载合闸，由于二次电流的去磁作用，铁芯不会饱和，因而不会产生很大的励磁涌流。

（　　）5. 开关液压机构在压力下降过程中，依次发压力降低闭锁合闸、压力降低闭锁重合闸、压力降低闭锁跳闸信号。

（　　）6. 自耦变压器高压侧发生接地故障时，接地中性点有零序电流流过。

（　　）7. 失灵保护是一种后备保护，当设备发生故障时，如保护拒动时可依靠失灵保护隔离故障。

（　　）8. 母线保护装置母联（分段）支路电流，变压器保护 3/2 断路器接线中断路器电流、内桥接线桥断路器电流，应能通过不同输入虚端子对电流极性进行调整。

（　　）9. 保护装置内部 MMS 接口、GOOSE 接口、SV 接口应采用相互独立的数据接口控制器接入网络。

（　　）10. 专用通道方式，至少有一侧保护装置应采用自己的时钟（主时钟）作为发送时钟。

（　　）11. 双母双分段接线母差保护跳母联和分段断路器不经电压闭锁。

（　　）12. 用于标识 GOOSE 控制块的 GOID、APPID 参数必须全站唯一。

（　　）13. 智能变电站现场调试时，测试母差保护动作时间不大于 20ms（大于 1.2 倍整定值）。

（　　）14. GOOSE 链路异常时，应闭锁母差保护。

（　　）15. 直流输电系统保护功能不宜依赖两端换流站之间的通信。

（　　）16. 涉及交流采样插件变更的，应按要求进行模数变换系统零点漂移检验，可分别输入不同幅值的电流、电压量检验模数变换系统幅值和相位精度。

（　　）17. 特高压系统主要考虑三种类型操作过电压：合闸（包括单相重合闸）、分闸和接地短路过电压。

（　　）18. 两个同型号、同变比的 TA 并联使用时，会使 TA 的励磁电流减小。

（　　）19. 汽轮发电机承受负序电流的能力，一般取决负序电流引起的转子振动。

（　　）20. 高压并联电抗器中性点配置的小电抗，可对故障后健全相耦合电容电流进行补偿，从而提高单相重合闸成功率。

（　　）21. 智能变电站当线路支路有高抗等需要三相启动失灵保护时，应由高抗保护直接启动失灵保护。

（　　）22. 串补电容通常加装在线路一端，主要是考虑运行维护方便和对保护的影响较小。

（　　）23. 发电机定子单相绕组在中性点附近接地时，机端 3 次谐波电压大于中性点的 3 次谐波电压。

（　　）24. 线路远方跳闸保护的就地判据可采用零、负序电流，零、负序电压，低电流、低电压、分相低有功等实现。

（　　）25. 线路保护发送端的远方跳闸和远传信号经 10ms（不含消抖时间）延时确认后，发送信号给接收端。

（　　）26. 直流控制系统至少应设置三种工作状态，即运行、备用和试验。"运行"表示当前为有效状态、"备用"表示当前为热备用状态、"试验"表示当前处于检修测试状态。

（　　）27. 对于两套直流控制保护系统，运行系统轻微故障，备用系统无故障时，可进行切换。

（　　）28. 对于备用电源自投装置，当工作电源电压小于无压定值，而备用电源电压不小于有压定值，备自投装置应能启动。

（　　）29. 子站系统与所有保护装置和故障录波器应采用直接连接方式，不宜经过保护管理机转接。

四、填空题

1. _____是当主保护或断路器拒动时，用以切除故障的保护。

2. 小接地电流系统发生单相接地时，故障线路的零序电流为_____之和。

3. 变电站内的故障录波器应能对站用直流系统的各母线段_____对地电压进行录波。

4. 距离保护的稳态超越是由于_____产生的，距离保护的暂态超越是由于_____产生的。

5. SV 报文的以太网类型为_____，APPID 的范围为_____。

6. 电力设备由一种运行方式转为另一种运行方式的操作过程中，被操作的有关设备均应在保护的范围内，部分保护装置可短时失去_____。

7. 智能变电站验收过程中，配置文件的修改应遵循"_____，_____"的原则。

8. 设计单位负责智能变电站出厂验收、安装调试过程中的 SCD 文件更改工作，并最终对全站_____、SCD 文件进行确认，设计结果应包括 SCD 配置、_____、SV 及 GOOSE 关系表、虚端子图（表）等配置资料。

9. 线路两侧的纵联电流差动保护装置均应设置本侧独立的电流启动元件，必要时可用_____和_____等作为辅助启动元件。

10. 换流变压器、平波电抗器、穿墙套管、直流分压器等设备作用于跳闸的非电量保护继电器都应设置_____独立的跳闸接点，按照_____原则出口。

11. 为防止保护装置先上电而操作箱后上电时断路器位置不对应误启动重合闸，宜由操作箱（插件）对保护装置提供"_____"触点方式，不采用"_____"触点的开入方式。

12. 第二道防线针对预先考虑的故障形式和运行方式，按预定的控制策略，采用安全稳定控制系统（装置）实施_____，_____，局部解列等控制措施，防止系统失去稳定。

五、简答题

1. 常规变电站和智能变电站保护在解决变压器断路器失灵保护中电压闭锁元件灵敏度不足的问题时，措施有何不同？

2. 如图 1-62 所示，在 3/2 接线方式下，QF1 的失灵保护应由哪些保护起动？QF2 失灵保护动作后应跳开哪些断路器？并说明理由。

3. 如图 1-63 所示系统，220kV A 站 1 号主变压器高、中压侧中性点经间隙接地，2 号主变压器高、中压侧中性点直接接地，110kV B 站 1 号主变压器高压侧中性点不接地。请问：

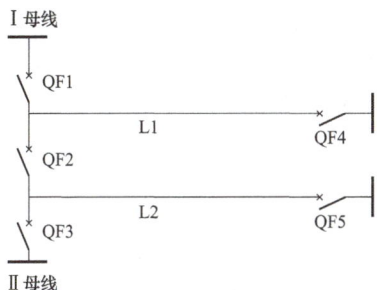

图 1-62 简答题 2 系统图   图 1-63 简答题 3 系统图

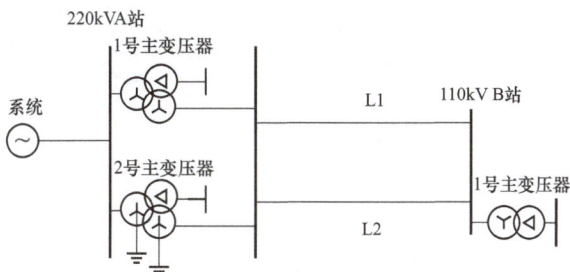

（1）当 110kV 双回线路其中一回非全相运行时，线路、变压器的后备保护是否会受到影响？请分析原因。

（2）因运行方式调整，110kV B 站 1 号主变压器高压侧中性点接地，当线路 L1 发生非全相运行时，已知双回线路两侧均配置纵联零序方向保护，采用母线 TV，请分析线路 L1、L2 纵联零序方向保护的动作行为。

4. 某变电站 220kV 母线接线方式为双母线接线，两条母线分列运行，L1 为母联间隔，L2 及 L4 为电源间隔且站外没有电气联系，L3 及 L5 为负荷支路。若母线发生区内金属性永久接地故障，故障位置如图 1-64 所示，如果两条母线保护电压接反，请分析母线保护装置的动作行为。

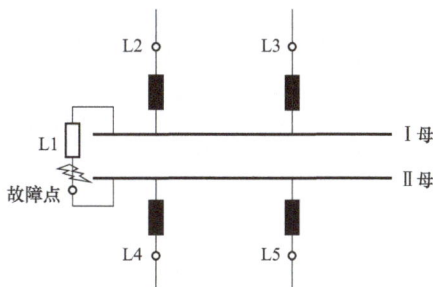

5. 请补充 3/2 接线形式单套 500kV 线路保护技术实施方案，绘制 GOOSE 及 SV 接线图。

图 1-64 简答题 4 系统图

六、综合题

1. 某 220kV 电厂 M 与 220kV N 变电站、P 变电站相连。 网架结构如图 1-65 所示。

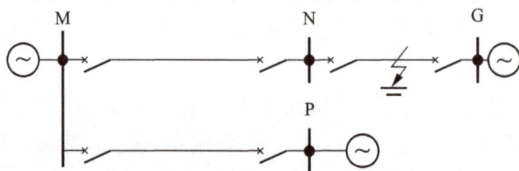

图 1-65　220kV 电厂网架结构

某日 M 站 MP 线路转旁路代路运行，只有第二套保护 RCS－931BMV 投入。 大风天气后，线路 MP 及相邻 N 站内 NG 线动作跳闸，已知 N 变电站内 NG 线发生 B 相接地故障。 MP 线路 M 站侧第二套保护动作报告如图 1-66 所示。

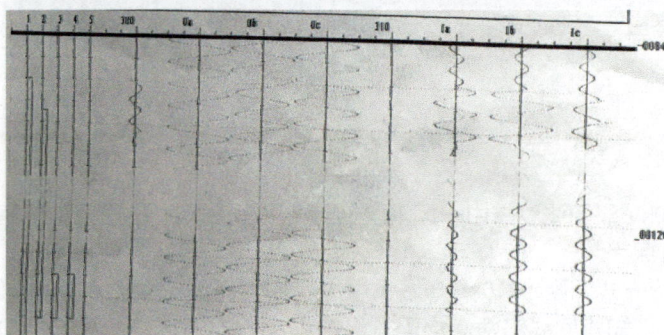

图 1-66　MP 线路 M 站侧第二套保护动作报告

MP 线路 P 站侧线路保护动作报告如图 1-67 所示。

图 1-67　MP 线路 P 站线路保护动作报告(一)

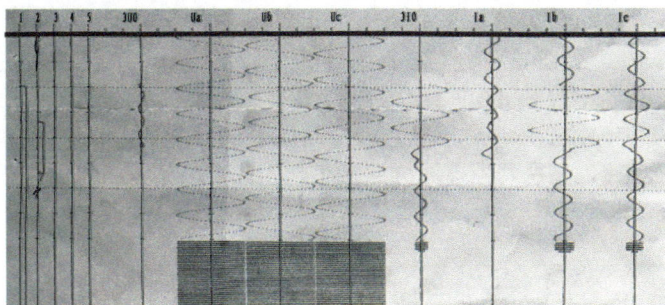

图 1-67　MP 线路 P 站线路保护动作报告(二)

问：分析 MP 线路两侧保护动作行为，并对 MP 线路两侧保护动作行为进行评价。

2. 如图 1-68 所示 110kV 系统，A 站与系统联络线因故障跳闸，A 站及低压侧小电源"孤岛"运行。除联络线开关，图 1-68 中设备均运行，1 号主变压器高压侧中性点经间隙接地，发电机中性点不接地。基准容量为 100MVA，110kV 母线基准电压为 115kV，发电机正序电抗 ZS1 标幺值为 0.4，负序电抗 ZS2 标幺值为 0.5，1 号主变压器正序、负序电抗 Z_{T1} 标幺值 0.26，零序电抗 Z_{T0} 标幺值为 0.24。1 号主变压器仅考虑高后备保护，不考虑发电机保护动作情况。

已知 1 号主变压器高后备保护定值如下：

（1）过电流 I 段保护：定值 1500A（一次值），时限 1.5s，跳主变压器各侧断路器。

（2）过电流 II 段保护：定值 400A（一次值），时限 4s，跳主变压器各侧断路器。

（3）间隙零序过电流保护：定值 100A（一次值），时限 3.0s，跳主变压器各侧断路器。

（4）间隙零序过电压保护：退出。

问：（1）110kV 母线 K 点 A 相发生永久性单相接地故障，1 号主变压器高压侧中性点间隙保护击穿前，画出 110kV 母线相电压及零序电压的向量图。

（2）110kV 母线 K 点 A 相发生永久性单相接地故障，1 号主变压器高压侧中性点间隙保护击穿后，并保持击穿状态下，1 号主变压器高后备保护动作，跳主变压器各侧断路器。画出 1 号主变压器高后备保护跳闸前故障点的复合序网图，计算故障点的正、负、零序电流幅值及流经 1 号主变压器高后备的各相电流，分析 1 号主变压器高后备保护动作行为。

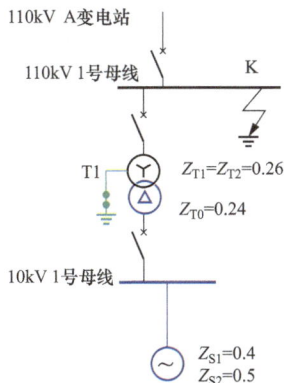

图 1-68　一次网络接线示意图

3. 某 110kV 系统如图 1-69 所示，已知 C 处发生单相接地故障时流过 A、B 处零序电流的比值 $3I_{0(A)}/3I_{0(B)}$ 为 0.4，电源 F2 有两台机组（125MW），共用一台主变压器。某天电源 F2 停一台机组，电源 F2 的正（负）序等值阻抗由原 0.02 变为 0.04，C 处发生两相接地故障，B 处零序电流二段动作但断路器拒动，试分析：

（1）对于单相接地还是两相接地故障，各支路零序电流分布的比例关系是否变化。

（2）A 处零序保护动作行为。

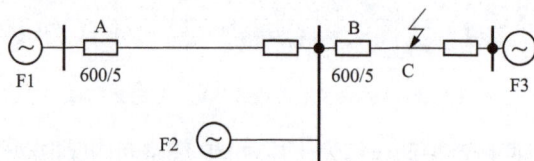

（基准值 S_j=100MVA，U_j=115kV）

图 1-69　110kV 系统图

已知 A、B 处配置三段式零序电流方向保护，定值如下：

A 处零序保护定值为 I_{01}：6.5A　0S　I_{02}：3.5A　1S　I_{03}：1A　1.5S

B 处零序保护定值为 I_{01}：5A　0S　I_{02}：3A　0.5S　I_{03}：1.5A　1S。

第一节 元 件 保 护

一、单项选择题

1. 为躲过励磁涌流，变压器差动保护采用二次谐波制动，（   ）。

A. 二次谐波制动比越大，躲过励磁涌流的能力越强

B. 二次谐波制动比越大，躲过励磁涌流的能力越弱

C. 二次谐波制动比越大，躲空投时不平衡电流的能力越强

2. 运行中的变压器保护，当现场进行什么工作时，重瓦斯保护应由"跳闸"位置改为"信号"位置运行（   ）。

A. 进行注油和滤油时　　　　　　　　B. 变压器中性点不接地运行时

C. 变压器轻瓦斯保护动作后

3. 谐波制动的变压器保护中设置差动速断元件的主要原因是（   ）。

A. 为了提高差动保护的动作速度

B. 为了防止较高的短路水平时，由于电流互感器的饱和产生高次谐波量增加，导致差动元件拒动

C. 保护设置的双重化，互为备用

4. 母联电流相位比较式母线差动保护，当母联断路器和母联断路器的电流互感器之间发生故障时（   ）。

A. 将会瞬时切除非故障母线，而故障母线反而不能瞬时切除

B. 将会瞬时切除故障母线，非故障母线不会被切除

C. 将会瞬时切除故障母线和非故障母线

5. 对于双母线接线形式的变电站，当某一连接元件发生故障且断路器拒动时，失灵保护动作应首先跳开（   ）。

A. 拒动断路器所在母线上的所有断路器

B. 母联断路器

C. 故障元件的其他断路器

6. 双母线的电流差动保护，当故障发生在母联断路器与母联 TA 之间时出现动作死区，此时应该（   ）。

A. 启动远方跳闸　　　　　　　　　　B. 启动母联失灵（或死区）保护

C. 启动失灵保护及远方跳闸

7. 对两个具有两段折线式差动保护动作灵敏度的比较，正确的说法是（   ）。

A. 初始动作电流小的差动保护动作灵敏度高

B. 初始动作电流较大，但比率制动系数较小的差动保护动作灵敏度高

C. 初始动作电流与比率制动系数都较小的差动保护其动作灵敏度高

8. 变压器重瓦斯保护不允许起动断路器失灵保护，主要原因是（　　　）。

A. 有差动保护起动失灵保护，不需要重瓦斯保护重复起动

B. 重瓦斯保护的误动机率高，容易引起误起动失灵保护

C. 变压器内部故障，重瓦斯保护动作后返回较慢

9. 为防止由瓦斯保护起动的中间继电器在直流电源正极接地时误动，应（　　　）。

A. 采用动作功率较大的中间继电器，而不要求快速动作

B. 对中间继电器增加 0.5s 的延时

C. 在中间继电器起动线圈上并联电容

10. 母线差动保护的暂态不平衡电流比稳态不平衡电流（　　　）。

A. 大　　　　　　　B. 相等　　　　　　　C. 小

11. 空载变压器突然合闸时，可能产生的最大励磁涌流的值与短路电流相比（　　　）。

A. 前者远小于后者　　　　　　　　B. 前者远大于后者

C. 可以比拟

12. 为了验证中阻抗母差保护的动作正确性，可按以下方法进行带负荷试验。（　　　）。

A. 短接一相母差 TA 的二次侧，模拟母线故障

B. 短接一相辅助变流器的二次侧，模拟母线故障

C. 短接负荷电流最大连接元件一相母差 TA 的二次侧，并在可靠短接后断开辅助变流器一次侧与母差 TA 二次的连线

13. YN，d11 变压器，三角形侧 ab 两相短路，星形侧装设两相三继电器过电流保护，设 Z_L 和 Z_K 为二次电缆（包括 TA 二次漏阻抗）和过电流继电器的阻抗，则电流互感器二次负载阻抗为（　　　）。

A. $Z_L + Z_k$　　　　　　B. $2（Z_L + Z_k）$　　　　C. $3（Z_L + Z_k）$

二、填空题

1. 变压器并联运行的条件是所有并联运行变压器的_____、_____相等和_____相同。

2. 变压器充电时，励磁电流的大小与断路器合闸瞬间电压的相位角 α 有关，当 α =_____时，不产生励磁涌流；当 α =_____时，合闸磁通由零增至 $2\phi_m$，励磁涌流最大。

3. 为防止变压器、发电机后备阻抗保护电压断线误动应采取的措施：装设_____、装设_____作为启动元件。

4. 变压器励磁涌流的特点有_____，包含有大量的高次谐波分量，并以二次谐波为主，及_____。

5. 变压器中性点间隙接地的接地保护采用_____方式，带有 0.5s 的限时构成。

6. 中性点放电间隙保护应在变压器中性点接地开关断开后_____，接地开关合上前

_____。

7. 断路器失灵保护时间定值的基本要求：断路器失灵保护所需动作延时，应为_____和_____再加裕度时间。以较短时间动作于断开_____，再经一时限动作于连接在同一母线上的所有有电源支路的断路器。

8. 母联电流相位比较式母线保护是比较_____与_____电流相位的母线保护。

9. 为了保证在 TA 和断路器之间发生故障时，本侧断路器跳开后，对侧高频保护能快速动作切除故障点，对于闭锁式的高频保护应采取_____、_____措施。

10. 检验功率方向继电器电流及电压的潜动，不允许出现_____的潜动，但允许存在不大的_____方向的潜动。

11. 由变压器、电抗器瓦斯保护启动的中间继电器，应采用_____中间继电器，不要求快速动作，以防止_____时误动作。

12. 变压器比率差动保护经常使用二段折线式的比率制动特性。该特性曲线由三个参数来决定，即①_____；②_____；③_____。

13. 变压器纵差动保护涉及有电磁感应关系的各侧电流，它的构成原理是_____。

14. 容量在_____的油浸式变压器和户内_____变压器应装设瓦斯保护。

15. 断路器失灵保护中相电流判别元件的启动定值应保证在本线路末端或本变压器低压侧_____接地故障时有足够的灵敏度，灵敏系数大于_____，并尽可能躲过正常运行负荷电流；同时要求相电流判别元件的动作时间和返回时间要快，均不应大于_____。

16. 在空投变压器的瞬间，铁芯中的磁通由_____、_____、_____三部分组成。

17. 变压器容量越小，空投时励磁涌流与其额定电流之比值，即励磁涌流的倍数_____。

18. 母差保护的复合电压闭锁元件，由_____、_____、_____组成，三者按_____的逻辑关系组成复合电压闭锁元件。

19. 母差保护采用复合电压闭锁元件是为了_____。

20. 对于自耦变压器设置零序纵联差动保护。零序差动回路由_____的电流互感器的零序回路组成。

21. 500kV 短引线保护一般由_____的辅助接点控制保护的投退，在隔离开关合闸时将使短引线保护_____。

22. 在母线倒闸操作过程中，当正、副母闸刀都合上时，我们称此时的状态为_____。对于隔离开关为就地操作的变电站，我们需要采取母联非自动方式，其含义就是_____，在这种状态下母线一旦有故障，母差保护将_____。

23. 当母联断路器退出运行时，大差元件的灵敏度将_____，此时应采取将大差元件的制动系数_____。

24. 判断断路器失灵应有两个主要条件：①_____；②_____，这样才能真正判断是断路器失灵。

三、简答题

1. 主变压器接地后备保护中零序过电流与间隙过电流的 TA 是否应该共用一组，为什么？

2. 如何减小差动保护的稳态和暂态不平衡电流（至少列出 5 种方法）？

3. 变压器保护中比率差动保护、差动速断保护各自的作用是什么？

4. 简述电磁式电流互感器饱和的特点。在微机母差保护装置中抗 TA 保护的方法有哪几种？

5. 变压器比率制动系数 K_b 是如何整定的？

6. 变压器励磁涌流闭锁方式可以采用"分相"闭锁方式和"或"门闭锁方式，请简述这两种闭锁方式的区别，及各自的优缺点。

7. 500kV 变压器保护中构成纵差保护、分相差动保护、分侧差动保护、低压侧小区差动保护电流回路分别采用的是哪些 TA？　上述几种差动保护各自用于反映什么故障？

8. 双母线接线方式断路器失灵保护的设计原则有哪些？

四、绘图题

请画出中性点直接接地的 YNd7 接线的三相变压器三相三继电器式差动保护交流回路的原理图（图中标明极性），并写出高压侧差动回路电流表达式及其相量图。

第二节　线　路　保　护

一、单项选择题

1. 发生 B、C 两相接地短路时（　　）说法最正确、全面。

A. B、C 相的接地阻抗继电器可保护这种故障

B. B、C 相间阻抗继电器可保护这种故障

C. B、C 相的接地阻抗继电器和 BC 相的相间阻抗继电器均可保护这种故障

2. 微机保护要保证各模拟量数据同步采样，如果不能做到同步采样，除对（　　）以外，对其他元件都将产生影响（　　）。

A. 负序电流元件　　　B. 相电流元件　　　C. 零序方向元件

3. 方向阻抗继电器采用对极化电压记忆的措施主要是为了（　　）。

A. 提高保护过渡电阻的能力　　　　B. 消除正方向出口短路的死区

C. 避免区外短路的超越

4. 在弱馈侧，最可靠的选相元件是（　　）。

A. 相电流差突变量选相元件　　　　B. I_0、I_2 选相元件

C. 低电压选相元件

5. C、A 相上的相间阻抗继电器其接线方式应为（　　）。

A. $\dfrac{U_{ca}}{I_c - I_a}$　　　　B. $\dfrac{U_{ca}}{I_c + I_a}$　　　　C. $\dfrac{U_{ca}}{I_A}$

6. 距离保护（或零序方向电流保护）的第 Ⅰ 段按躲本线路末端短路整定是为了（　　）。

A. 在本线路出口短路保证本保护瞬时动作跳闸

B. 在相邻线路出口短路防止本保护瞬时动作而误动

C. 在本线路末端短路只让本侧的纵联保护瞬时动作跳闸

7. 潜供电流指的是（　　）。

A. 单相接地故障断路器单相跳闸后，另两相电压经相间电容、相间互感向短路点提供的电流

B. 单相接地故障断路器单相跳闸后，另两相电压经相间电容向故障相的负荷提供的电流

C. 单相接地故障时另两相电压的对地电容电流

8. 如果阻抗继电器的相位比较动作方程的两个边界角度分别为 90° 和 270°，阻抗继电器的整定值确定以后，不同动作特性的阻抗继电器是由于（　　）造成的。

A. 不同的距离工作电压（或称作工作电压 补偿电压）

B. 不同的极化电压

C. 不同的测量阻抗

9. 在高频通道中结合滤波器与耦合电容器共同组成带通滤波器，其在通道中的作用是（　　）。

A. 使输电线路和高频电缆的连接成为匹配连接

B. 使输电线路和高频电缆的连接成为匹配连接，同时使高频收发讯机和高压线路隔离保证人身和设备安全

C. 阻止高频电流流到相邻线路上去

10. 使用三相重合闸方式遇永久性单相接地故障时，保护装置正确的动作行为是（　　）。

　A. 三相跳闸，延时三相重合，后加速选跳故障相

　B. 选跳故障相，延时重合单相，后加速跳三相

　C. 三相跳闸，延时三相重合，后加速跳三相

11. 在高频闭锁零序距离保护中，保护停信需带一短延时，这是为了（　　）。

　A. 防止外部故障时的暂态过程而误动

　B. 防止外部故障时功率倒向而误动

　C. 与远方启动相结合，等待对端闭锁信号的到来，防止区外故障时误动

　D. 防止内部故障时高频保护拒动

12. 设电路中某一点的阻抗为 $60\,\Omega$，该点的电压为 $U=7.75\text{V}$，那么，该点的电压绝对电平和功率绝对电平分别为（　　）。

　A. 20dBV，30dBm　　B. 10dBV，20dBm　　C. 10dBV，30dBm　　D. 20dBV，20dBm

13. 下列哪种安装在送电端的阻抗继电器，在正方向出口经小过渡电阻三相短路时有可能拒动，因而应采取措施消除出口短路的死区（　　）。

　A. 偏移特性阻抗继电器　　　　　　　B. 工频变化量距离继电器

　C. 正序电压极化量

14. 当两侧电动势幅值不相等时，例如 $|E_\text{s}|>|E_\text{R}|$ 时，振荡中心将向（　　）的一侧偏移，即向（　　）侧偏移。

　A. 电动势大、R 轴　　　　　　　　　B. 电动势小、R 轴

　C. 电动势大、$-R$ 轴

15. 可在区外发生短路后又紧接着发生区内不对称短路在振荡中发生不对称短路时用以开发保护的判据是（　　）。

　A. $|I_2|+|I_0|>m|I_1|$，$(m<1)$

　B. $-0.03U_\text{n}<U_1\cos(\phi_1+\theta)<0.08U_\text{n}$

　C. 起动元件与正序电流元件（或相电流元件）动作的先后顺序

16. 在使用单相重合闸方式时要考虑潜供电流的影响。我们把非故障相通过（　　）提供的潜供电流称作潜供电流的横向分量，这部分电流比较大。

　A. 相间互感　　　　B. 相间电容　　　　C. 自身电感

17. 光纤差动保护装置采用专用光纤通信时，两端保护装置采用（　　）通信时钟方式。

　A. 从—从时钟方式　　　　　　　　　B. 主—从时钟方式

　C. 主—主时钟方式

18. 安装在输电线路受电端的阻抗继电器，由于反向短路时过渡电阻附加阻抗 Z_a 呈（　　）性，所以反方向出口发生经小电阻短路时，方向阻抗继电器将（　　）。

　A. 阻容性、不会误动　　　　　　　　B. 阻容性、会误动

　C. 阻感性、不会误动

19. 阻抗继电器不能单独使用，一般与其他继电器配合使用的是（　　）。

A. 偏移阻抗继电器 B. 电抗继电器

C. 工频变化量继电器

二、填空题

1. 以下是相电流差突变量选相元件的几个中间数据，据此判断故障相别。

（1）$\Delta I_{AB} = 20A$，$\Delta I_{BC} = 18.5A$，$\Delta I_{CA} = 1.25A$ _____ 相故障。

（2）$\Delta I_{AB} = 8.25A$，$\Delta I_{BC} = 20.25A$，$\Delta I_{CA} = 10.27A$ _____ 相故障。

2. 国产微机保护中四边形方向阻抗继电器中设置下倾 7° ~ 10° 的电抗线的目的是_____。

3. 距离保护振荡闭锁都采用在正常运行情况下发生短路时短时开放保护的方法，这是为了_____。

4. 反方向出口经小电阻短路且过渡电阻附加阻抗是_____性质时阻抗继电器最容易误动。

5. 由于输电线路保护采用_____，所以 TV 断线时距离保护是不会误动的。 但用 TV 断线判据判出 TV 断线后仍需将距离保护闭锁是为了_____。

6. 对方向阻抗继电器的极化电压 U_m 或正序极化电压 U_{1m} 进行"记忆"，在微机保护中的实现方法就是用_____作为极化电压。

7. 当负载电阻 $Z = 600\Omega$ 时，该处的功率电平_____电压电平。 当 $Z = 75\Omega$ 时，功率电平 L_{px} 与电压电平 L_{UX} 的关系为_____。

8. 相间距离继电器能够正确测量的故障类型有_____。

9. 零序方向继电器智能保护接地故障，对_____和_____无能为力，这是它的一个缺陷。

10. 零序电流大小除了和零序阻抗有关，还和_____、_____、_____密切相关。

11. 零序方向继电器按零序电压和零序电流的相位比较方式实现，其动作方程表达式是_____（零序阻抗角为 80°）。

12. 对极化电压进行记忆后，在记忆作用未消失前，阻抗继电器按_____动作特性工作。

13. 极化量带记忆作用，不仅能消除近区故障时的电压死去，还将_____。

14. 过渡电阻对距离继电器的影响涉及_____、_____和_____这几个方面的问题。

15. 每一端纵联电流差动保护跳闸出口必须满足：①_____

②_____；③_____。

16. 非全相运行时的最大零序电流大于末端接地故障时的零序电流时，则必须设置两个无时限的第一段零序电流保护，分别是_____保护和_____保护。 因为躲不过非全相运行的零序电流，在单相重合闸周期内_____保护必须退出运行，只保留_____保护在非全相运行时继续工作。

17. 输电线路某相上的压降时该相的相电流加上 K_3I_0 以后的电流乘以该段线路的正序阻抗。此时的 $K_3I_0Z_1$ 的物理概念是_____。

18. 将幅值比较动作方程转换成相位比较动作方程，这种转换必须是等效的。这样它

们在阻抗复平面上对应的才时同一个动作特性。这种转换依据是_____。 设幅值比较动作方程式$|A|>|B|$，欲将它转换成等效的相位比较动作方程 $90°<\arg(C/D)<270°$，其中 $C=$_____ $D=$_____。

19. 自动重合闸启动方式有_____和_____。 PSL602 保护中 TJQ 继电器动作结果是_____ TJR 继电器动作结果是_____。

三、简答题

1. 简述阻抗继电器的测量阻抗、动作阻抗、整定阻抗的含义。

2. 闭锁式高频保护中为何要采用远方起信和跳闸位置停信?

3. 方向阻抗继电器为消除正方向出口短路的死区而对极化电压进行记忆。 请从阻抗继电器的动作特性和动作方程两个角度说明对极化电压进行记忆后为什么可消除正方向出口短路的死区?

4. 影响阻抗继电器正确测量的因素有哪些?

四、绘图题

如需构成如图 2-1 所示特性的相间阻抗继电器，直线 PQ 下方与圆所围的部分是动作区。 Z_{zd} 是整定值，OM 是直径。 请写出动作方程，并说明其实现方法（要求写出圆特性和直线特性的以阻抗形式表达的动作方程，写出加于继电器的电压 U_J、电流 I_J 和 Z_{zd} 表达的电压动作方程以及逻辑关系）。

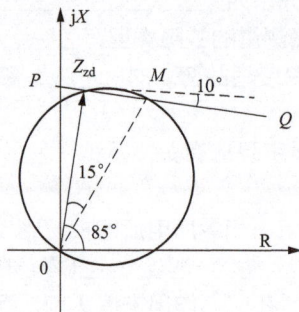

图 2-1　相间阻抗继电器特性

第三节　规　章　反　措

一、判断题

（　　）1. 双母线接线变电站的母差保护、断路器失灵保护，除跳母联、分段的支路外，应经复合电压闭锁。

（　　）2. 断路器失灵保护的电流判别元件的动作和返回时间均不宜大于 10ms，其返回系数也不宜低于 0.8。

（　　）3. 在变压器低压侧未配置母差保护和失灵保护的情况下，为提高切除变压器低压侧母线故障的可靠性，宜在变压器的低压侧设置取自不同电流回路的两套电流保护。当短路电流大于变压器热稳定电流时，变压器保护切除故障的时间不宜大于 2s。

（　　）4. 双母线接线变电站的变压器断路器失灵保护的电流判别元件应采用相电流、零序电流和负序电流按"与逻辑"构成。

（　　）5. 分相电流差动保护可采用不同路由，收发、往返延时误差不大于 1ms 的通道。

（　　）6. 互感器的选型工作，并充分考虑到保护双重化配置的要求，宜选用具有多次级的电流互感器，优先选用正立式电流互感器。

（　　）7. 对闭锁式纵联保护，"其他保护停信"回路不应直接接入保护装置，而应接入收发信机。

（　　）8. 对于新投设备，做整组试验时，应按规程要求把被保护设备的各套保护装置串接在一起进行。

（　　）9. 加强微机保护装置软件版本管理，未经单位认可的软件版本不得投入运行。

（　　）10. 建立和完善继电保护故障信息和故障录波管理系统，严格按国家有关网络安全规定，做好有关安全防护。任何情况下，禁止开放保护装置远方修改定值区、远方投退压板功能。

（　　）11. 加强对纵联保护通道设备的检查，重点检查必要的收、发信环节的延时或展宽时间。

（　　）12. 当灵敏性与选择性难以兼顾时，应首先考虑以保选择性为主，防止保护拒动，并备案报主管领导批准。

（　　）13. 由开关场的变压器、断路器、隔离开关和电流、电压互感器等设备至开关场就地端子箱之间的二次电缆屏蔽层在就地端子箱处使用截面不小于 4mm² 多股铜质软导线可靠连接至等电位接地网的铜排上，在一次设备接线盒（箱）处直接接地。

（　　）14. 独立的、与其他电压互感器和电流互感器的二次回路没有电气联系的二次回路应在开关场一点接地。

（　　）15. 微机型继电保护装置柜屏内的交流供电电源（照明、打印机和调制解调器）的中性线（零线）不应接入等电位接地网。

（　　）16. 遵守保护装置 24V 开入电源不出保护屏的原则，以免引进干扰。

（　　）17. 结合滤波器引入通信室的高频电缆，以及通信室至保护室的电缆宜按上述要求敷设等电位接地网，并将电缆的屏蔽层单端接至等电位接地网的铜排。

（　　）18. 所有 220kV 及以上电压等级变电站的母线保护应按双重化配置。

（　　）19. 直流馈线支路上可使用交流空气开关，是因其具有比直流空气开关更强的切断短路电流能力。

二、填空题

1. 应提高双母线接线方式母线电压互感器二次回路的可靠性，防止因_____，距离保护误动导致全站停电事故。

2. 在确定各类保护装置电流互感器二次绕组分配时，应考虑_____。 分配接入保护的互感器二次绕组时，还应特别注意避免_____。 为避免油纸电容型电流互感器底部事故时扩大影响范围，应将接_____保护的二次绕组设在一次母线的 L1 侧。

3. 对确实无法解决的保护动作死区，在满足系统稳定要求的前提下，可采取_____和_____等后备措施加以解决。

4. 输电线路距离保护的整定值应能躲过可能的_____，并核算事故过负荷时距离保护的可靠性。

5. 继电保护及安全自动装置应选用抗干扰能力符合有关规程规定的产品，在保护装置内，直跳回路开入量应设置必要的_____，防止由于开入量的短暂干扰造成保护装置误动出口。

6. 对于可能导致多个断路器同时跳闸的直跳开入，应采取在开入回路中装设大功率抗干扰继电器，对继电器的性能要求时：①_____，②_____，③_____。

7. 智能变电站过程层的交换机 VLAN 划分应满足运行要求，防止由于_____引起保护装置拒动。

8. 智能控制柜应具备温度湿度调节功能，柜内最低温度应保持在_____以上，柜内最高温度不超过柜外环境最高温度或_____（当柜外环境最高温度超过 50℃时），湿度应保持在_____以下。

9. 为提高继电保护的可靠性，对重要的线路和设备必须坚持设立两套互相独立主保护的原则，并且两套保护宜为_____和_____的产品。

10. 变电站直流系统的馈出网络应采用_____供电方式，严禁采用_____供电方式。

11. 直流系统对负载供电，应按电压等级设置_____供电方式，不应采用_____供电方式。

12. 直流母线采用单母线供电时，应采用不同位置的直流开关，分别带_____。

13. 若需退出重瓦斯保护，应预先制订安全措施，并经_____批准，限期恢复。

14. 变压器的断路器失灵时，除应跳开失灵断路器相邻的全部断路器外，还应跳开_____。

15. 纵联保护应优先采用_____。 双回线路采用同型号纵联保护，或线路纵联保护采用双重化配置时，在回路设计和调试过程中应采取有效措施防止_____。

16. 线路两侧或主设备差动保护各侧电流互感器的相关特性宜一致，避免在遇到较大短路电流时因_____不一致导致保护不正确动作。

17. 所有差动保护（线路、母线、变压器、电抗器、发电机等）在投入运行前，除应在负荷电流大于电流互感器额定电流的_____的条件下测定相回路和差回路外，还必须测量_____，以保证保护装置和二次回路接线的正确性。

18. 继电保护专业和通信专业应密切配合。注意校核继电保护通信设备（光纤、微波、载波）传输信号的可靠性和_____及_____，防止因通信问题引起保护不正确动作。

19. 应采取有效措施防止空间磁场对二次电缆的干扰，宜根据开关场和一次设备安装的实际情况，敷设与厂、站主接地网紧密连接的_____。

20. 保护室内的等电位接地网与厂、站的主接地网只能存在唯一连接点，连接点位置宜选择在_____处。为保证连接可靠，连接线必须用至少_____根以上、截面不小于_____的铜缆（排）构成共点接地。

21. 沿二次电缆的沟道敷设截面_____的铜排（缆），并在保护室（控制室）及开关场的_____处与主接地网紧密连接，保护室（控制室）的连接点宜设在_____与厂、站主接地网连接处。

22. 对经长电缆跳闸的回路，应采取防止_____影响和防止_____的措施。

23. 直流总输出回路、直流分路均装设自动开关时，必须确保上、下级自动开关有选择性地配合，自动开关的额定工作电流应按_____（即保护三相同时动作、跳闸和收发信机在满功率发信的状态下）的_____倍选用。

24. 继电保护直流系统运行中的电压纹波系数应不大于_____，最低电压不低于额定电压的_____，最高电压不高于额定电压的_____。

25. 母线差动、变压器差动和发变组差动保护各支路的电流互感器应优先选用_____的电流互感器。

26. 应加强合并单元_____测试，避免因合并单元延时错误引起的继电保护误动。

27. 必须进行所有保护整组检查，模拟故障检查保护压板的唯一对应关系，避免有任何_____存在。

28. 制造部门应提高微机保护抗电磁骚扰水平和防护等级，光耦开入的动作电压应控制在额定直流电源电压的_____范围以内。

29. 继电保护"反措要点"对直流熔断器与相关回路的配置的基本要求是：消除____回路增强保护功能的_____。

30. 在一次设备运行而部分保护进行工作时，应特别注意断开_____的跳合闸线和与_____安全有关的连线。

三、简答题

1. 什么是变压器、电抗器就地跳闸方式，这种方式的优点和相关反措要求有哪些？

2. 整组试验有什么反措要求？

3. 高频电缆的屏蔽层除起屏蔽作用外，同时又是高频通道的回程导线，它是否也应实现两端接地呢？为什么？

4. 采用静态保护时，在二次回路中应采用哪些抗干扰措施？

5. 反措中对跳闸连接片的安装有哪些要求？

6. 对于由 $3U_0$ 构成的保护的测试，有什么反措要求？

四、论述题

1. 电力系统重要设备的继电保护应采用双重化配置。双重化配置的继电保护应满足哪些基本要求?

2. 变电站二次回路干扰的种类有哪些?

第四节　故　障　分　析

一、单项选择题

1. 两相短路电流 $I_{k(2)}$ 与三相短路电流 $I_{k(3)}$ 之比值为（　　）。

A. $I_{k(2)}=\sqrt{3}\,I_{k(3)}$ 　　　　　　　B. $I_{k(2)}=(\sqrt{3}/2)I_{k(3)}$

C. $I_{k(2)}=(1/2)I_{k(3)}$ 　　　　　　　D. $I_{k(2)}=I_{k(3)}$

2. 中性点经装设消弧线圈后，若接地故障的电感电流大于电容电流，此时补偿方式为（　　）。

A. 全补偿方式　　　B. 过补偿方式　　　C. 欠补偿方式　　　D. 不能确定

3. 在小电流接地系统中，某处发生单相接地母线电压互感器开口三角的电压为（　　）。

A. 故障点距母线越近，电压越高　　　B. 故障点距离母线越近，电压越低

C. 不管距离远近，基本上电压一样　　　D. 不定

4. 在大接地电流系统中，线路发生接地故障时，保护安装处的零序电压（　　）。

A. 距故障点越远就越高　　　B. 距故障点越近就越高

C. 与距离无关　　　D. 距离故障点越近就越低

5. 当系统运行方式变小时，电流和电压的保护范围是（　　）。

A. 电流保护范围变小，电压保护范围变大

B. 电流保护范围变小，电压保护范围变小

C. 电流保护范围变大，电压保护范围变小

D. 电流保护范围变大，电压保护范围变大

6. 超高压输电线单相跳闸熄弧较慢是由于（　　）。

A. 短路电流小　　　B. 单相跳闸慢

C. 潜供电流影响　　　D. 断路器熄弧能力差

7. 某输电线路，当发生 BC 两相短路时（如不计负荷电流），故障处的边界条件是（　　）。

A. $I_a=0$　$U_b=U_c=0$ 　　　　　　B. $U_a=0$　$I_b=I_c=0$

C. $I_a=0$　$I_a=-I_c$　$U_b=U_c$ 　　　　D. $I_a=0$　$I_a=I_c$

8. 在中性点不接地系统中发生单相接地故障时，流过故障线路始端的零序电流（　　）。

A. 超前零序电压 $90°$ 　　　　　　B. 滞后零序电压 $90°$

C. 和零序电压同相位　　　　　　D. 滞后零序电压 $45°$

9. 输电线路 BC 两相金属性短路时，短路电流 I_{nc}（　　）。

A. 滞后于 BC 相间电压一个线路阻抗角　　　B. 滞后于 B 相电压一个线路阻抗角

C. 滞后于 C 相电压一个线路阻抗角　　　D. 超前 BC 相间电压一个线路阻抗角

10. 相当于负序分量的高次谐波是（　　）谐波。

A. $3n$ 次 　　　　　　B. $3n+1$ 次

C. $3n-1$ 次（其中 n 为正整数）　　　D. 上述三种以外的

11. 在大接地电流系统中，线路始端发生两相金属性短路接地时，零序方向过电流保护中的方向元件将（　　　）。

A. 因短路相电压为零而拒动　　　　　B. 因感受零序电压最大而灵敏动作

C. 因短路零序电压为零而拒动　　　　D. 因感受零序电压最大而拒动

12. 单侧电源供电系统短路点的过渡电阻对距离保护的影响是（　　　）。

A. 使保护范围伸长　　　　　　　　　B. 使保护范围缩短

C. 保护范围不变　　　　　　　　　　D. 保护范围不定

13. 在大接地电力系统中，当相邻平行线停运检修并在两侧接地时，电网接地故障线路通过零序电流，此时在运行线路中的零序电流将会（　　　）。

A. 增大　　　　　　　B. 减小　　　　　　　C. 不变化

14. 三相五柱电压互感器用于 10kV 中性点不接地系统中，在发生单相金属性接地故障时，为使开口三角绕组电压为 100V，电压互感器的变比应为（　　　）。

A. $\dfrac{10}{\sqrt{3}} / \dfrac{0.1}{\sqrt{3}} / \dfrac{0.1}{\sqrt{3}}$　　　B. $\dfrac{10}{\sqrt{3}} / \dfrac{0.1}{\sqrt{3}} / \dfrac{0.1}{3}$　　　C. $\dfrac{10}{\sqrt{3}} / \dfrac{0.1}{\sqrt{3}} / 0.1$

15. 三相短路的过渡电阻在大多数情况下是电弧电阻，当故障电流在相当大范围内变化时，弧压降 U_{arc} 基本稳定，U_{arc} 小于（　　　）额定电压。

A. 2%　　　　　　B. 5%　　　　　　C. 10%　　　　　　D. 20%

16. 三相短路故障中保护安装处突变量电压、电流间的相位关系取决于（　　　）。

A. 保护正方向上的正序阻抗角　　　　B. 故障点过渡电阻的大小

C. 保护反方向上的正序阻抗角

17. 有一条 MN 线路，N 侧是送电侧，M 侧位受电侧，当该线路发生经过渡电阻的单相接地故障时，该过渡电阻相对于 M、N 侧分别呈现（　　　）。

A. 阻容性、阻感性　　　　　　　　　B. 纯阻性、阻感性

C. 阻感性、阻容性　　　　　　　　　D. 纯阻性、阻容性

18. 中性点不接地电网发生单相接地故障时，下列描述正确的是（　　　）。

A. 综合零序阻抗小于综合正序、负序电抗

B. 接地电流会很大

C. 正序电流在综合正序阻抗上的压降远大于零序电流在综合零序阻抗上的压降

D. 零序电流在线路零序阻抗上的压降远小于零序电流在线路对地电容上的压降

19. 大电流接地系统中发生单相非全相，此时对非全相断口处描述正确的有（　　　）。

A. 保护安装处零序电压与零序电流间的相位关系相当于在断开相处发生了接地故障

B. 非全相断口处是没有故障电流的

C. 非全相断口处是有负序故障电流，但大小与负荷电流无关

D. 非全相断口处是有零序故障电流，其方向与原负荷电流方向相同

二、填空题

1. 中性点不接地系统中，发生单相接地故障，非故障相电压比正常相电压＿＿＿＿＿＿。

2. 设正、负、零序网在故障端口的综合阻抗分别是 X_1、X_2、X_0，写出简单故障时的正序电流计算公式中 $I_1 = E / (X_1 + \Delta Z)$ 的附加阻抗 ΔZ 为：当三相短路时＿＿＿＿＿＿，当单相接地时＿＿＿＿＿＿，当两相短路时＿＿＿＿＿＿，两点短路接地时＿＿＿＿＿＿＿。

3. 保护安装点的零序电压，等于故障点的零序电压减去_____，因此，保护安装点距离故障点越近，零序电压_____。

4. 平行线路之间存在零序互感，当相邻平行线流过零序电流时，将在线路上产生_____，并会改变_____的相量关系。

5. 假定 F_A、F_B、F_C 代表不对称的三个电气量，用 F_1、F_2、F_0 代表三组电气分量。令 A 相位基准相时，其正序、负序、零序电气分量表达式分别是_____、_____、_____。

6. 正序电压是越靠近故障点数值_____，零序电压是越靠近_____数值越小。

7. 在大接地电流系统中，如果正序阻抗与负序阻抗相等，则单相接地故障电流大于三相短路电流的条件是_____。

8. 为使接地距离保护的测量阻抗能正确反映故障点到保护安装处的距离，应引入补偿系数_____。

9. 在受电侧电源的助增作用下，线路正向发生经接地电阻单相短路，假如接地电阻为纯电阻性的，将会在送电侧阻抗继电器的阻抗测量元件中引起_____性的附加分量 Z_R。

10. 对于采用单相重合闸的线路，潜供电流的消弧时间决定于多种因素。它除了与故障电流的大小及持续时间、线路的绝缘条件、风速、空气湿度或雾的影响等有关以外，主要决定于_____和_____的相位关系。

11. 空载长线路充电时，末端电压会升高。这是由于_____。

12. 大电流接地系统、小电流接地系统的划分标准是依据系统的_____的比值。我国规定：_____的系统属于大电流接地系统，_____的系统属于小电流接地系统。

13. 大电流接地系统发生接地故障时，故障点的零序功率最大。在故障线路上，零序功率由_____，越靠近_____，零序功率越小。

14. 当中性点不接地电力网发生单相接地故障时，非故障线路流过的零序电流为_____，故障线路流过的零序电流为_____。

15. 同杆并架双回线与非同杆并架双回线相比较，外部发生接地故障时，_____流过的零序电流要比_____的大。

16. 电力系统在运行中，三种稳定必须同时满足，即_____、_____、_____。

17. 电力系统同步运行稳定分为三类，即_____、_____、_____。而保证电力系统动态稳定的基本条件是_____。

18. 在提高电力系统暂态稳定水平的诸多措施中，_____是提高系统暂态稳定最有效的措施，因为它既能减少_____，又能增大_____，提高暂态稳定的效果是双重的，效果十分明显。

19. 当 $\delta = $_____时，振荡电流有最小值，当 $\delta = $_____时，振荡电流有最大值，当 $\delta = $_____时，振荡中心电压为零，相当于在该点上发生了三相短路。

20. 采用自动重合闸是提升暂态稳定水平的措施之一。其中重合闸时间采用_____，可使重合到故障未消失的线路上时，也不会对系统稳定带来不利影响。实际最佳重合闸时间可按最大送电方式在 δ 角回摆到_____出现时重合。

三、简答题

1. 当使用操作箱的防跳回路时，测试操作箱的防跳功能，为什么在手合把手一直可靠导通情况下，在机构上跳开断路器后操作箱仍能合上断路器？

2. 简述 220kV 主变压器配置接地变压器的作用。

3. 两台变压器并列运行的条件是什么？ 不满足条件的后果是什么？

4. YnD11 接线的变压器，微机型差动保护可实现两种方式的相位校正，请分别写出电流表达式并画出电流相量图，解释如何消除零序电流进入差动元件。

5. 启动事故音响的硬接点为合后继电器 HHJ 的动合节点串联跳位继电器 TWJ 的动合节点，在手合断路器时为何该串联接点会出现短时导通情况？

6. 简述母线保护大差小差的意义。

四、计算题

1. 一条两侧均有电源的 220kV 线路（见图 2-2），K 点发生 A 相单相接地短路。两侧电源线路阻抗的标幺值均已标注在图中，设正负序电抗相等，基准电压为 230kV，基准容量为 100MVA。

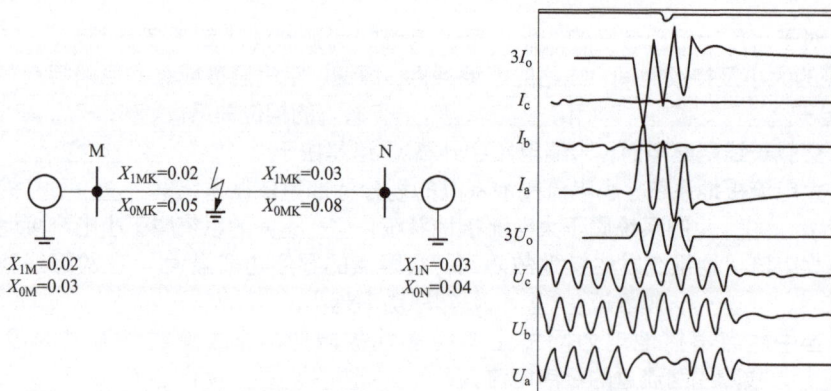

图 2-2 两侧均有电源的 220kV 线路

（1）计算出短路点的全电流（有名值）。

（2）计算流经 M、N 侧零序电流（有名值）。

（3）已知 M 侧电压互感器二次绕组，在开关场经氧化锌阀片接地，其击穿电压下降为 40V。 根据录波图分析 U_a 出现电压的原因。

2. 图 2-3 中一台 YNd11 变压器，设额定电压为 $U_n = 1$（标幺值）变压器的变比为 1。如果短路前空载，忽略变压器的励磁电流，短路后忽略短路电流在变压器上的压降。 在 Y 侧端口发生 BC 两相金属性短路时，由故障分析知识可知：Y 侧的三相短路电流为 $i_B^Y = -i_C^Y = i_K$、$i_A^Y = 0$，三相电压为 $\dot{U}_A^Y = 1$、$\dot{U}_B^Y = \dot{U}_C^Y = -0.5$。 试用相量图分析 d 侧的三相电流和三个相电压、相间电压的大小和相位。

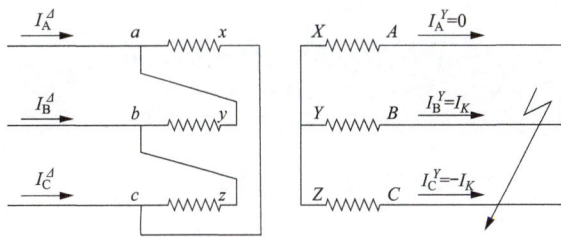

图 2-3　YNd11 变压器绕组接线图

第五节 检 修 试 验

一、单项选择题

1. 持续时间为数个周期到数百个周期的过电压是（ ）。

A. 操作过电压　　　B. 长时过电压　　　C. 雷击过电压　　　D. 暂时过电压

2. （ ）情况下直流系统应转为降压运行。

A. 低功率运行　　　　　　　　B. 天气恶劣

C. 低电流运行　　　　　　　　D. 直流设备绝缘性能下降

3. 站间通信中断对直流系统的稳定运行（ ）影响。

A. 没有　　　　　B. 有　　　　　C. 可能有　　　　　D. 不一定

4. 特高压直流输电系统中，一个阀组故障退出运行后，剩余阀组（ ）保持正常运行（ ）。

A. 不能　　　　　B. 不确定　　　　　C. 能　　　　　D. 可能保持运行

5. 在直流输电系统中，将交流变成直流的器件为（ ）。

A. 整流器　　　B. 逆变器　　　C. 换流变压器　　　D. 平波电抗器

6. 根据 I_0 和 I_{u2} 之间的相位关系，稳态序分量选相元件还不能准确判出故障相，往往需要结合（ ）的动作行为综合判别。

A. 相电流差突变量　　　　　　B. 过电流元件

C. 阻抗元件　　　　　　　　　D. 低电压元件

7. 某 220kV 终端变电站 35kV 侧接有电源，其两台主变压器一台 220kV 中性点直接接地，另一台经放电间隙接地。 当其 220kV 进线单相接地，该线路系统侧断路器跳开后，一般（ ）。

A. 先切除中性点接地的变压器，根据故障情况再切除中性点不接地的变压器

B. 先切除中性点不接地的变压器，根据故障情况再切除中性点接地的变压器

C. 两台变压器同时切除

D. 两台变压器跳闸的顺序不定

8. 某 220kV 间隔智能终端故障断电时，相应母差保护（ ）。

A. 强制互联　　　　　　　　　B. 强制解列

C. 闭锁差动保护　　　　　　　D. 保持原来的运行状态

9. 依据相关文件，新建 220kV 及以上变电站应依据远期规划出线规模，按照"（ ）"配置原则，测算线路保护通道需求数量，合理配置通信设备和光缆，确保线路保护通道配置满足运行要求。

A. 双保护、三路由　　　　　　B. 双保护、双路由

C. 双保护、多路由　　　　　　D. 单保护、双路由

10. 自动低频减负荷装置动作后，应使运行系统稳态频率恢复到不低于（ ）。

A. 49.5Hz　　　B. 49.0Hz　　　C. 48.5Hz　　　D. 48Hz

11. 输电线路中某一侧的潮流是送有功、受无功，它的电压超前电流为（ ）。

A. 0°～90°　　　B. 90°～180°　　　C. 180°～270°　　　D. 270°～360°

12. 下列描述中，（   ）不是重合闸后加速保护的优点。

A. 第一次是有选择地切除故障，不会扩大停电范围

B. 保证了永久性故障能快速切除，并仍是有选择性的

C. 能够快速切除瞬时性故障

D. 和前加速相比，使用中不受网络结构和负荷条件的限制，一般来说是有利而无害的

13. 电流保护采用不完全星形接线方式，当遇到有 Yd11 变压器时，可在保护用电流互感器的公共线上再串接一个电流继电器，其作用是为了提高保护的（   ）。

A. 选择性　　　　　B. 速动性　　　　　C. 灵敏性　　　　　D. 可靠性

14. 综合重合闸中的阻抗选相元件，在出口单相接地故障时，非故障相选相元件误动可能性最少的是（   ）。

A. 全阻抗继电器　　　　　　　　B. 方向阻抗继电器

C. 偏移特性的阻抗继电器　　　　D. 以上继电器均是

15. 当服务器端与客户端的通信意外中断时，服务器端通信故障的检出时间应不大于（   ），装置本身不报通信中断

A. 10ms　　　　　B. 30ms　　　　　C. 1min　　　　　D. 2min

16. 变压器比率制动差动保护中制动分量的主要作用是（   ）。

A. 躲励磁涌流　　　　　　　　　B. 在内部故障时提高保护的可靠性

C. 在外部故障时提高保护的安全性　　D. 在内部故障时提高保护的快速性

17. 不对称运行时，变压器三相电流不平衡，必须按（   ）来决定变压器的可用容量。

A. 设计容量　　　　　B. 变比　　　　　C. 发热条件　　　　　D. 容量比

18. 在满足（   ）要求的原则下，在调控主站进行远方投退继电保护和安全自动装置的功能软压板和切换保护装置定值区的操作。

A. 安全性　　　　　B. 可靠性　　　　　C. 稳定性　　　　　D. 双确认

19. 注意校核继电保护通信设备传输信号的可靠性和（   ）及通道传输时间，防止因通信问题引起保护不正确动作。

A. 路径　　　　　B. 衰减率　　　　　C. 变化率　　　　　D. 冗余度

20. 对适用于 110kV 及以上电压线路的保护装置，应具有测量故障点距离的功能，故障测距的精度要求为：对金属性短路误差不大于线路全长的（   ）。

A. 0.03　　　　　B. 0.05　　　　　C. 0.1　　　　　D. 0.15

21. 对于不经判据直接启动跳闸的开入量，其抗干扰重动继电器在额定直流下动作时间应为（   ）。

A. 20ms 以上　　　　B. 10～35ms　　　　C. 10～25ms　　　　D. 20～50ms

22. 下列不属于断路器位置信号回路作用的是（   ）。

A. 指示断路器状态的变位

B. 监视信号指示的完整性

C. 监视控制电源及跳、合闸回路的完好性

D. 指示正常情况下，断路器所处的分、合位置状态

23. 当出现无法按定值通知单对保护装置进行整定时，应由（   ）负责相应的定值调整。

A. 运维人员　　　　　　　　　　B. 运维单位继电保护人员

C. 整定计算专责　　　　　　　　　　　D. 经验丰富的调度员

24. 两侧都有电源的平行双回线 L1、L2，L1 装有高闭距离、高闭零序电流方向保护，在 A 侧出线 L2 发生正方向出口故障，30ms 之后 L1 发生区内故障，L1 的高闭保护动作行为是（　　）。

　A. A 侧先动作，对侧后动作

　B. 两侧同时动作，但保护动作时间较系统正常时 L1 故障要长

　C. 对侧先动作，A 侧后动作

　D. 不能确定

25. 断路器的跳闸辅助触点应在（　　）接通。

　A. 合闸过程中，合闸辅助触点断开后　　B. 合闸过程中，动静触头接触前

　C. 合闸过程中　　　　　　　　　　　　D. 合闸终结后

26. 为躲过励磁涌流，变压器差动保护采用二次谐波制动，下列说法正确的是（　　）。

　A. 二次谐波制动比越大，躲过励磁涌流的能力越强

　B. 二次谐波制动比越大，躲过励磁涌流的能力越弱

　C. 差动保护躲励磁涌流的能力，只与二次谐波电流的大小有关

　D. 二次谐波制动比越小，躲过励磁涌流的能力越弱

27. 电网安全稳定自动装置的跳闸判据，应采用电气量实现。为正确区分区内和区外等跳闸，可采用（　　）等作为辅助判据。

　A. 电流　　　　　B. 电压　　　　　C. 保护跳闸接点　　　　　D. 频率

28. 换流器基本控制原则是（　　）。

　A. 电流裕度法　　　　　　　　　　　　B. 电压裕度法

　C. 功率裕度法　　　　　　　　　　　　D. Gamma 角裕度法

29. 光纤分相差动保护远跳的主要作用是（　　）。

　A. 快速切除死区故障及防止断路器失灵　B. 保护相继快速动作

　C. 防止保护拒动及防止断路器失灵　　　D. 防止保护拒动

30. 主变压器保护与失灵保护的关系，下面说法完全正确的是（　　）。

　A. 主变压器保护动作经第一延时解除失灵保护电压闭锁

　B. 主变压器保护动作经第二延时启动失灵保护

　C. 主变压器保护动作启动失灵保护并解除失灵保护电压闭锁

　D. 主变压器高、中、低压任一侧复合电压继电器动作解除失灵保护电压闭锁，主变压器保护动作经电流判据启动失灵保护

31. 在高压系统中，最恶劣短路情况是指（　　）。

　A. 短路前空载，短路发生在电源电动势瞬时值过零时

　B. 短路前空载，短路发生在电源电动势瞬时值最大时

　C. 短路前负荷电流最大，短路发生在电源电动势瞬时值过零时

　D. 短路前负荷电流最大，短路发生在电源电动势瞬时值最大时

32. 负荷限制电阻定值，一般保护装置按可靠躲过最大过负荷整定，最大负荷阻抗角不超过（　　）。具有自适应躲负荷能力的保护装置，按耐受过渡电阻的能力计算，一般一次值不超过 40Ω。

A. 15°   B. 20°   C. 30°   D. 40°

33. 电力系统振荡时，阻抗继电器的工作状态是（　　）。

A. 继电器周期性地动作及返回

B. 继电器不会动作

C. 继电器一直处于动作状态

D. 继电器可能不动作，也可能周期性地动作及返回

34. 在电压回路最大负荷时，至保护和自动装置的电压降不得超过其额定电压的（　　）%。

A. 2   B. 3   C. 5   D. 10

35. 有功功率最优分配的原则是（　　）。

A. 按等耗量微增率分配　　　　　B. 按等比耗量

C. 按等耗量微减率分配　　　　　D. 按消耗量

36. 线路断相运行时，零序、负序方向保护的动作行为与电压互感器的所接位置有关，在（　　）时且接在本侧线路电压互感器的保护不会动作。

A. 本侧一相断路器在断开位置　　　B. 对侧一相断路器在断开位置

C. 两侧同名相断路器均在断开位置　D. 对侧两相断路器在断开位置

37. 系统解列、再同步、频率和电压的紧急控制是电力系统安全稳定运行的（　　）。

A. 第一道防线　　　B. 第二道防线　　　C. 第三道防线　　　D. 第四道防线

38. 双侧电源线路的过电流保护加方向元件是为了（　　）。

A. 解决选择性　　　B. 提高灵敏性　　　C. 提高可靠性　　　D. 提高速动性

39. 国家电网公司提出了（　　）的战略方针，如何提高变电站及其他电网节点的数字化程度成为打造信息化企业的重要工作之一。

A. 绿色、环保、智能　　　　　　B. 建设智能电网

C. 建设数字化电网，打造信息化企业　D. 坚强智能电网

40. 电流互感器的误差包括比差和角差，分别不允许超过（　　）和（　　）。

A. 10%，5°   B. 5%，7°   C. 5%，5°   D. 10%，7°

41. 当架空输电线路发生三相短路故障时，该线路保护安装处的电流和电压相位关系是（　　）。

A. 功率因数角　　　　　　　　　B. 线路阻抗角

C. 保护安装处的功角　　　　　　D. 0°

42. 5P 和 5TPE 级电子式电流互感器在额定频率下的误差主要区别在（　　）。

A. 额定一次电流下的电流误差

B. 额定一次电流下的相位误差

C. 额定准确限值一次电流下的复合误差

D. 额定准确限值条件下的最大峰值瞬时误差

43. 对于有两组跳闸线圈的断路器，按"反措要点"要求（　　）。

A. 其每一跳闸回路应分别由专用的直流熔断器供电

B. 两组跳闸回路可共用一组直流熔断器供电

C. 其中一组由专用的直流熔断器供电，另一组可与一套主保护共用一组直流熔断

D. 其每一跳闸回路应分别由专用的交流熔断器供电

44. 双母线系统的两组电压互感器二次回路采用自动切换的接线，切换继电器的接点（　　）。

A. 应采用同步接通与断开的接点　　　　B. 应采用先断开、后接通的接点

C. 应采用先接通、后断开的接点　　　　D. 对接点的断开顺序不作要求

45. 220kV 变压器的中性点经间隙接地的间隙过电流保护定值一般可整定为（　　）。

A. 100A　　　　B. 180A　　　　C. 110A　　　　D. 120A

46. 220kV 母差保护退出时，与母差保护同屏的（　　）功能退出。

A. 失灵保护　　B. 出口保护　　C. 电流保护　　D. 断路器保护

47. 220kV 主变压器断路器的失灵保护，其起动条件是（　　）。

A. 主变压器保护动作，相电流元件不返回，断路器位置不对应

B. 主变压器电气量保护动作，相电流元件动作，断路器位置不对应

C. 主变压器瓦斯保护动作，相电流元件动作，断路器位置不对应

D. 母差保护动作，相电流元件动作，断路器位置不对应

48. 60~110kV 电压等级下，设备不停电时的安全距离是（　　）。

A. 1.20m　　　　B. 1.50m　　　　C. 2.00m　　　　D. 3.00m

49. 失灵保护的线路断路器启动回路（　　）组成。

A. 失灵保护的启动回路由保护动作出口触点和断路器失灵判别元件（电流元件）构成"与"回路所组成

B. 失灵保护的启动回路由保护动作出口触点和断路器失灵判别元件（电流元件）构成"或"回路所组成

C. 母线差动保护（Ⅰ母或Ⅱ母）出口继电器动作触点和断路器失灵判别元件（电流元件）构成"与"回路所组成

D. 母线差动保护（Ⅰ母或Ⅱ母）出口继电器动作触点和断路器失灵判别元件（电流元件）构成"或"回路所组成

50. 两相金属性短路故障时，两故障相电压和非故障相电压相位关系为（　　）。

A. 同相　　　　B. 反相　　　　C. 相垂直　　　　D. 不确定

51. 交流电压二次回路断线时不会误动的保护为（　　）。

A. 距离保护　　　　　　　　　　B. 差动保护

C. 零序电流方向保护　　　　　　D. 过电压保护

52. 通常我们把传输层、网络层、数据链路层、物理层的数据依次称为（　　）。

A. 帧（frame）、数据包（packet）、段（segment）、比特流（bit）

B. 段（segment）、数据包（packet）、帧（frame）、比特流（bit）

C. 比特流（bit）、帧（frame）、数据包（packet）、段（segment）

D. 数据包（packet）、段（segment）、帧（frame）、比特流（bit）

53. OSI 参考模型的物理层中没有定义（　　）。

A. 硬件地址　　B. 位传输　　C. 电平　　D. 物理接口

54. 报告服务中触发条件为 GI 类型，代表着（　　）。

A. 由于数据属性的变化触发

B. 客户启动总召后触发

C. 由于冻结属性值的冻结或任何其他属性刷新值触发

D. 由于设定周期时间到后触发

55. 保护跳闸信号 T_r 应由（　　）逻辑节点产生。

A. LLN0　　　　　B. LPHD　　　　　C. TVRC　　　　　D. GGIO

56. 智能变电站缺陷中，不属于危急缺陷的是（　　）。

A. 合并单元（采集器）故障　　　　B. 过程层网络交换机故障

C. 纵联保护通道异常，无法收发数据　　D. 合并单元连续丢2帧SV报文

57. 下列服务中，网络记录分析仪支持（　　）。

A. 文件服务　　　B. 定值服务　　　C. 控制服务　　　D. 应用服务

58. 下列软压板中不上送信息一体化平台的是（　　）。

A. SV接收软压板　　　　　　　B. GOOSE接收软压板

C. GOOSE发送软压板　　　　　D. 功能软压板

59. 虚端子的逻辑连接关系在CID的（　　）部分。

A. Inputs　　　　B. DataSet　　　C. Communication　　D. Header

60. SSD、SCD、ICD和CID文件是智能变电站中用于配置的重要文件，在具体工程实际配置过程中的关系为（　　）。

A. SSD＋ICD生成SCD然后导出CID，最后下载到装置

B. SCD＋ICD生成SSD然后导出CID，最后下载到装置

C. SSD＋CID生成SCD然后导出ICD，最后下载到装置

D. SSD＋ICD生成CID然后导出SCD，最后下载到装置

61. 采用IEC 61850-9-2点对点采样模式的智能变电站，一次设备未停役，仅某支路合并单元投入检修对母线保护产生了一定影响，下列说法不正确的是（　　）。

A. 闭锁差动保护　　　　　　　B. 闭锁所有支路失灵保护

C. 闭锁该支路失灵保护　　　　D. 显示无效采样值

62. 一个VLAN可看作是一个（　　）。

A. 冲突域　　　　B. 广播域　　　C. 管理域　　　D. 阻塞域

63. SV的报文类型属于（　　）。

A. 原始数据报文　　B. 低速报文　　C. 中速报文　　D. 低数报文

64. 装置上电时，发送的第一帧GOOSE报文中的StNum＝（　　）。

A. 0　　　　　　B. 1　　　　　C. 2　　　　　D. 3

65. 使用以太网桥和VLAN主要目的分别是隔离（　　）。

A. 广播域、冲突域　　　　　　B. 冲突域、广播域

C. 冲突域、冲突域　　　　　　D. 广播域、广播域

66. 报告服务中触发条件为dchg类型，代表着（　　）。

A. 由于数据属性的变化触发　　　B. 由于品质属性值变化触发

C. 由于品质属性值变化触发　　　D. 由于设定周期时间到后触发

67. 智能变电站SV点对点连接方式且合并单元不接外同步的情况下，多间隔合并单元采样值采用（　　）实现同步。

A. 采样计数器同步　　　　　　B. 插值同步

C. 外接同步信号同步　　　　　　　　　D. 不需要同步

68. 智能变电站的站控层网络里用于"四遥"量传输的是（　　）类型的报文。

A. MMS　　　　　　B. GOOSE　　　　　C. SV　　　　　　　D. 以上都不是

69. SV 的报文类型属于（　　）。

A. 原始数据报文　　B. 低速报文　　　　C. 中速报文　　　　D. 低数报文

70. 以下关于变电站智能化改造中对网络结构的要求，（　　）是错误的。

A. 220kV 变电站宜采用双重化星形以太网，在站控层网络失效的情况下，间隔层应能独立完成就地数据采集和控制功能

B. 220kV 过程层网络可分别设置 GOOSE 网络和 SV 网络，均采用双重化星形以太网，双重化配置的两个过程层网络应遵循完全独立的原则

C. 110kV 每个间隔除应直接采集的保护及安全自动装置外有 3 个及以上装置需接收 SV 报文时，配置 SV 网络、SV 网络宜采用星形双网结构

D. 35kV 及以下电压等级 GOOSE 报文可通过站控层网络传输

71. 软压板投退后，软压板的状态信息应作为（　　）上送。

A. 开关量　　　　　B. 模拟量　　　　　C. SOE　　　　　　D. 遥信状态

72. 合并单元常用的采样频率是（　　）Hz。

A. 1200　　　　　　B. 2400　　　　　　C. 4000　　　　　　D. 5000

73. （　　）是 SV 双网模式。

A. GOOSE 接收中有的控制块为双网接收数据，其他控制块为单网接收数据

B. GOOSE 和 SV 共网的情况

C. SV 接收中都采用双网接收

D. SV 接收中都采用单网接收

74. （　　）是交换数据功能的最小部分。

A. 逻辑设备　　　　B. 逻辑节点　　　　C. 数据对象　　　　D. 数据属性

75. （　　）设备一般指继电保护装置、系统测控装置、监测功能组主 IED 等二次设备。

A. 过程层　　　　　B. 间隔层　　　　　C. 站控层　　　　　D. 设备层

76. GOOSE 通信的通信协议栈不包括的是（　　）。

A. 应用层　　　　　B. 表示层　　　　　C. 数据链路层　　　D. 网络层

77. 实现电流电压数据传输的是（　　）。

A. SMV　　　　　　B. GOOSE　　　　　C. SMV 和 GOOSE　D. 都不是

78. IEC 61850-9-2 基于（　　）通信机制。

A. C/S（客户/服务器）　　　　　　　　B. B/S（浏览器/服务器）

C. 发布/订阅　　　　　　　　　　　　　D. 主/从

79. （　　）不是 SMV 的应用 ID 号。

A. 46D0　　　　　　B. 11D0　　　　　　C. 41D0　　　　　　D. 41C0

80. 主变压器或线路支路间隔合并单元检修状态与母差保护装置检修状态不一致时，母线保护装置（　　）。

A. 闭锁母线保护

B. 检修状态不一致的支路不参与母线保护差流计算

C. 母线保护直接跳闸该支路

D. 保护不做任何处理

81. LN 指的是（　　）。

A. 逻辑设备　　　　B. 逻辑节点　　　　C. 数据对象　　　　D. 数据属性

82. TCP/IP 体系结构中的 TCP 和 IP 所提供的服务分别为（　　）。

A. 链路层服务和网络层服务　　　　B. 网络层服务和传输层服务

C. 传输层服务和应用层服务　　　　D. 传输层服务和网络层服务

83. 断路器使用（　　）实例。

A. XCBR　　　　B. XSWI　　　　C. CSWI　　　　D. RBRF

84. 智能控制柜应具备温度湿度调节功能，附装空调、加热器或其他控温设备，柜内湿度应保持在 90% 以下，柜内温度应保持在（　　）。

A. 10～+55℃　　B. +5～+55℃　　C. −10～+55℃　　D. −25～+55℃

85. 下列属于光伏发电站光伏模型验证中电网电压跌落幅值的是（　　）。

A. 0.1±0.05　　B. 0.2±0.05　　C. 0.3±0.05　　D. 0.4±0.05

86. 光伏发电站应在并网前（　　）向电网调度机构提交申请书和电监会颁发的发电业务许可证。

A. 1 个月　　　　B. 3 个月　　　　C. 6 个月　　　　D. 12 个月

87. 短路电流计算需要发电机组的（　　）。

A. 暂态电抗　　　B. 次暂态电抗　　C. 稳态电抗　　　D. 不需要考虑

88. 光伏发电站配置的独立防"孤岛"保护装置动作时间应不大于（　　）。

A. 1s　　　　B. 2s　　　　C. 3s　　　　D. 5s

89. 直流输电系统能保持稳定运行的条件是（　　）。

A. 电流控制　　　B. 电压控制　　　C. 电流裕度法　　D. 功率控制

二、多项选择题

1. 特高压直流换流变压器保护发出隔离换流器的有（　　）。

A. 换流变压器大差动保护　　　　B. 换流变压器小差动保护

C. 换流变压器绕组差动　　　　D. 换流变压器过电流

2. 特高压直流工程中直流滤波器保护动作后切除直流滤波器的有（　　）。

A. 过负荷　　　　B. 差动保护

C. 高压电容器不平衡保护　　　　D. 失谐监视

3. 双母线接线变电站的母差保护、断路器失灵保护，除跳母联、分段的支路外，应经（　　）闭锁。

A. 零序电压　　　B. 负序电压　　　C. 正序电压　　　D. 低电流

4. 在现场工作过程中，如遇到异常（如直流系统接地等或断路器跳闸时，不论与本身工作是否有关，应（　　）。

A. 立即停止工作　　　　B. 保持现状

C. 继续工作　　　　D. 立即通知运行人员

5. （　　）不能反映变压器绕组的轻微匝间短路。

A. 重瓦斯保护　　B. 电流速断保护　　C. 差动速断保护　　D. 过电流保护

6. 电抗器在电力系统中的作用是（　　）。

A. 限制开路电压　　　　　　　　B. 限制短路电流

C. 提高母线残余电压　　　　　　D. 降低母线残余电压

7. 线路装有两套纵联保护和一套后备保护，其后备保护直流回路要求错误的是（　　　）。

A. 必须由专用的直流熔断器供电

B. 应在两套纵联保护所用的直流熔断器中选负荷较轻的供电

C. 既可由另一组专用直流熔断器供电，也可分配到两套纵联保护所用的直流供电回路中

D. 没有特殊要求

8. 新安装或二次回路变动的变压器差动保护必须做（　　　）工作后，才能投运。

A. 在变压器充电时将差动保护投入运行

B. 带负荷前将差动保护停用

C. 带负荷后测量负荷电流相量正确无误后

D. 带负荷后测量继电器差电流正确无误后

9. 合理的规划二次电缆路径，尽可能避开（　　　）等设备。

A. 避雷器　　　　B. 避雷针　　　　C. 高压母线　　　　D. 并联电容器

10. 继电保护的四个基本性能要求中，（　　　）主要靠整定计算工作来保证。

A. 可靠性　　　　B. 选择性　　　　C. 快速性　　　　D. 灵敏性

11. 接入分布式电网的配电网线路重合闸的运行原则是（　　　）。

A. 采用三相一次重合闸

B. 采用解列重合闸方式，即系统侧重合闸采用检无压三相重合闸

C. 不具备条件时重合闸停用

D. 分布式电源侧重合闸停用

12. 枢纽变电站宜采用（　　　），根据电网结构的变化，应满足变电站设备的短路容量约束。

A. 双母分段接线　　　　　　　　B. 单母分段接线

C. 3/2 接线　　　　　　　　　　D. 内桥接线

13. 对充电、浮充电装置在交接、验收时，要严格按照《电力工程直流系统设计技术规范》（DL/T 5044）中有关（　　　）的要求进行。

A. 稳压精度 0.5%　　　　　　　B. 稳流精度 1%

C. 纹波系数不大于 0.5%　　　　D. 稳流精度 0.5%

14. 应充分考虑电流互感器二次绕组合理分配，对确实无法解决的保护动作死区，在满足系统稳定要求的前提下，可采取（　　　）等后备措施加以解决。

A. 启动失灵保护　　　　　　　　B. 远方跳闸

C. 缩短距离保护时限　　　　　　D. 缩短零序保护时限

15. 下列（　　　）应使用各自独立的电缆。

A. 交流电流和交流电压回路

B. 交流和直流回路

C. 强电和弱电回路

D. 来自开关场电压互感器二次的四根引入和电压互感器开口三角绕组的两根引入线

16. 就地化元件保护环网由（　　）双向冗余环网组成。

A. 保护环　　　　B. 安全环　　　　C. 启动环　　　　D. 动作环

17. 就地化保护装置支持（　　）等操作功能。

A. 远方投退软压板　　　　　　B. 修改定值

C. 切换定值区　　　　　　　　D. 信号复归

18. 根据国家电网调〔2018〕337 号国家电网公司关于开展电网"三道防线"专项核查工作的通知，核查内容包含（　　）。

A. 查装置功能压板投退情况

B. 查安控系统与交流保护、直流控制保护接口配合情况

C. 查后备保护定值适应性

D. 查反措执行情况

19. 检修压板投入时，保护应（　　）。

A. 点报警灯　　　　　　　　　B. 上送带检修品质的数据

C. 显示报警信息　　　　　　　D. 闭锁所有保护功能

20. 关于 B 码对时描述正确的是（　　）。

A. B 码对时精度能达到 1μs，并满足合并单元要求

B. 智能变电站过程层一般采用光 B 码对时

C. 电 B 码有直流 B 码和交流 B 码

D. 闭锁所有保护功能 B 码不需要独立的对时网

21. 根据国家电网调〔2017〕458 号国家电网公司关于印发公司继电保护技术发展纲要的通知要求，坚持下列基本原则（　　）。

A. 坚持继电保护"四性"原则　　B. 坚持快速保护独立配置原则

C. 坚持适应电网发展准则　　　　D. 坚持创新引领原则

22. 系统振荡时，不会误动的保护有（　　）。

A. 距离保护　　　　　　　　　B. 零序方向电流保护

C. 电流速断保护　　　　　　　D. 电流速断保护

23. 保护装置退出时，应退出其出口压板（线路纵联保护还应退出对侧纵联功能），一般不应断开保护装置及其附属二次设备的直流电源。当保护装置中的某种保护功能退出时，应（　　）。

A. 退出该功能独立设置的出口压板

B. 无独立设置的出口压板时，退出其功能投入压板

C. 退出保护装置总出口压板

D. 不具备单独投退该保护功能的条件时，应考虑按整个装置进行投退

24. 下列关于变压器间隙保护技术原则中，描述正确的是（　　）。

A. 常规站保护零序电压宜取 TV 开口三角电压，TV 开口三角电压不受本侧"电压压板"控制

B. 智能站保护零序电压宜取自产电压

C. 间隙电流取中性点间隙专用 TA

D. 间隙电流取中性点零序专用 TA

25. Q GDW 10766—2015《10kV～110（66）kV 线路保护及辅助装置标准化设计规范要

求》110kV T 型线路纵联电流差动保护采用环形通道冗余连接的运行方式，下列连接中正确的是（　　）。

    A. 本侧通道一连接对侧 1 的通道二

    B. 对侧 1 的通道一连接对侧 2 的通道一

    C. 对侧 1 的通道一连接对侧 2 的通道二

    D. 对侧 2 的通道一连接本侧通道二

26. 电力系统中的保护相互之间应进行配合，根据配合的实际状态，通常可分为（　　）。

    A. 完全配合　　　　B. 不完全配合　　　C. 不配合　　　　　D. 逐级配合

27. 光伏发电站的无功电源包括（　　）。

    A. 调相机　　　　　　　　　　　B. 电容器

    C. 光伏并网逆变器　　　　　　　D. 集中无功补偿装置

28. 虚端子 CRC 校验码的说法正确的有（　　）。

    A. CRC 校验码包含全站虚端子配置 CRC 校验码

    B. CRC 校验码包含 IED 虚端子配置 CRC 校验码

    C. CRC 校验码计算规则满足 DL/T634.5104

    D. IED 虚端子配置的 CRC 校验码可用于单装置虚端子管理

29. 智能变电站智能终端应能具备（　　）等功能。

    A. 接收保护跳闸合闸命令　　　　B. 跳合闸自保持功能

    C. 回路断线监测　　　　　　　　D. 闭锁功能

30. 智能变电站动态记录装置宜由下列功能单元组成（　　）。

    A. 数据采集单元　　　　　　　　B. 数据处理单元

    C. 数据执行单元　　　　　　　　D. 管理单元

31. CID 和 ICD 文件相同的信息有（　　）。

    A. 实例化信息

    B. 数据模板信息

    C. SCD 文件中针对 IED 名称的配置信息

    D. MMS 和 GOOSE 通信地址

32. 下列智能站二次回路要求正确的是（　　）。

    A. 双重化的两套保护及其相关设备的直流电源应一一对应

    B. 智能站单间隔保护装置与本间隔智能终端、合并单元之间可采用组网方式通信

    C. 智能化装置过程层 GOOSE 信号应直接链接，不应由其他装置转发

    D. 智能化保护装置跳闸触发录波信号应采用保护 GOOSE 跳闸信号

33. 智能变电站中的下列任一个元件损坏，不应引起保护误动作跳闸（　　）。

    A. 电子式互感器的二次转换器（A/D 采样回路）、合并单元（MU）

    B. 过程层网络交换机、光纤连接

    C. 智能终端

    D. 出口继电器

34. 智能变电站中使用的交换机（　　）。

    A. 需要支持划分 VLAN 功能　　　B. 交换时延要小于 $10\mu s$

C. 需要采用商用及以上等级产品　　　　　D. 需要支持广播风暴抑制功能

35. 在智能站中主要采用两种方式进行数字采样同步（　　　）。

A. 时钟同步法　　　B. 迭代法　　　　C. 插值法　　　　　D. 递推法

36. 智能变电站中常见的高级应用功能有（　　　）。

A. MMS 通信地址　　　　　　　　　　　B. GOOSE 通信地址

C. IED 名称　　　　　　　　　　　　　D. GOOSE 输入

37. IEC 61850 系列标准的实现主要分为（　　　）三个部分，配置文件是联系三者的纽带。

A. 客户端（装置）　　　　　　　　　　B. 服务器端（后台）

C. 配置工具　　　　　　　　　　　　　D. 配置文件

38. 智能终端中的开入、开出功能主要包括（　　　）。

A. 接收测控遥控分合及连锁 GOOSE 命令，完成对断路器和隔离开关的分合操作

B. 就地采集断路器、隔离开关和接地刀闸位置以及断路器本体的开关量信号

C. 具有保护、测控所需的各种闭锁和状态信号的合成功能

D. 通过 GOOSE 网络将各种开关量信息送给保护和测控装置

39. 智能变电站中合并单元与保护装置通信及合并单元级联的两种常用规约为（　　　）。

A. IEC 61850-9-2　　　　　　　　　　B. IEC 61850-9-1

C. IEC 60044-8　　　　　　　　　　　D. IEC 1588

40. IEC 61850 标准体系是一个全新的通信标准体系，与之前的一些通信标准的区别主要体现在（　　　）。

A. 面向设备建立数据模型　　　　　　　B. 面向对象建立数据模型

C. 自我描述和配置管理　　　　　　　　D. 抽象分类服务接口（ACSI）

41. 智能电网目前的特征是（　　　）。

A. 数字化　　　　B. 智能自越　　　　C. 环保　　　　D. 适应性强

42. 智能变电站中，间隔层设备包括（　　　）。

A. 远动装置　　　B. 自动装置　　　　C. 测控装置　　　　D. 合并单元

43. IEC 61850 包含（　　　）通信模式。

A. 客户端/服务器模式　　　　　　　　B. 组播模式

C. 发布者/订阅者模式　　　　　　　　D. 广播模式

44. 过程层网络及设备：包括过程层交换机，及其连接继电保护的（　　　）。

A. 光缆　　　　　B. 尾纤　　　　　　C. 跳纤　　　　　D. 网线

三、判断题

（　　　）1. 对经长电缆跳闸的回路，应采取防止长电缆分布电容影响和防止出口继电器误动的措施。

（　　　）2. 保护室与通信室之间信号优先采用光缆传输。若使用电缆，应采用双绞双屏蔽电缆，其中内屏蔽在信号接收侧单端接地，外屏蔽在电缆两端接地。

（　　　）3. 直流电源系统绝缘监测装置的平衡桥和检测桥的接地端以及微机型继电保护装置柜屏内的交流供电电源（照明、打印机和调制解调器）的中性线（零线）允许接

入保护专用的等电位接地网。

（　　）4. 相关专业人员在继电保护回路工作时，必须遵守本专业的有关规定。

（　　）5. 为防止装置家族性缺陷可能导致的双重化配置的两套继电保护装置同时拒动的问题，双重化配置的线路、变压器、母线、高压电抗器等保护装置应采用同一生产厂家的产品。

（　　）6. 2018版十八项反措中，对闭锁式纵联保护要求中，"其他保护停信"回路应直接接入保护装置，而不应接入收发信机。

（　　）7. 变电站内的故障录波器应能对站用直流系统的各母线段（控制、保护）电压进行录波。

（　　）8. 外部开入直接启动，不经闭锁便可直接跳闸（如变压器和电抗器的非电量保护、不经就地判别的远方跳闸等），或虽经有限闭锁条件限制，但一旦跳闸影响较大（如失灵保护启动等）的重要回路，应在启动开入端采用动作电压在额定直流电源电压的55%～70%范围以内的中间继电器，并要求其动作功率不低于5W。

（　　）9. 独立的、与其他互感器二次回路没有电气联系的电流互感器二次回路可在开关场一点接地，但应考虑将开关场不同点地电位引至同一保护柜时对二次回路绝缘的影响。

（　　）10. 两套保护装置与其他保护、设备配合的回路应遵循相互独立的原则，应保证每一套保护装置与其他相关装置（如通道、失灵保护）联络关系的正确性，防止因交叉停用导致保护功能缺失。

（　　）11. 母线差动、变压器差动和发变组差动保护各支路的电流互感器应优先选用准确限值系数（ALF）和额定拐点电压较高的电流互感器。

（　　）12. 电流互感器铭牌参数中，标有5P10，表示的含义是在5倍额定电流下，二次电流误差在10%之内。

（　　）13. 可用电压表检测$3U_0$回路是否有不平衡电压的方法判断$3U_0$回路是否完好。

（　　）14. 选用截面积较大的导线，可减小电流互感器的二次负载，使电流互感器不容易饱和。

（　　）15. 主变压器纵差保护应取各侧套管TA，以使伏安特性能更好配合。

（　　）16. 对于TA二次侧接成三角形接线的情况（如主变压器差动保护），因为没有N相，所以二次侧无法接地。

（　　）17. 微机保护装置应具有在线自动检测功能，装置中的出口元件损坏，不应造成保护误动作且能发出装置异常信号。

（　　）18. 按照机械强度要求，控制电缆或绝缘导线的芯线最小截面积为：强电控制回路，不应小于$1.5mm^2$弱电控制回路，不应小于$0.5mm^2$。

（　　）19. 保护跳闸连接片（压板）开口端应装在上方，接至断路器跳闸线圈回路。

（　　）20. 电压互感器的二次回路通电试验时，为防止由二次侧向一次侧反充电，除应将二次回路断开外，还应取下电压互感器高压熔断器或断开电压互感器一次隔离开关。

（　　）21. 高频同轴电缆与控制电缆的屏蔽层作用一致，两端必须同时接地。

（　　）22. 二次回路标号的基本原则是：凡是各设备间要用控制电缆经端子排进行联系的，都要按回路编号原则进行编号。

（　　）23. 定期检查时，可用绝缘电阻表检验电压互感器二次回路金属氧化锌避雷器的工作状态是否正常，一般当用 1000V 绝缘电阻表时，氧化锌避雷器不应击穿而当用 2500V 绝缘电阻表时，氧化锌避雷器应可靠击穿。

（　　）24. 对于输电线路，一般而言零序电抗要比正序电抗大。

（　　）25. 为了正确地并列，不但要一次相序和相位正确，还要求二次相位和相序正确，否则也会发生非同期并列。

（　　）26. 变压器全电压充电时在其绕组中产生的暂态电流称为变压器励磁涌流。

（　　）27. 变压器过励磁保护的启动、反时限和定时限元件应根据变压器的过励磁特性曲线分别进行整定，其返回系数不应低于 0.9。

（　　）28. 我国电力系统中性点接地方式主要有直接接地方式、经消弧线圈接地方式。

（　　）29. 中性点经消弧线圈接地后，若单相接地故障的电流呈感性，此时的补偿方式为欠补偿。

（　　）30. 近后备是当主保护或断路器拒动时，由相邻电力设备或线路的保护实现后备。

（　　）31. 电力系统发生振荡时，可能会导致阻抗元件误动作，因此突变量阻抗元件动作出口时，同样需经振荡闭锁元件控制。

（　　）32. 当系统发生严重功率缺额时，自动低频减载装置的任务是迅速断开相应数量的用户负荷，使系统频率在不低于某一允许值的情况下，达到有功功率的平衡，防止事故的扩大。

（　　）33. 当变压器中性点采用经过间隙接地的运行方式时，变压器接地保护应采用零序电流保护与零序电压保护并联的方式。

（　　）34. 220kV 及以上电压等级断路器的压力闭锁继电器可不需要双重化配置。

（　　）35. 双重化配置的两套保护装置与其他相关装置的回路应相互独立，并保证各自联络关系的正确性，防止因交叉停用导致保护功能缺失。

（　　）36. 为保证保护动作的一致性，双重化配置的变压器保护装置可采用同一生产厂家的产品。

（　　）37. 引入两组及以上电流互感器构成合电流的保护装置，为保证动作的可靠性，应在装置外部形成合电流。

（　　）38. 110kV 母线保护停用期间，应采取相应措施，严格限制变电站母线侧隔离开关的操作，以保证系统安全。

（　　）39. 基建验收前，必须进行所有保护整组检查，模拟故障检查保护与硬（软）压板的唯一对应关系，避免有寄生回路存在。

（　　）40. 变压器油箱内常见的短路故障主保护是差动保护。

（　　）41. 实施无人值班的厂站，保护与测控功能应相互独立。

（　　）42. 220kV 及以上电压等级的继电保护及与之相关的设备、网络等应按双重化原则进行配置。 任一套保护装置不能跨接双重化配置的两个过程层网络。

（　　）43. 允许式的纵联保护较闭锁式的纵联保护易拒动，但不易误动。

（　　）44. 工频变化量原理的阻抗元件不反应系统振荡，但构成继电器时如不采取措施，在振荡中区外故障切除时可能误动。

（　　）45. 在变压器差动保护范围以外改变一次电路的相序时， 变压器差动保护用的电流互感器的二次接线，也应随着作相应的变动。

（　　）46. 当变压器发生少数绕组匝间短路时，匝间短路电流很大，因而变压器瓦斯保护和各种类型的变压器差动保护均动作跳闸。

（　　）47. 对于超高压系统，当变电站母线发生故障，在母差保护动作切除故障的同时，变电站出线对端的线路保护亦应可靠的跳开三相断路器。

（　　）48. 采取跳闸位置继电器停信的主要目的为了保证当电流互感器与断路器之间发生故障时，本侧断路器跳开后对侧闭锁式纵联保护能快速动作。

（　　）49. 所有保护用电流回路在投入运行前，都必须测量各中性线的不平衡电流（或电压）。

（　　）50. 继电保护相关辅助设备（如交换机、光电转换器等）宜采用直流电源供电，如果因为硬件条件限制只能交流供电时，电源应取自站用不间断电源。

（　　）51. 在同一套保护装置中，闭锁、起动、方向判别和选相等辅助元件的动作灵敏度，应小于所控制的测量、判别等主要元件的动作灵敏度。

（　　）52. 双重化配置的两套保护装置交流电流应分别取自电流互感器互相独立的绕组。其保护范围应交叉重叠，避免死区。

（　　）53. GOOSE 报文中 SqNum 和 StNum 的初始值在装置重启后分别为 1 和 0。

（　　）54. MU 采用 TTAR 或 TVTR 建模，双 AD 应分别配置不同的 TTAR 或 TVTR 实例。

（　　）55. 保护功能逻辑节点，第一个字符是 P，差动保护逻辑节点名是 PDIF，距离保护逻辑节点名是 PDIS。

（　　）56. 当负载阻抗与线路波阻抗相等时，功率电平与电压电平相等。

（　　）57. 变压器励磁涌流中含有大量的高次谐波，并以 2 次谐波为主。

（　　）58. 现场工作过程中，如遇异常情况（如直流系统接地、SV/GOOSE/MMS 通信中断、保护闭锁等）、断路器跳闸或阀闭锁时，不论与本身工作是否相关，应立即停止工作，保持现状，待查明原因，若确定与本工作无关，并得到运行人员许可后，方可继续工作。

（　　）59. 按《智能变电站动态记录装置应用技术规范》的要求，动态记录装置可不进行周期性检验，但应结合记录量信息源（一、二次设备等）的检修试验进行相关信息的验证试验。

（　　）60. 智能站装置断路器、隔离开关位置采用单点信号，其余信号采用双点信号。

（　　）61. 合并单元失去同步时，采样值报文中的样本计数可超过采样率范围。

（　　）62. GOOSE 通信是通过重发相同数据来获得额外的可靠性。

（　　）63. 智能变电站中，保护装置可依赖于外部对时系统实现其保护功能。

（　　）64. 电子式电压互感器的复合误差不大于 5P 级要求。

（　　）65. 智能变电站合并单元失去同步时，母线保护、主变压器保护将闭锁。

（　　）66. 智能变电站 3/2 接线断路器保护按断路器单套配置，包含失灵保护及重合闸等功能。

（　　）67. 遥测类报告控制块使用有缓冲报告控制块类型，报告控制块名称以 brcb 开头。

（　　）68. 传统电磁式互感器比电子式互感器抗电磁干扰性能好。

（　　）69. GOOSE 报文用于过程层采样信息的交换。

（　　）70．SendMSVmessage 服务应用了 ISO/OSI 中的物理层、数据链路层、网络层、表示层及应用层。

（　　）71．母差保护的某间隔"间隔投入软压板"必须在该间隔无电流的情况下才能退出。

（　　）72．母差保护，当任一运行间隔合并单元投入检修状态，则母差保护退出运行。

（　　）73．MMS 报文采用的是发布/订阅的传输机制。

（　　）74．母线保护直接采样、直接跳闸，当接入元件数较多时，可采用分布式母线保护。

（　　）75．智能终端与一次设备采用电缆连接，与保护、测控等二次设备采用光纤连接，实现对一次设备（如断路器、隔离开关、主变压器等）的测量、控制等功能。

（　　）76．我国智能变电站标准采用的是电力行业标准的 IEC 61850 系列标准。

（　　）77．智能变电站变压器非电量保护采用就地直接电缆跳闸。

（　　）78．母线电压 SV 品质异常时，母线保护将闭锁母差保护。

（　　）79．线路保护经 GOOSE 网络启动断路器失灵、重合闸。

（　　）80．智能变电站保护装置不应依赖外部对时系统实现其保护功能，避免对时系统或网络故障导致同时失去多套保护。

（　　）81．MMS 报文在以太网中通过 TCP/IP 协议进行传输。

（　　）82．网络报文记录分析系统应能对 GOOSE 报文、SV 报文进行在线实时分析，并实时告警，能查询历史报告，并与离线分析关联进行报文详细分析。

（　　）83．智能变电站中 IED 能力描述文件简称是 CID。

（　　）84．在智能化母差采用点对点连接时，由于单元数过多，主机无法全部接入，需要配置子机实现。主机将本身采集的采样值和通过子机发送的采样值综合插值后送给保护 CPU 处理，在点对点情况下主机和子机之间需设置特殊的同步机制。

（　　）85．定子过电压保护的整定值应在不超出发电机过电压能力的前提下，采用较低的定值。

（　　）86．过励限制及保护与转子反时限过热特性曲线匹配的前提下，应协调整定，充分发挥励磁系统过励运行能力。

（　　）87．为防止发生网源协调事故，并网电厂机组涉网保护装置的技术性能和参数应满足所接入电网要求，并达到安全性评价和技术监督要求。

（　　）88．同一电厂过频保护应采用时间元件与频率元件的组合，分轮次动作。

（　　）89．风电场应具备四条路由通道，其中至少有两条光缆通道。

（　　）90．阀短路保护目的是使晶闸管免受换流变压器交流侧短路造成的过电流影响。

（　　）91．接地极线断线保护的目的是检测直流线路上的接地故障，并且通过控制活动熄灭故障电流。

（　　）92．阀短路保护目的是使晶闸管免受换流变压器直流侧短路造成的过电流影响。

（　　）93．现有的直流输电工程中，换流器触发控制采用等触发角控制。

（　　）94．直流线路保护有行波保护、电压突变量保护、线路纵差保护、直流低压保护。

四、简答题

1. 如图 2-4 所示的四边形特性的复合阻抗继电器，请问电抗线，最小负荷阻抗线，方向线分别对应下图的哪三条线段（用字母表示），并指出 CD 这条线段起到的作用是什么？

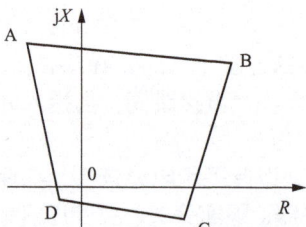

图 2-4　四边形特性的复合阻抗继电器

2. 根据《国家电网公司继电保护和安全自动装置软件管理规定》，同一线路两侧纵联保护装置软件版本应保证其对应关系，其具体要求是什么？

3. 目前主流厂家的不对称故障振荡闭锁开放元件，主要是利用序分量来区分故障还是振荡，请写出一种用序分量区分不对称故障的判据，并简要解释为何能起到区分振荡和故障。

4. 对于《国家电网有限公司十八项电网重大反事故措施（修订版）》（国家电网设备〔2018〕979 号）中，在开关场二次电缆沟道内铺设专用铜排（缆）的要求有哪些？在电缆沟铺设专用铜排（缆）的作用是什么？

5. 写出接地距离保护的零序补偿系数表达式，并根据图 2-5 所示的短路故障示意图，推导出该系数。

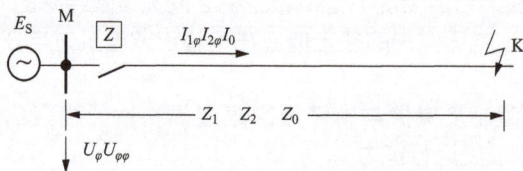

图 2-5　短路故障示意图

6. 如 2-6 图所示，零序电流保护应考虑平行双回线路一回线停电检修两侧挂接地线的运行方式下，零序互感对运行线路的零序阻抗的影响，请用单位长度运行线路零序阻抗 Z_{I0}，单位长度检修线路零序阻抗 Z_{II0}，单位长度零序互感 $Z_{(I-II)0}$，线路全长 l 等参数来表示出该运行方式下的运行线路零序测量阻抗 Z'_{I0}。

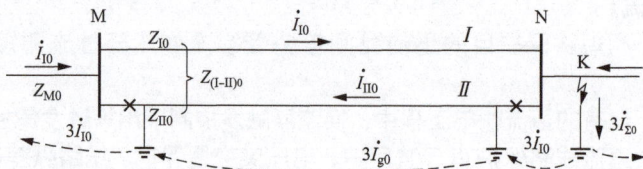

图 2-6　平行双回线路

7. 低频减载装置防误动的闭锁措施有哪些？请简述其中某 2 项闭锁方式的实现方式（原理）。

五、计算题

如图 2-7 所示的系统，在线路末端 N 处发生 A 相断线，发生故障前 N 处正常运行时电压为 $U_{(0)}=1.0$，其中发电机阻抗 X''_d、变压器阻抗 X_{T1}、负荷阻抗 X_p 的值如图 2-6 所示。注意所有数据均为标幺值，各元件正负序阻抗相等，计算结果保留 2 位小数。

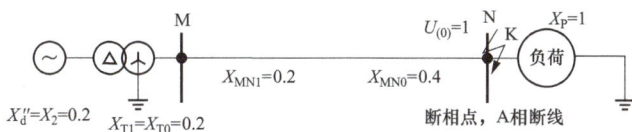

图 2-7　计算题系统图

（1）试计算正常运行时发电机电动势 E'' 的大小。
（2）画出该故障时的复合序网图。
（3）计算故障时的正序、负序、零序综合阻抗。
（4）计算故障处的正序、负序、零序电流。
（5）计算故障时正常相 B、C 相的相电流。
（6）计算 M 处安装的保护装置 B、C 相接地距离阻抗测量值。

第六节　智 能 变 电 站

一、单项选择题

1. 对于常规互感器接入的智能变电站中，500kV 母线保护使用的电流互感器一般选用（　　）。

A. TPS　　　　　　　B. 5P　　　　　　　C. TPY　　　　　　　D. TPZ

2. 500kV 智能变电站中，站控层按一下（　　）原则组网。

A. 全站　　　　　　　B. 电压等级　　　　　C. 间隔　　　　　　　D. 串

3. 智能终端产生 SOE 事件时，事件时间分辨率误差必须保证（　　）。

A. 1μs　　　　　　　B. 1ms　　　　　　　C. 2ms　　　　　　　D. 3ms

4. 220kV 及以上电压等级的继电保护及与之相关的设备、网络等应按双重化原则进行配置且一一对应，包括（　　）。

A. 双重化的两套保护及其相关设备的直流电源应一一对应

B. 双重化保护装置与两套监控主机应一一对应

C. 双重化智能终端与测控装置应一一对应

D. 双重化智能终端与合闸线圈应一一对应

5. 3/2 接线的短引线保护配置可以（　　）。

A. 包含在边断路器保护内　　　　　B. 包含在中断路器保护内

C. 包含在线路保护内　　　　　　　D. 以上三者都可以

6. 智能变电站中，母线电压合并单元配置下列说法正确的是（　　）。

A. 3/2 接线，两段母线配置一台合并单元，母线电压由母线电压合并单元点对点通过线路电压合

B. 双母线接线，每段母线按双重化配置两台合并单元

C. 双母单分段接线，按双重化配置两台母线电压合并单元，需要横向并列

D. 双母双分段接线，按双重化配置四台母线电压合并单元，不考虑横向并列

7. 智能变电站中的网络交换机，应满足以下要求（　　）。

A. 应采用成熟的商业级或工业级产品

B. 宜使用无扇型，采用直流工作电源

C. 支持端口速率限制和组播风暴限制

D. 应提供完善的异常告警功能，包括失电告警、端口异常等

8. 智能变电站内，除纵联保护通道外，应采用的光纤，以下说法不正确的是（　　）。

A. 多模光纤　　　　　　　　　　　B. 阻燃的光缆

C. 采用金属铠装光缆　　　　　　　D. 防鼠咬的光缆

9. 继电保护设备的自检信息不包括（　　）。

A. 与站控层设备通信状况　　　　　B. 硬件损坏情况

C. 与过程层设备通信状况　　　　　D. 功能异常信号

10. 500kV 智能变电站中，若母线电压刚好为额定值，则此时 SV（DL/T 860.92）中最小峰值为（　　）。

A. 0xFE478447　　　B. 0xFD911003　　　C. 0xFD050F80　　　D. 0x2FAF080

11. 500kV 智能变电站中，500kV 部分 TA 变比为 4000∶1，保护装置显示电流有效值为 0.5A，则此时 SV 中电流的最大峰值为（　　　）。

A. 0x2B288B　　　B. 0xFFD4D775　　　C. 0x1E8480　　　D. 0xFFE17B80

12. IEC 60044-8 标准中的链路层选定为 IEC 60870-5-1 的 FT3 格式。通用帧的标准传输速度为（　　　）。

A. 5Mbit/s　　　B. 10Mbit/s　　　C. 20Mbit/s　　　D. 100Mbit/s

13. LN 实例化建模过程中，单相测量使用（　　　）。

A. MMXU　　　B. MSQI　　　C. MMXN　　　D. TTAR

14. 线路保护中，必须具备的逻辑节点是（　　　）。

A. TVOC　　　B. RREC　　　C. LPHD　　　D. TTAR

15. 保护装置站控层数据集中，以下正确的是（　　　）。

A. 保护事件（brcbTripInfo）　　　　　B. 告警信号（brcbAlarm）

C. 保护录波（brcbRec）　　　　　　　D. 通信工况（brcbComm）

16. 智能变电站继电保护装置中，光波长 1310nm 的光纤发光功率为（　　　）。

A. $-20\sim-14$dBm　　　　　　　　B. $-31\sim-14$dBm

C. $-24\sim-10$dBm　　　　　　　　D. $-19\sim-10$dBm

17. 保护装置过程层光纤接口发送同一报文的最大时间差不应大于（　　　）。

A. 10μs　　　B. 100μs　　　C. 1ms　　　D. 2ms

18. 智能终端外部采集开关量时，消抖时间不小于（　　　）。

A. 1ms　　　B. 5ms　　　C. 10ms　　　D. 10μs

19. VLAN tag 在 OSI 参考模型（　　　）层实现。

A. 物理　　　B. 数据链路　　　C. 网络　　　D. 应用

20. 智能站保护，关于检修压板对保护出口的影响，描述正确的是（　　　）。

A. 间隔层装置与合并单元检修一致，智能终端检修不一致，不影响出口跳开断路器

B. 间隔层装置与智能终端检修一致，合并单元检修不一致，不影响出口跳开断路器

C. 智能终端与合并单元检修一致，间隔层装置检修不一致，不影响出口跳开断路器

D. 间隔层装置与合并单元、智能终端必须同时检修一致才出口

21. 下列开入类型应在接收端设置开入压板的是（　　　）。

A. 闭重开入　　　　　　　　B. 启失灵保护开入

C. 远跳开入　　　　　　　　D. 跳闸开入

22. 百兆工业级交换机，1 个 200Byte 的 SV 报文从传输第一位进入交换机至最后一位输出交换机的时间约为（　　　）。

A. 7μs　　　B. 11μs　　　C. 20μs　　　D. 40μs

23. DL/T860.92 所规范的 SV 报文能表示的最大电流为（　　　）。

A. 2147kA　　　B. 4295kA　　　C. 21475kA　　　D. 42950kA

24. IEC 61850 中描述系统功能的基本单位是（　　　）。

A. LD　　　B. LN　　　C. DO　　　D. DA

25. GOOSE 和 SV 的接收软压板应采用（　　　）建模。

A. GGIO. DPCSO　　　　　　　B. GGIO. SPCSO

C. GGIO. IPCSO   D. GGIO. Pos

26. 可控的断路器、隔离开关 TAIModel 值为（   ）。

A. 1   B. 2   C. 3   D. 4

27. DL/T 860 标准中采用（   ）结构来组织模型信息。

A. 图   B. 层次   C. 树形   D. 顺序

28. 能保证数据在发送端与接收端之间可靠传输的是 OSI 的（   ）。

A. 数据链路层   B. 网络层   C. 传输层   D. 会话层

29. 在采用双重化 MMS 通信网络的情况下，来自冗余连接组的连接应使用（   ）报告实例号和（   ）缓冲区映像进行数据传输。

A. 不同的，不同的   B. 不同的，相同的
C. 相同的，不同的   D. 相同的，相同的

30. 光纤弯曲曲率半径应大于光纤外直径的（   ）倍。

A. 10   B. 15   C. 20   D. 30

31. SV 的报文类型属于（   ）。

A. 原始数据报文   B. 快速报文   C. 中速报文   D. 低速报文

32. 未知目的组播进入交换机一般处理方法是（   ）。

A. 丢弃   B. 向全部端口转发
C. 向 VLAN 内全部端口转发   D. LAN 内除本端口外的所有端口转发

33. 5TPE 级电子式电流互感器在准确限值条件下的最大峰值瞬时误差限值为（   ）。

A. 5%   B. 10%   C. 0.20%   D. 1%

34. 高压并联电抗器配置独立的电流互感器，主电抗器首端、末端电流互感器（   ）。

A. 分别配置独立的合并单元   B. 首端与线路电压共用合并单元
C. 共用 1 个独立的合并单元   D. 首、末端与线路电压共用合并单元

二、多项选择题

1. 下列单一元件损坏可能会引起保护误动作跳闸的是（   ）。

A. 合并单元的 AD 芯片损坏   B. 保护装置内启动 CPU 损坏
C. 合并单元内小 TA 损坏   D. 智能终端出口继电器损坏

2. 下列保护装置中，应建立负极性 SV 输入虚端子模型的是（   ）。

A. 双母接线的母线保护   B. 双母接线的线路保护
C. 3/2 接线的母线保护   D. 3/2 接线的线路保护

3. 常见的 GOOSE 参数类型有（   ）。

A. 布尔型   B. 位串型   C. 时间型   D. 浮点型

4. GOOSE 报文可以完成下述（   ）功能。

A. 保护跳闸   B. 模拟量   C. 控制   D. 事件上送

5. 关于合并单元的数据输出，下述说正确的有（   ）。

A. 点对点模式下，合并单元采样值发送间隔离散值应不大于 10μs

B. 采样值报文在合并单元输入结束到输出结束的总传输时间应小于 1ms

C. 采样值报文传输至保护装置仅可通过点对点实现

D. 采样值报文的规约满足 IEC 6044-8 或 IEC 61850-9-2 规范

6. 对于变压器保护配置，下列说法正确的是（　　　）。

A. 110kV 变压器电量保护宜按双套配置，双套配置时间应采用主、后备保护一体化配置

B. 变压器非电量保护应采用 GOOSE 光缆直接跳闸

C. 变压器保护直接采样，直接跳各侧断路器

D. 变压器保护跳母联、分段断路器及闭锁备自投、启动失灵保护等可采用 GOOSE 网络传输

7. SNTP 具有的工作模式有（　　　）。

A. 服务器/客户端模式
B. 发布/订阅模式

C. 组播模式
D. 广播模式

8. VLAN 可基于（　　　）划分。

A. 交换机端口　　　B. IP 地址　　　C. MAC 地址　　　D. 网络层地址

9. 依照《智能变电站继电保护通用技术条件》，下列关于智能变电站对时系统的描述正确的是（　　　）。

A. 变电站应配置一套时间同步系统，宜采用主备方式的时间同步系统，以提高时间同步系统的可靠性

B. 保护装置、合并单元和智能终端均应能接收到 IRIG-B 码同步对时信号，保护装置、智能终端的对时精度误差应不大于 ±1ms，合并单元的对时精度应不大于 ±1μs

C. 装置时钟同步信号异常后，应发出告警信号

D. 采用光纤 IRIG-B 码对时方式时，宜采用 LC 接口采用电 IRIG-B 码对时方式时，采用直流 B 码，通信介质为屏蔽双绞线

10. 关于故障录波器，下列说法（　　　）是正确的。

A. 故障录波装置的 A/D 转换精度应不低于 32 位

B. 故障录波装置的事件量记录元件的分辨率应小于 1.0ms

C. 故障录波装置应能记录和保存从故障前 2s 到故障消失时的电气量波形

D. 故障录波装置应具有对时功能，能接收全站统一时钟信号，时钟信号类型满足 IEC 61850 对时或 IRIG-B（DC）对时

11. 智能变压器保护，某侧电流 SV 通道采样异常：任一相异常时发 TA 采样异常信号，闭锁（　　　）。

A. 差动保护　　　B. 本侧后备保护　　　C. 全部保护　　　D. 不闭锁保护

12. 数字化采样的智能变电站可以利用（　　　）进行核相试验。

A. 故障录波器
B. 继电保护装置

C. 具备波形显示功能的网络报文分析仪
D. 合并单元

13. 母线保护报警"通道延时异常报警"可能是由于（　　　）。

A. 文本未配置通道延时
B. 延时通道超过 3ms

C. 延时通道发生变化
D. 通道延时为 0

14. 母线合并单元Ⅰ型必须具备的信号触点输出有（　　　）。

A. 装置失电　　　B. 运行异常　　　C. 装置失步　　　D. 装置故障

三、判断题

（　　　）1. 保护装置与智能终端检修状态不一致时，并不影响保护装置的正常跳闸。

（　　）2. ICD 文件中可包含定值相关数据属性如 "units" "stepSize" "minVal" 和 "maxVal" 等配置实例，监控后台应直接从 SCD 文件静态读取这些定值相关数据属性，可不支持在线读取这些定值相关数据属性。

（　　）3. 保护功能软压板宜在 PROT 中统一加 Ena 后缀扩充。

（　　）4. 智能变电站中为了保证跳闸的可靠性和实时性，所有保护功能都采用 GOOSE 点对点直跳方式。

（　　）5. 保护装置内的时钟应采用当地时区，包括上送站控层数据所带的时标和人机界面显示。

（　　）6. 保护装置与智能终端、保护装置过程层之间的通信，应采用 DL/T 860.81 标准。

（　　）7. MU 发送的采样值品质位有异常时，保护装置应能正确判断，闭锁相关保护功能并给出告警。

（　　）8. 根据 Q/GDW 441—2010，智能控制柜应具备温度、湿度的采集、调节功能，柜内温度控制在 −10～50℃，湿度保持在 80% 以下。

四、填空题

1. IEC 61850 在 MMS 编码/解码中使用的是 BER 基本编码规则，ASN.1 基本编码规则 BER 采用的有＿＿＿＿、＿＿＿＿以及＿＿＿＿三个部分构成，一般称为 TLV 结构。

2. 保护交流额定电流数字量为：采样值通信规约为 GB/T 20840.8 时，额定值为＿＿＿＿或＿＿＿＿采样值规约为 DL/T 860.92 时，0x01 表示＿＿＿＿。

3. 远方投退软压板应采用增强安全的＿＿＿＿，远方复归装置应采用常规安全的＿＿＿＿，远方修改定值和切换定值区应采用＿＿＿＿。

4. 保护装置应支持不小于＿＿＿＿客户端的 TCP/IP 访问连接，应支持不小于＿＿＿＿报告实例。

5. MU 时钟同步信号从无到有变化过程中，其采样周期调整步长应＿＿＿＿。为保证与时钟信号快速同步，允许在＿＿＿＿采样序号跳变一次，但必须保证采样值发送间隔离散值＿＿＿＿；同时 MU 输出的数据帧同步位由＿＿＿＿转为＿＿＿＿。

6. 接入两段及以上母线电压的母线电压 MU，电压并列功能宜由母线电压 MU 实现通过＿＿＿＿或＿＿＿＿获取＿＿＿＿、＿＿＿＿，实现电压并列功能。

7. 智能终端外部采集开关量分辨率应＿＿＿＿，消抖时间＿＿＿＿，动作时间＿＿＿＿。

8. 智能化保护装置通信模型一般设置＿＿＿＿、＿＿＿＿、＿＿＿＿三个总信号，同时，＿＿＿＿、＿＿＿＿总信号还提供硬接点输出。

五、简答题

1. 220kV 母线保护装置通过点对点 GOOSE 接收间隔隔离开关位置信号，在进行隔离开关位置实际传动时，保护装置显示位置无变化，简述可能的原因？

2. 简述智能变电站 220kV 线路一次不停电而进行智能终端 B 套异常处理时所需执行的安措及实施步骤。

六、综合题

1. 某 500kV 智能变电站中，220kV 母线保护 PM2212A 的 GOOSE 虚端子输入如

图 2-8 所示，请根据图中的虚端子信息说明该母线上有哪些间隔，画出 220kV 母线保护与其他 IED 间的 GOOSE 回路物理连接关系图，并标明信息流及母线保护的物理连接接口，网络用交换机示意（无需注明端口）。

```
<Inputs>
    <ExtRef daName="stVal" doName="Pos" iedName="IF2212A" intAddr="5-B:PIGO/GOINGGIO4.DPCSO1.stVal" ldInst="RPIT" lnClass="XCBR" lnInst="1" prefix="Q0A"/>
    <ExtRef daName="stVal" doName="Pos" iedName="IF2212A" intAddr="5-B:PIGO/GOINGGIO4.DPCSO2.stVal" ldInst="RPIT" lnClass="XCBR" lnInst="1" prefix="Q0B"/>
    <ExtRef daName="stVal" doName="Pos" iedName="IF2212A" intAddr="5-B:PIGO/GOINGGIO4.DPCSO3.stVal" ldInst="RPIT" lnClass="XCBR" lnInst="1" prefix="Q0C"/>
    <ExtRef daName="stVal" doName="Ind6" iedName="IF2212A" intAddr="5-B:PIGO/GOINGGIO9.DPCSO3.stVal" ldInst="RPIT" lnClass="GGIO" lnInst="1" prefix="ProtIn"/>
    <ExtRef daName="general" doName="Tr" iedName="PF2212A" intAddr="11-G:PIGO/GOINGGIO9.SPCSO1.stVal" ldInst="PIGO" lnClass="PTRC" lnInst="3" prefix=""/>
    <ExtRef daName="stVal" doName="Pos" iedName="IL2212A" intAddr="7-F:PIGO/GOINGGIO5.DPCSO8.stVal" ldInst="RPIT" lnClass="XSWI" lnInst="1" prefix="QG1"/>
    <ExtRef daName="stVal" doName="Pos" iedName="IL2212A" intAddr="7-F:PIGO/GOINGGIO6.DPCSO4.stVal" ldInst="RPIT" lnClass="XSWI" lnInst="1" prefix="QG2"/>
    <ExtRef daName="stVal" doName="Pos" iedName="IL2216A" intAddr="11-B:PIGO/GOINGGIO7.DPCSO4.stVal" ldInst="RPIT" lnClass="XSWI" lnInst="1" prefix="QG1"/>
    <ExtRef daName="stVal" doName="Pos" iedName="IL2216A" intAddr="11-B:PIGO/GOINGGIO7.DPCSO5.stVal" ldInst="RPIT" lnClass="XSWI" lnInst="1" prefix="QG2"/>
    <ExtRef daName="stVal" doName="Pos" iedName="IT2203A" intAddr="9-D:PIGO/GOINGGIO6.DPCSO7.stVal" ldInst="RPIT" lnClass="XSWI" lnInst="1" prefix="QG1"/>
    <ExtRef daName="stVal" doName="Pos" iedName="IT2203A" intAddr="9-D:PIGO/GOINGGIO6.DPCSO7.stVal" ldInst="RPIT" lnClass="XSWI" lnInst="1" prefix="QG2"/>
    <ExtRef daName="phsA" doName="StrBF" iedName="PL2212A" intAddr="11-G:PIGO/GOINGGIO13.SPCSO5.stVal" ldInst="PIGO" lnClass="PTRC" lnInst="1" prefix="Break1"/>
    <ExtRef daName="phsB" doName="StrBF" iedName="PL2212A" intAddr="11-G:PIGO/GOINGGIO13.SPCSO6.stVal" ldInst="PIGO" lnClass="PTRC" lnInst="1" prefix="Break1"/>
    <ExtRef daName="phsC" doName="StrBF" iedName="PL2212A" intAddr="11-G:PIGO/GOINGGIO13.SPCSO7.stVal" ldInst="PIGO" lnClass="PTRC" lnInst="1" prefix="Break1"/>
    <ExtRef daName="phsA" doName="StrBF" iedName="PL2216A" intAddr="11-G:PIGO/GOINGGIO18.SPCSO5.stVal" ldInst="PIGO" lnClass="PTRC" lnInst="1" prefix="Break1"/>
    <ExtRef daName="phsC" doName="StrBF" iedName="PL2216A" intAddr="11-G:PIGO/GOINGGIO18.SPCSO7.stVal" ldInst="PIGO" lnClass="PTRC" lnInst="1" prefix="Break1"/>
    <ExtRef daName="general" doName="StrBF" iedName="PT5003A" intAddr="11-G:PIGO/GOINGGIO17.SPCSO1.stVal" ldInst="PIGO" lnClass="PTRC" lnInst="3" prefix=""/>
</Inputs>
```

图 2-8 220kV 母线保护 GOOSE 输入

2. 图 2-9 和图 2-10 分别为某 220kV 线路保护 A 的虚端子输入，图 2-11 为同一间隔智能终端 A 的虚端子输入，当线路正常运行时发生 C 相接地瞬时性故障时，请叙述本间隔 A 套保护系统的动作行为，并说明原因。

```
<Inputs>
    <ExtRef daName="stVal" doName="Pos" iedName="IL2212A" intAddr="7-B:PIGO/GOINGGIO1.DPCSO1.stVal" ldInst="RPIT" lnClass="XCBR" lnInst="1" prefix="Q0A"/>
    <ExtRef daName="stVal" doName="Pos" iedName="IL2212A" intAddr="7-B:PIGO/GOINGGIO1.DPCSO2.stVal" ldInst="RPIT" lnClass="XCBR" lnInst="1" prefix="Q0B"/>
    <ExtRef daName="stVal" doName="Pos" iedName="IL2212A" intAddr="7-B:PIGO/GOINGGIO1.DPCSO3.stVal" ldInst="RPIT" lnClass="XCBR" lnInst="1" prefix="Q0C"/>
    <ExtRef daName="stVal" doName="Ind1" iedName="IL2212A" intAddr="7-B:PIGO/GOINGGIO4.SPCSO1.stVal" ldInst="RPIT" lnClass="GGIO" lnInst="1" prefix="ProtIn"/>
    <ExtRef daName="stVal" doName="Ind2" iedName="IL2212A" intAddr="7-B:PIGO/GOINGGIO4.SPCSO6.stVal" ldInst="RPIT" lnClass="GGIO" lnInst="1" prefix="ProtIn"/>
    <ExtRef daName="general" doName="Tr" iedName="PM2212A" intAddr="7-A:PIGO/GOINGGIO5.SPCSO1.stVal" ldInst="PIGO" lnClass="PTRC" lnInst="16" prefix=""/>
    <ExtRef daName="general" doName="Tr" iedName="PM2212A" intAddr="7-A:PIGO/GOINGGIO5.SPCSO2.stVal" ldInst="PIGO" lnClass="PTRC" lnInst="16" prefix=""/>
</Inputs>
```

图 2-9 线路保护 GOOSE 输入虚端子

```
<Inputs>
    <ExtRef daName="" doName="DelayTRtg" iedName="ML2212A" intAddr="7-C:PISV/SVINGGIO5.DelayTRtg" ldInst="MU" lnClass="LLN0" lnInst="" prefix=""/>
    <ExtRef daName="" doName="Amp" iedName="ML2212A" intAddr="7-C:PISV/SVINGGIO1.AnIn2" ldInst="MU" lnClass="TCTR" lnInst="3" prefix=""/>
    <ExtRef daName="" doName="AmpChB" iedName="ML2212A" intAddr="7-C:PISV/SVINGGIO1.AnIn2" ldInst="MU" lnClass="TCTR" lnInst="3" prefix=""/>
    <ExtRef daName="" doName="AmpChB" iedName="ML2212A" intAddr="7-C:PISV/SVINGGIO1.AnIn3" ldInst="MU" lnClass="TCTR" lnInst="2" prefix=""/>
    <ExtRef daName="" doName="AmpChB" iedName="ML2212A" intAddr="7-C:PISV/SVINGGIO1.AnIn4" ldInst="MU" lnClass="TCTR" lnInst="2" prefix=""/>
    <ExtRef daName="" doName="Amp" iedName="ML2212A" intAddr="7-C:PISV/SVINGGIO1.AnIn5" ldInst="MU" lnClass="TCTR" lnInst="1" prefix=""/>
    <ExtRef daName="" doName="AmpChB" iedName="ML2212A" intAddr="7-C:PISV/SVINGGIO1.AnIn6" ldInst="MU" lnClass="TCTR" lnInst="1" prefix=""/>
    <ExtRef daName="" doName="Vol" iedName="ML2212A" intAddr="7-C:PISV/SVINGGIO3.AnIn1" ldInst="MU" lnClass="TVTR" lnInst="2" prefix=""/>
    <ExtRef daName="" doName="VolChB" iedName="ML2212A" intAddr="7-C:PISV/SVINGGIO3.AnIn2" ldInst="MU" lnClass="TVTR" lnInst="2" prefix=""/>
    <ExtRef daName="" doName="VolChB" iedName="ML2212A" intAddr="7-C:PISV/SVINGGIO3.AnIn3" ldInst="MU" lnClass="TVTR" lnInst="3" prefix=""/>
    <ExtRef daName="" doName="VolChB" iedName="ML2212A" intAddr="7-C:PISV/SVINGGIO3.AnIn4" ldInst="MU" lnClass="TVTR" lnInst="3" prefix=""/>
    <ExtRef daName="" doName="VolChB" iedName="ML2212A" intAddr="7-C:PISV/SVINGGIO3.AnIn6" ldInst="MU" lnClass="TVTR" lnInst="4" prefix=""/>
    <ExtRef daName="" doName="Vol" iedName="ML2212A" intAddr="7-C:PISV/SVINGGIO4.AnIn1" ldInst="MU" lnClass="TVTR" lnInst="8" prefix=""/>
</Inputs>
```

图 2-10 线路保护 SV 输入虚端子

```
<Inputs>
    <ExtRef daName="phsA" doName="Tr" iedName="PL2212A" intAddr="1-B:RPIT/GOINGGIO1.SPCSO1.stVal" ldInst="PIGO" lnClass="PTRC" lnInst="1" prefix="Break1"/>
    <ExtRef daName="phsB" doName="Tr" iedName="PL2212A" intAddr="1-B:RPIT/GOINGGIO1.SPCSO6.stVal" ldInst="PIGO" lnClass="PTRC" lnInst="1" prefix="Break1"/>
    <ExtRef daName="phsC" doName="Tr" iedName="PL2212A" intAddr="1-B:RPIT/GOINGGIO1.SPCSO11.stVal" ldInst="PIGO" lnClass="PTRC" lnInst="1" prefix="Break1"/>
    <ExtRef daName="general" doName="Op" iedName="PL2212A" intAddr="1-B:RPIT/GOINGGIO1.SPCSO31.stVal" ldInst="PIGO" lnClass="RREC" lnInst="1" prefix=""/>
    <ExtRef daName="stVal" doName="BlkRecST" iedName="PL2212A" intAddr="1-B:RPIT/GOINGGIO1.SPCSO16.stVal" ldInst="PIGO" lnClass="PTRC" lnInst="1" prefix="Break1"/>
    <ExtRef daName="general" doName="Tr" iedName="PM2212A" intAddr="1-C:RPIT/GOINGGIO1.SPCSO1.stVal" ldInst="PIGO" lnClass="PTRC" lnInst="16" prefix=""/>
</Inputs>
```

图 2-11 智能终端输入虚端子

3. 某 500kV 智能变电站，其 220kV 部分 GOOSE 和 SV 共网，线路间隔、母联间隔、主变压器间隔及中心交换机 A 套组网如图 2-12～图 2-15 所示。

（1）说明 220kV 部分 A 套网络 VLAN 划分原则。

（2）交换机采用百兆工业级交换机，GOOSE 报文长度按 150Byte 计算，说明在不设置优先级情况下，线路保护启动失灵保护信号传输至母线保护的最短时间和最长时间。

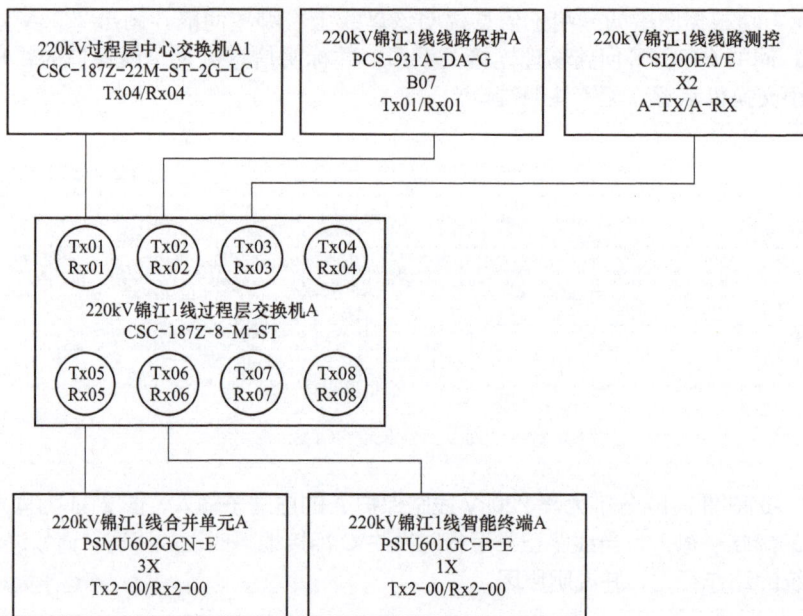

图 2-12 线路间隔 A 套组网图

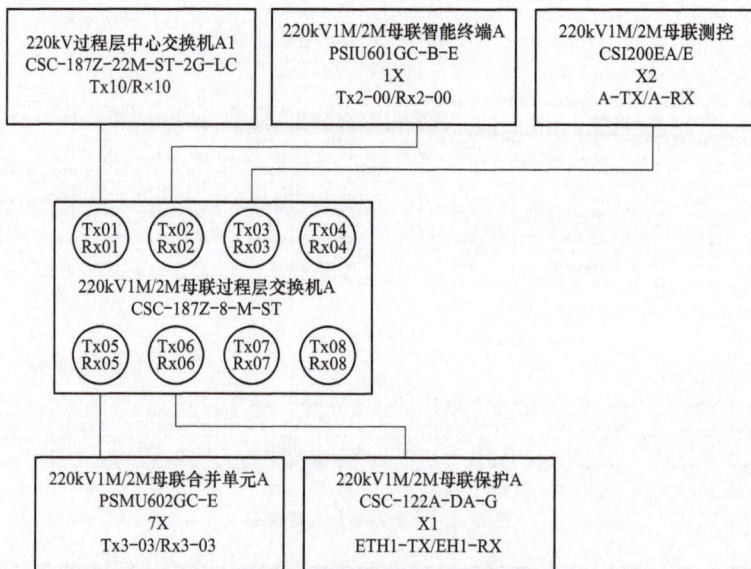

图 2-13 母联间隔 A 套组网图

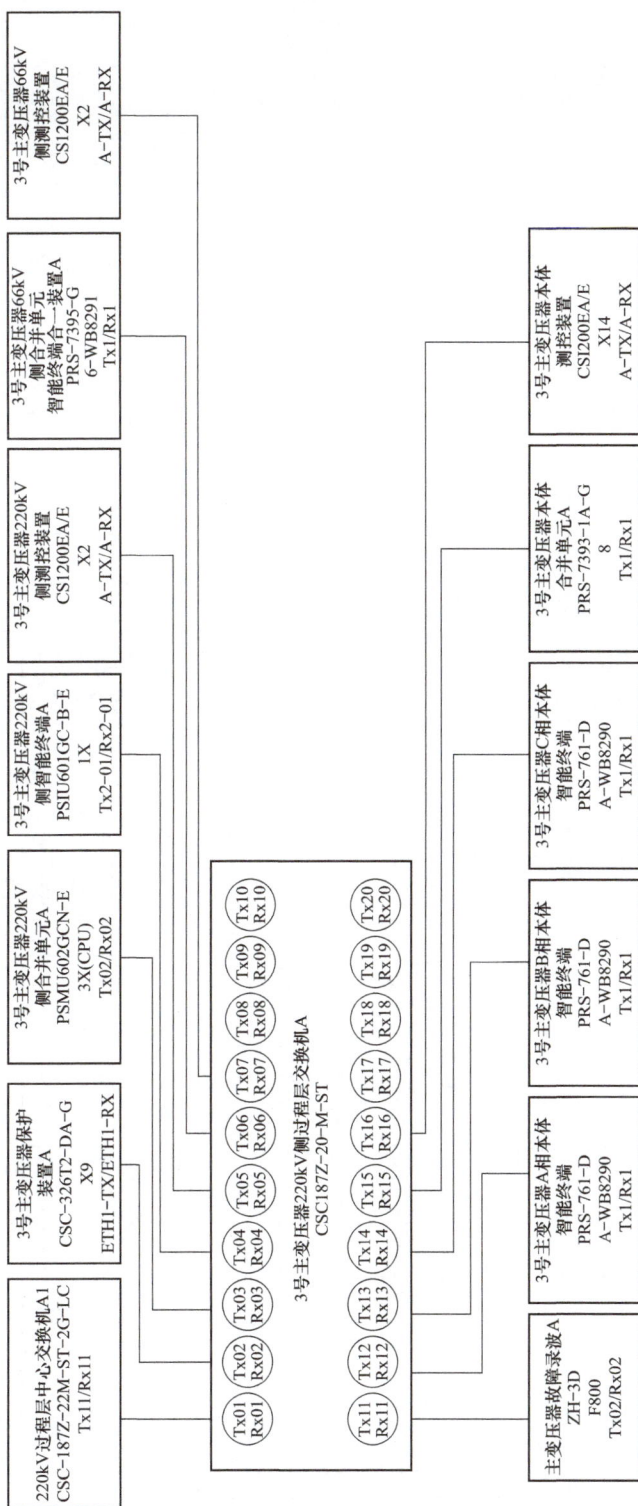

图 2-14 主变压器间隔 A 套组网图

设备	型号	端口
3号主变压器66kV侧测控装置	CS1200EA/E X2	A-TX/A-RX
3号主变压器66kV侧智能终端合一装置A	PRS-7395-G 6-WB8291	Tx1/Rx1
3号主变压器220kV侧测控装置	CS1200EA/E X2	A-TX/A-RX
3号主变压器220kV侧智能终端A	PSIU601GC-B-E 1X	Tx2-01/Rx2-01
3号主变压器220kV侧合并单元A	PSMU602GCN-E 3X(CPU)	Tx02/Rx02
3号主变压器保护装置A	CSC-326T2-DA-G X9	ETH1-TX/ETH1-RX
220kV过程层中心交换机A1	CSC-187Z-22M-ST-2G-LC	Tx11/Rx11
3号主变压器220kV侧过程层交换机A	CSC187Z-20-M-ST	
3号主变压器本体测控装置	CS1200EA/E X14	A-TX/A-RX
3号主变压器本体合并单元A	PRS-7393-1A-G 8	Tx1/Rx1
3号主变压器C相本体智能终端	PRS-761-D A-WB8290	Tx1/Rx1
3号主变压器B相本体智能终端	PRS-761-D A-WB8290	Tx1/Rx1
3号主变压器A相本体智能终端	PRS-761-D A-WB8290	Tx1/Rx1
主变压器故障录波A	ZH-3D F800	Tx02/Rx02

交换机端口：
Tx01/Rx01, Tx02/Rx02, Tx03/Rx03, Tx04/Rx04, Tx05/Rx05, Tx06/Rx06, Tx07/Rx07, Tx08/Rx08, Tx09/Rx09, Tx10/Rx10
Tx11/Rx11, Tx12/Rx12, Tx13/Rx13, Tx14/Rx14, Tx15/Rx15, Tx16/Rx16, Tx17/Rx17, Tx18/Rx18, Tx19/Rx19, Tx20/Rx20

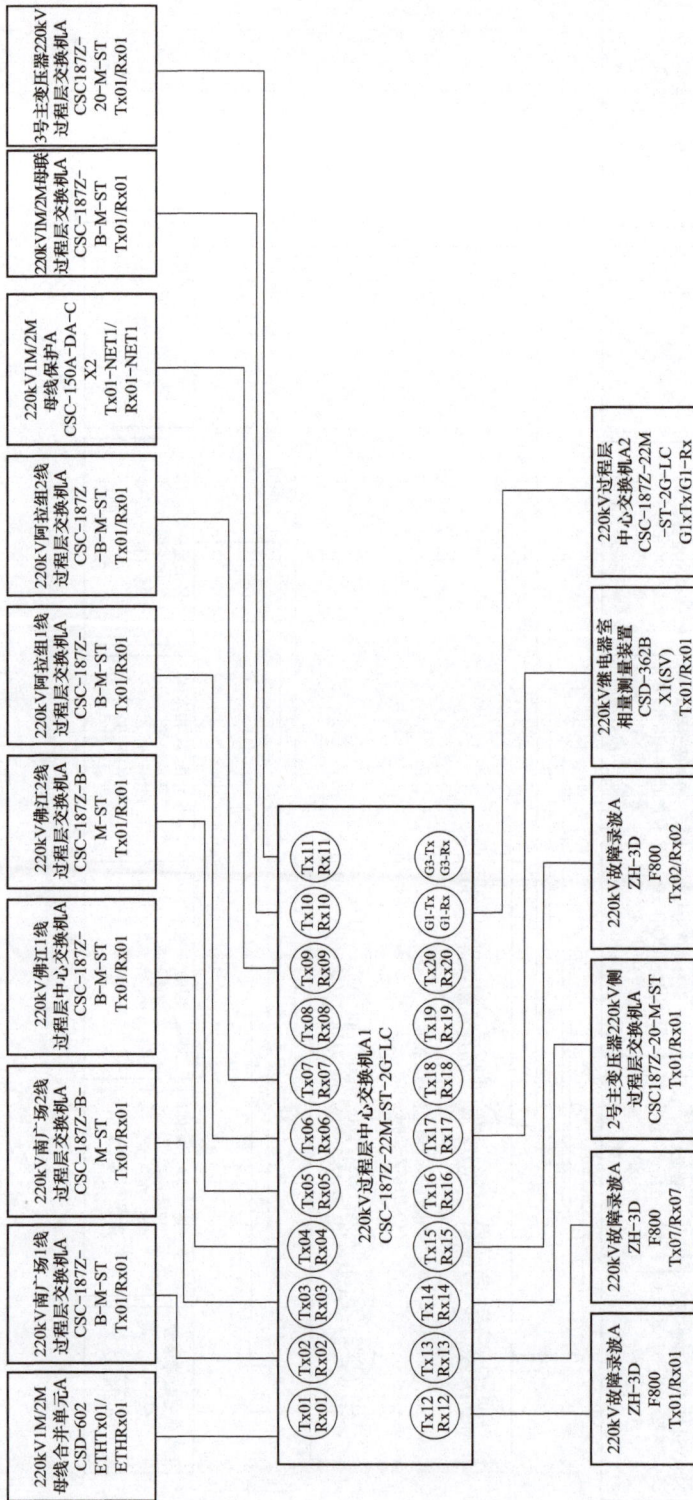

图 2-15 中心交换机 A 套组网图

第一节　第一章答案

试　题　1

一、单项选择题

1	2	3	4	5	6	7	8	9
B	C	B	B	C	D	D	A	C
10	11	12	13	14	15	16	17	18
A	C	A	B	C	C	A	A	B
19	20	21	22	23	24	25	26	27
B	B	C	C	A	C	A	B	C

二、多项选择题

1	2	3	4	5	6	7
ACD	ABCD	ABCD	BC	ACD	ABCDE	AC

三、判断题

1	2	3	4	5	6	7	8	9
×	×	√	×	×	√	√	×	√
10	11	12	13	14	15	16	17	18
√	√	×	×	√	√	×	×	√
19	20	21	22	23	24	25	26	
√	√	√	×	×	×	×	√	

四、填空题

1	2	3	4	5	6	7	8	9	10
1：1：1/3	7	0.09 mm	$\frac{100\Omega}{300\Omega}$	1.0E-06	600	$\frac{(I_B+K_3 I_0)}{Z_K}$	GOOSE网络	点对点	站控层MMS

五、简答题

1. （1）故障点的过渡电阻。

（2）保护安装处与故障点之间的助增电流和汲出电流。

（3）测量互感器的误差。

（4）电力系统振荡。

（5）电压二次回路断线。

（6）被保护线路的串补电容。

2. ①光缆断芯；②尾纤断芯；③瓷接头衰耗过大；④保护插件激光头损坏。

3. 零序和负序分量及工频变化量都是故障分量，正常时为零，仅在故障时出现，它们仅由施加于故障点的一个电动势产生。但它们是两种类型的故障分量。零序、负序分量是稳定的故障分量，只要不对称故障存在，它们就存在，它们只能保护不对称故障。工频变化量是短暂的故障分量，只能短时存在，但在不对称、对称故障开始时都存在，可以保护各类故障，尤其是它不反应负荷和振荡，是其他反应对称故障量保护无法比拟的。由于它们各自特点决定：由零序、负序分量构成的保护既可以实现快速保护，也可以实现延时的后备保护。工频变化量保护一般只能作为瞬时动作的主保护，不能作为延时的保护。

4. 方式一：TA 布置在母联断路器的两侧，在断路器与 TA 之间发生故障，两段母差均动作跳闸，也就是不存在死区。

方式二：Ⅰ母母差动作后，故障点仍存在，靠死区保护动作切除Ⅱ母上所有断路器。

方式三：Ⅱ母母差保护动作后，故障点仍然存在，靠死区保护动作切除Ⅰ母上所有断路器。

5. StateNumber* ： 48

SequenceNumber* ： Sequence Number： 0

Test* ： TRUE

Config Revision* ： 1

Needs Commissioning* ： FALSE

Number Dataset Entries： 8

Data

{

  BOOLEAN：FALSE

  BOOLEAN：FALSE

  BOOLEAN：TRUE

  BOOLEAN：FALSE

  BOOLEAN：FALSE

  BOOLEAN：TRUE

  BOOLEAN：FALSE

  BOOLEAN：FALSE

}

六、综合题

1. （1）复合序网图如图 3-1 所示。

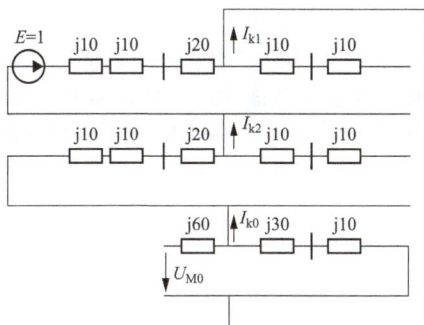

图 3-1　复合序网图

（2）短路点的零序电流。

综合正序阻抗 $X_{1\Sigma}=j10+j10+j20=j40$

综合负序阻抗 $X_{2\Sigma}=j10+j10+j20=j40$

综合零序阻抗 $X_{0\Sigma}=j10+j30=j40$

短路点的零序电流为

$$I_{k1}=I_{k2}=I_{k0}=\frac{E}{X_{1\Sigma}+X_{2\Sigma}+X_{0\Sigma}}=\frac{1}{j40+j40+j40}=\frac{1}{j120}=-j0.00833$$

（3）M 母线处的零序电压。

∵流过 MK 线路的零序电流为零，所以在 X_{MK0} 上的零序电压降为零。所以 M 母线处的零序电压 U_{M0} 与短路点的零序电压相等。

∴M 母线处的零序电压为

$$U_{M0}=U_{K0}=-I_{K0}X_{0\Sigma}=-j0.00833\times j40=-0.3332$$

2. 35kV 母分备用电源自投装置 Ⅰ、Ⅱ 母互为热备用。Ⅰ母三相失压、1号主变压器 35kV 侧无流，Ⅱ母三相有压，装置动作经整定的延时时间跳开 1 号主变压器 35kV 断路器，确认断路器在分位后，经整定延时时间合上 35kV 母分断路器。

由于发生 35kV Ⅰ段母线高压熔丝三相熔断时，1 号主变压器仅供线路 3687 运行，其负荷为 1.5MVA，折算至二次电流值为 $1500/(1.732\times35\times200)=0.12(A)$，正好满足装置的无流门槛值，满足了装置的动作条件，即动作合上 35kV 母分断路器。

七、案例分析题

1. 根据上述收集的数据，请回答以下问题：

（1）赵站 10kV Ⅰ段 F53 线路发生什么类型故障，为什么？

CA 相间（接地）故障（根据高压侧电流波形低压侧相间故障时，高压侧故障形态为滞后相是其他两相的 2 倍并反相，其他两相同相）

（2）哪侧站的定值有问题？请修订。

零序起动电流为 0.15A。

TA 变比系数为 0.67。

差动电流高定值为 0.45A。

差动电流低定值为 0.23A。

（3）请问二次回路是否有问题？分析是什么问题？理由是什么？

牛站，C相。分流

因为赵站 10kV 是不接地系统，故障不应有零序分量，但牛站出现了零序电流。

两侧 A 相和 B 相电流幅值符合 1.5 倍关系，而 C 相不符合 1.5 倍关系。

2. 2018 年 02 月 14 日 14 时 47 分，220kV 某线发生 C 相接地故障，线路保护 RCS-931B 在 15ms 电流差动保护动作跳 C 相，C 相断路器跳开后，在非全相运行过程中，又发生 B 相接地故障，线路保护 RCS-931B 在 292ms 电流差动保护动作三跳，328ms 为收到对侧保护远跳动作后经本次启动跳闸。

根据图十，2018 年 02 月 14 日 14 时 47 分 45 秒 842 毫秒，线路发生 C 相故障，RCS-931B 保护启动，C 相差动继电器动作，选为 C 相故障，RCS-931B 在 15ms 电流差动保护动作跳 C 相。根据图 2 根据距离测量值 4.3Ω 左右及相位，再结合定值测距为 4.7Ω 一段为 3.35Ω 可以判断为本侧区内末端对侧区内近端故障。

根据图十可知，C 相跳开后，线路处于非全相运行状态。在 276ms 线路又发生 B 相故障，B 相差动继电器动作，由于非全相运行再故障，RCS-931B 在 292ms 电流差动保护动作三跳不重合（重合闸整定为单重方式未满足重合闸时间 700ms）。

远跳，对侧保护的差动及距离Ⅰ段应动作。

结论：

综上所述，本线路发生了区内 C 相单相接地转非全相运行 B 相再故障，故障点位于本线末端，RCS-931B 的保护动作行为正确，选相符合设计原理。

试　题　2

一、单项选择题

1	2	3	4	5	6	7	8	9
B	C	A	A	B	D	A	D	B
10	11	12	13	14	15	16	17	18
A	D	D	C	B	D	B	B	A
19	20	21	22	23	24	25	26	27
B	B	B	A	A	A	C	A	B
28	29	30	31	32	33	34	35	
C	A	B	A	C	A	A	A	

二、多项选择题

1	2	3	4	5	6	7	8	9
ABC	BC	BD	AD	AC	AC	BCD	BCD	ABD
10	11	12	13	14	15	16	17	
AB	AB	ABD	CD	BCD	ABC	ABC	AB	

三、判断题

1	2	3	4	5	6	7
√	×	×	×	√	√	×

四、简答题

1. "直接采样"就是智能电子设备不经过以太网交换机而以点对点光纤直联方式进行采样值（SV）的数字化采样传输。

"直接跳闸"是指智能电子设备间不经过以太网交换机而以点对点光纤直联方式并用GOOSE进行跳合闸信号的传输。

2. 智能化变电站系统配置工具将 ICD 文件、SSD 文件导入后，完成 IED 的通信地址分配、IED 实例的创建、各 IED 之间的数据交互配置、逻辑节点和一次设备的关系绑定，最后生成包含全站配置信息的 SCD 文件，配置的修改在 SCD 文件版本修改信息内描述。SCD 文件生成后，IED 配置工具负责将 SCD 文件中与本 IED 相关信息提取后生成 CID 文件，并通过工具下装到具体的 IED 设备。

3. 变压器保护直接采样，直接跳各侧断路器变压器保护跳母联、分段断路器及闭锁备自投、启动失灵保护等可采用 GOOSE 网络传输。变压器保护可通过 GOOSE 网络接收失灵保护跳闸命令，并实现失灵保护跳变压器各侧断路器变压器非电量保护采用就地直接电缆跳闸，信息通过本体智能终端上送过程层 GOOSE 网。

4. 装置应支持上送采样值、开关量、压板状态、设备参数、定值区号及定值、自检信息、异常告警信息、保护动作事件及参数（故障相别、跳闸相别和测距）、录波报告信息、装置硬件信息、装置软件版本信息、装置日志信息等数据。

五、论述题

1.1）保护装置异常时，放上装置检修压板，重启装置一次。

2）智能终端异常时，放上装置检修压板，取下出口硬压板，重启装置一次。

3）间隔合并单元异常时，放上装置检修压板，将相关保护改信号，重启装置一次。

4）以上装置重启后若异常消失，将装置恢复到正常运行状态，若异常没有消失，保持该装置重启时状态。

5）GOOSE 交换机异常时，重启一次。重启后异常消失则恢复正常继续运行，如异常没有消失，退出相关受影响保护装置。

6）双重化配置的二次设备仅单套装置发生故障时，原则上不考虑陪停一次设备，但应加强运行监视。

7）主变压器非电量智能终端装置发生 GOOSE 断链时，非电量保护可继续运行，但应加强运行监视。

8）收集异常装置、与异常装置相关装置、网络分析仪、监控后台等信息，进行辅助分析，初步确定异常点。

9）如确认装置异常，取下异常装置背板光纤，进行检查处理。

10）异常处理后需进行补充试验，确认装置正常，配置及定值正确。

11）确认装置"恢复安措"（恢复前的补充安措）状态正确，接入光缆，检查装置无异常,相关通信链路恢复后装置投入运行。

2.(1)220kV 及以上线路按双重化配置保护装置:

1)每套完整、独立的保护装置应能处理可能发生的所有类型的故障。两套保护之间不应有任何电气联系,当一套保护异常或退出时不应影响另一套保护的运行。

2)两套保护的电压(电流)采样值应分别取自相互独立的 MU。

3)双重化配置的 MU 应与电子式互感器两套独立的二次采样系统一一对应。

4)双重化配置保护使用的 GOOSE 网络应遵循相互独立的原则,当一个网络异常或退出时不应影响另一个网络的运行。

5)两套保护的跳闸回路应与两个智能终端分别一一对应,两个智能终端应与断路器的两个跳闸线圈分别一一对应。

6)双重化的两套保护及其相关设备(电子式互感器、MU、智能终端、网络设备、跳闸线圈等)的直流电源应一一对应。

7)双重化配置的保护应使用主、后一体化的保护装置。

8)线路过电压及远跳就地判别功能应集成在线路保护装置中,站内其他装置启动远跳经 GOOSE 网络启动。

9)线路保护直接采样,直接跳断路器,经 GOOSE 网络启动断路器失灵保护、重合闸。

(2)1)结构和外观检查。

2)型号及逻辑检查。

3)采样值检查。

4)软压板检查、远方投退功能验证。

5)整定值的整定及检验,远方保护投退,定值切区功能验证。

6)虚、实端子状态检查。

7)保护 SOE 报文的检查,后台光字、告警报文检查。

8)装置整组试验。

9)直流电源试验。

10)装置收发功率及光纤衰耗检查。

11)装置检修机制验证。

12)装置对时精度检查。

试 题 3

一、填空题

1	2	3	4	5	6
模块(插件)	母线	101598	1,1	40Ω	1.77Ω
7	8	9	10	11	12
Y 侧 B 相接反	1990	−8.15413 kV	4	20	10%

二、单项选择题

1	2	3	4	5	6	7	8	9	10
A	B	C	C	A	B	D	B	B	B
11	12	13	14	15	16	17	18	19	20
B	A	D	B	D	A	A	A	C	C
21	22	23	24	25	26	27	28	29	30
B	C	A	A	A	C	D	A	B	D
31	32	33	34	35	36	37	38	39	
C	D	B	A	B	C	C	A	B	

三、多项选择题

1	2	3	4	5	6	7	8	9
ACD	ABC	BCD	ABD	ABC	ABD	ABCD	AC	BC

四、判断题

1	2	3	4	5	6	7	8	9
×	√	×	√	×	×	√	×	×
10	11	12	13	14	15	16	17	18
√	×	×	×	√	√	√	√	×

五、简答题

1. 1）宜简化保护装置之间、保护装置和智能终端之间的 GOOSE 软压板。

2）保护装置应在发送端设置 GOOSE 输出软压板。

3）线路保护及辅助装置不设 GOOSE 接收软压板。

4）保护装置应按 MU 设置"SV 接收"软压板。

2. 双母双分段接线的变电站分段断路器左右两侧各配置两套母线保护，相互之间不交互信息，当分段断路器和 TA 之间发生先断线后接地故障时（故障点靠近分段断路器），故障母线差动元件满足动作条件，但电压闭锁元件不满足动作条件，另一侧母线保护差动元件不动作，但电压闭锁元件开放，将导致两套母线差动保护均拒动，如跳分段断路器不经电压闭锁，则可先跳分段，再启动分段失灵保护切除故障，因此母线保护跳分段支路不应经复合电压闭锁。

3. 智能站变压器保护与各侧（分支）合并单元之间应采用点对点方式通信，与各侧（分支）智能终端之间应采用点对点方式通信。变压器保护跳母联、分段断路器及闭锁备自投、启动失灵保护等可采用 GOOSE 网络传输；变压器保护可通过 GOOSE 网络接收失灵保护跳闸命令，并实现失灵保护跳变压器各侧断路器。

4. 如果是 TV 合并单元故障或失电，线路保护装置收电压采样无效，闭锁部分保护（如纵联和距离），如果是电流合并单元故障或失电，线路保护装置收线路电流采样无效，闭锁所有保护。

5.（1）当 220kV 线路 B 相发生区内单相永久性故障时，两侧线路（211、221）保护动作，B 相跳闸，随后 211、221 断路器启动 B 相重合闸，重合不成功跳开两侧三相断路器。此时 211 断路器 A 相机构故障，不能跳闸。

（2）失灵保护不会动作。因为虽然 A 相断路器拒分，但当 211 断路器的 B、C 相和 221 断路器的 A、B、C 相跳开后，两侧不存在故障电流，所以两侧保护返回，不启动失灵保护。

6. 通过母线保护和变压器电量保护实现上述功能。

母线故障，变压器断路器失灵时，除应跳开失灵断路器相邻的全部断路器外，还应跳开该变压器连接其他电源侧的断路器，失灵保护电流再判别元件由母线保护实现。母线保护设"失灵联跳变压器（每个变压器支路 1 组）"开出。

变压器保护内设失灵保护联跳功能，一段 1 时限。变压器高压侧断路器失灵保护动作开入后，经灵敏的、不需整定的电流元件并带 50 ms 延时后跳开变压器各侧断路器。

六、计算题

断线故障序网络图如图 3-2 所示。

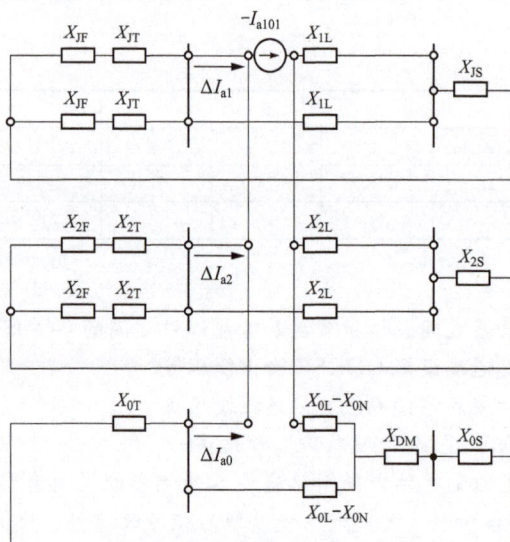

图 3-2　断线故障序网络图

断口处综合电抗为

$$X_{1\Sigma} = X_{2\Sigma} = [(X_{1F} + X_{1T})/2 + X_{1S}] \mathbin{/\mkern-5mu/} X_{1L} + X_{1L}$$
$$= [(0.7 + 0.5)/2 + 0.3] \mathbin{/\mkern-5mu/} 0.6 + 0.6 = 0.96$$

$X_{0\Sigma}$ 考虑了零序互感影响。

$$X_{0\Sigma} = (X_{0T} + X_{0S} + X_{0M}) \mathbin{/\mkern-5mu/} (X_{0L} - X_{0M}) + (X_{0L} - X_{0M})$$
$$= (0.4 + 0.2 + 0.6) \mathbin{/\mkern-5mu/} (1.8 - 0.6) + (1.8 - 0.6) = 1.8$$

根据叠加原理，断线电流故障分量为

$$\Delta I_{A1} = -I_{A|0|} \frac{1}{\dfrac{1}{X_{1\Sigma}} + \dfrac{1}{X_{2\Sigma}} + \dfrac{1}{X_{0\Sigma}}} \times \frac{1}{X_{1\Sigma}} = -I_{A|0|} \frac{X_{0\Sigma}}{2X_{0\Sigma} + X_{1\Sigma}}$$

$$\Delta I_{A2} = \Delta I_{A1}$$

$$\Delta I_{A0} = -I_{A|0|}\ \cfrac{1}{\cfrac{1}{X_{1\Sigma}}+\cfrac{1}{X_{2\Sigma}}+\cfrac{1}{X_{0\Sigma}}} \times \frac{1}{X_{0\Sigma}} = -I_{A|0|}\ \frac{X_{1\Sigma}}{2X_{0\Sigma}+X_{1\Sigma}}$$

Ⅰ回线全电流为

$$I_A = 0$$

$$I_B = a^2(I_{A|0|}+\Delta I_{A1}) + a\Delta I_{A2} + \Delta I_{A0} = I_{B|0|} + I_{A|0|}\ \frac{X_{0\Sigma}-X_{1\Sigma}}{2X_{0\Sigma}+X_{1\Sigma}}$$

$$= I_{B|0|} + I_{A|0|} \times \frac{1.8-0.96}{2\times1.8+0.96} = I_{B|0|} + 0.184I_{A|0|} = 0.92\times600\angle-110°$$

$$I_C = a(I_{A|0|}+\Delta I_{A1}) + a^2\Delta I_{A2} + \Delta I_{A0}$$

$$= I_{C|0|} + I_{A|0|}\ \frac{X_{0\Sigma}-X_{1\Sigma}}{2X_{0\Sigma}+X_{1\Sigma}} = 0.92\times600\angle130°$$

$$3I_{0\ Ⅰ} = 3\Delta I_{A0} = -3I_{A|0|}\ \frac{X_{1\Sigma}}{2X_{0\Sigma}+X_{1\Sigma}} = -3\times600\times\frac{0.96}{2\times1.8+0.96} = -378(A)$$

七、分析题

1. (1) 电压向量图如图 3-3 所示，U_A、U_B、U_C 为高压侧电压，U_{a1}、U_{b1}、U_{c1} 为正常的 1 号母线电压，U_{a2}、U_{b2}、U_{c2} 为异常的 2 号母线电压。通过向量图分析，2 号主变压器低压侧电压变为负序。系统通入主变压器的电压为负序电压。U_a 方向由 U_A-U_B 变成 U_A-U_C，U_b 方向由 U_B-U_C 变成 U_C-U_B，U_c 方向由 U_C-U_A 变成 U_B-U_A。以上说明线路 2 因施工相序发生 B 相 C 相接反。

(2) 需要将上级电源侧出线或本变电站进线进行换相，重新核相即可。

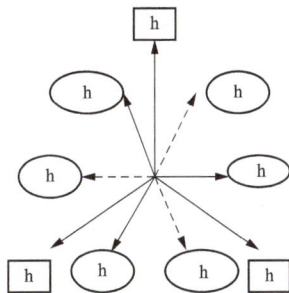

图 3-3　电压向量图

2. (1) $t_1 \sim t_2$ 时段：Ⅱ母线区内出口处故障，Ⅰ、Ⅱ母 A 相电压跌落，甲、乙、丙、丁线向故障点 K 送短路电流，故而图中母差保护四个支路 TA 电流相位基本相同。

t_2 时刻以后：

1) 母差保护动作，跳开母联断路器及Ⅱ母上所有断路器。

2) Ⅰ母 A 相电压恢复正常。

3) 母差保护丁线支路 TA 电流为 0。

4) 由于乙线本侧开关跳开，K 点的短路电流只能流过乙线供给，所以母差保护乙线支路 TA 短路电流增大。

5)电源 M 通过丙线、甲线、乙线向故障点送短路电流，所以母差保护甲线支路 TA 电流倒向，丙线支流 TA 电流变小。

6)约一个周波后，乙线 N 侧线路保护动作，此时母差保护各支流 TA 电流为 0。

7)由于在乙线线路保护整组复归时间内发生第二次故障（或配置的差动保护远跳三跳），乙线 N 侧线路保护三跳出口，此时母差保护各支流 TA 电流为 0。

（2）由于乙线 N 侧线路保护由于第一次故障起动尚未整组复归期间，发生第二次单相故障，保护三跳出口。或者乙线 N 侧线路保护重合闸动作后，在充电未完成期间发生第二次单相故障，保护三跳出口。或者该线路保护配置为差动保护，母差保护启动远跳，N 侧三跳。

试 题 4

一、单项选择题

1	2	3	4	5	6	7	8	9	10
D	D	C	C	C	D	C	A	A	D
11	12	13	14	15	16	17	18	19	20
B	D	C	B	B	C	D	A	B	B
21	22	23	24	25	26	27	28		
C	B	D	A	A	A	B	A		

二、多项选择题

1	2	3	4	5	6	7	8
BCD	ABCD	AD	CD	BC	ABC	ABC	AB

三、判断题

1	2	3	4	5	6	7	8	9	10
×	√	√	√	√	×	√	×	×	√
11	12	13	14	15	16	17	18	19	
√	×	×	√	×	×	√	×	×	

四、填空题

1	2	3	4	5	6	7	8	9
4000	插值再采样	10ms	启动元件	数据集	7	50	0.5	2s

五、简答题

1.1)"停用重合闸"控制字、软压板和硬压板三者为"或门"逻辑。

2) "远方操作"只设硬压板。"远方投退压板""远方切换定值区"和"远方修改定值"只设软压板。

3) "保护检修状态"只设硬压板。

2.1) 投入待隔离保护装置的"检修状态"硬压板。

2) 退出待隔离保护装置所有的"GOOSE出口"软压板。

3) 退出所有与待隔离保护装置相关装置的"GOOSE接收"软压板。

4) 解除待隔离保护装置背后的GOOSE光纤。

3.1) 光纤纵联通道双向来回路由不一致。

2) 光纤差动保护两侧采样不同步。

3) TA极性接反。

4) TA变比整定错误。

5) 装置交流插件型号配置错误（1A、5A）。

6) 智能站保护装置电流正反极性虚端子配置错。

4. 母线进行倒闸操作时，两段母线被隔离开关短接，此时如发生区外故障，小差会出现较大的差流，而大差没有，有大差闭锁就不会误动。微机母差保护利用隔离开关辅助接点的位置识别母线的连接状态，若辅助接点接触不良，小差会出现较大的差流，有大差闭锁就不会误动。

六、计算题

（1）复合序网图如图 3-4 所示

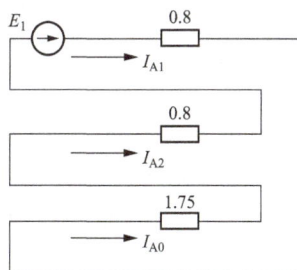

图 3-4　复合序网图

（2）全电流为

$$X_{1\Sigma} = X_{1M} + X_{1MK} = 0.3 + 0.5 = 0.8$$
$$X_{1\Sigma} = X_{2\Sigma} = 0.8$$
$$X_{0\Sigma} = X_{0M} + X_{0MK} = 0.4 + 1.35 = 1.75$$

基准电流

$$I_j = \frac{S_j}{\sqrt{3}U_j} = \frac{1000}{\sqrt{3} \times 230} = 2.51(kA)$$

短路点的全电流

$$I_A = I_{A1} + I_{A2} + I_{A0} = 3\frac{I_j}{2X_{1\Sigma} + X_{0\Sigma}} = 3 \times \frac{2.51}{2 \times 0.8 + 1.75} = 2.25(kA)$$

七、分析题

5 断路器保护正确动作。因为 K 点发生 A 相接地故障时，1 断路器流过零序故障电流 20.4A，达到零序二段定值，1.5s 时 1 断路器零序二段正确动作。正常情况下，5 断路器保护不应动作，但 D 站 110kV 2 号主变压器中性点间隙击穿，造成 5 断路器流过零序故障电流 4.7A，达到零序二段定值，0.5s 时 5 断路器零序二段正确动作。

故障开始时，3 断路器虽然也流过零序故障电流 4.7A，但 0.5s 时 5 断路器跳开，故障电流消失，零序二段保护返回，故不动作。

试 题 5

一、单项选择题

1	2	3	4	5	6	7	8	9
B	D	B	C	A	A	B	B	B
10	11	12	13	14	15	16	17	
C	A	B	C	D	C	C	A	

二、多项选择题

1	2	3	4	5	6	7	8	9
ABD	ABC	ACD	AD	ABCD	BC	ABD	BCD	ABCD
10	11	12	13	14	15	16	17	18
AB	AB	AB	AC	ACD	ABC	ABC	BC	ABC

三、判断题

1	2	3	4	5	6	7	8	9	10
×	√	√	×	√	×	×	√	×	×
11	12	13	14	15	16	17	18	19	
×	×	×	×	×	×	×	×	√	

四、简答题

1.1) 保护装置的跳、合闸命令。

2) 测控装置的遥控命令。

3) 保护装置间信息（启动失灵保护、闭锁重合闸、远跳等）。

4) 一次设备的遥信信号（断路器隔离开关位置、压力等）。

5) 间隔层的连锁信息。

2. 公用 LD，inst 名为 "LD0"。

测量 LD，inst 名为 "MEAS"。

保护 LD，inst 名为 "PROT"。

控制及开入 LD，inst 名为 "TARL"。

录波 LD，inst 名为 "RCD"。

3. OxFFF38ECB，将其减 1 后取反得 Oxc7135，换算成十进制为 815 413），表示 −8.15413kV。

4. 双 AD 采样为合并单元通过两个 AD 同时采样两路数据，如一路为电流 ABC，另一路为电流 A1、B1、C1。两路数据同时参与逻辑运算，即相互校验。一路数据作为启动，一路作为逻辑运算。双 AD 采样的作用是使保护更加可靠，使保护不容易误出口。

5.1）由于电流互感器各侧电流互感器型号不同，即各侧电流互感器的饱和特性和励磁电流不同而引起的不平衡电流。

2）由于实际的电流互感器变比和计算变比不同而引起的不平衡电流。

3）由于改变变压器调压分接头引起的不平衡电流。

4）由短路电流中的非周期分量影响而引起的不平衡电流。短路电流的非周期分量主要作为电流互感器的励磁电流，使其铁芯饱和，误差增大，从而产生不平衡电流。

5）变压器的励磁通流引起的不平衡电流。

6.（1）当零序电流位于 A 区时只可能存在 3 种接地短路类型，它们是：A 相接地、BC 两相接地和 AB 两相接地。

（2）当发生 AB 两相接地短路时，故障点零序电流与 C 相负序电流的相位随接地电阻不同而不同。接地电阻越大，零序电流越超前 C 相负序电流，但最大不会超过 90°。

7.（1）断开智能终端跳、合闸出口硬压板。

（2）投入间隔检修压板，利用检修机制隔离检修间隔及运行间隔。

（3）退出相关发送及接收装置的软压板。

8. 当距离继电器的动作过快时，容易因下述一些原因引起暂态超越：

（1）短路初始时，一次短路电流中存在的直流分量与高频分量。

（2）外部短路转换时的过渡过程。

（3）电流互感器和电压互感器的二次过渡过程。

（4）继电器内部回路因输出量突然改变引起的过渡过程等。

五、计算题

1.K 点三相短路电流为

$$I_K^{(3)} = \frac{225}{\sqrt{3} \times 5} \times 10^3 = 25982 \text{(A)}$$

折算到期二次侧

$$I_K^{(3)} \text{(二次)} = \frac{25982}{2400/5} = 54.1 \text{(A)}$$

K 点单相短路电流为

$$I_K^{(1)} = \frac{\left(\frac{225}{\sqrt{3}}\right) \times 10^3}{5+5+3} \times 3 = 29978.7 \text{(A)}$$

$$I_K^{(1)} \text{(二次)} = \frac{29978.7}{\frac{2400}{5}} = 62.5 \text{(A)}$$

折算到二次，求 TA 励磁阻抗 X_u。

$$I_{\mathrm{K}}^{(3)}(二次)\left|\frac{\mathrm{j}X_{\mathrm{u}}}{Z_{\mathrm{L}}+\mathrm{j}X_{\mathrm{u}}}\right|=53.6(\mathrm{A})$$

因为

$$54.1\left|\frac{\mathrm{j}X_{\mathrm{u}}}{4+\mathrm{j}X_{\mathrm{u}}}\right|=53.6(\mathrm{A})$$

解得

$$X_{\mathrm{u}}=\frac{4}{\sqrt{\left(\frac{54.1}{53.6}\right)^2-1}}=29.2(\Omega)$$

（1）K 点单相接地时 ε。TA 二次负载阻抗 $R=4\times2=8$（Ω）

$$I_2=62.5\times\frac{\mathrm{j}29.2}{8+\mathrm{j}29.2}=60.2\angle15.3°（\mathrm{A}）$$

$$\varepsilon=\frac{60.2-62.5}{62.5}=-3.68\%$$

2. 用电流比求

$$\because I_1=I\frac{400}{100+300+400}=\frac{1}{2}I$$

$$\therefore L=20\lg\frac{I}{I_1}=20\lg\frac{I}{\frac{1}{2}I}=6.02（\mathrm{dB}）$$

衰耗值为 6.02dB。

3. 等效阻抗电路如图 3-5 所示。

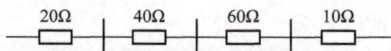

图 3-5　等效阻抗电路

$$Z_{0\mathrm{P}}^{\mathrm{I}}=0.85\times0.4\angle75°\times100=34\angle75°(\Omega)$$
$$Z_{0\mathrm{P}}^{\mathrm{II}}=0.85\times(0.4\angle75°\times100+0.85\times0.4\angle75°\times150)=77.25\angle75°(\Omega)$$

振荡时测量阻抗的轨迹

$$Z_{\mathrm{m}}=\frac{1}{2}Z_{\mathrm{E}}-Z_{\mathrm{F}}-\mathrm{j}\frac{1}{2}Z_{\mathrm{E}}\cot\frac{\delta}{2}$$
$$=\frac{1}{2}\times130\angle75°-20\angle70°-\mathrm{j}\frac{1}{2}\times130\angle70°\cot\frac{\delta}{2}$$
$$=45\angle75°-\mathrm{j}\frac{1}{2}65\angle75°\cot\frac{\delta}{2}$$

作图如图 3-6 所示。

从图 3-6 中可看出振荡对第Ⅰ段没有影响，对第Ⅱ段有响措施：对第Ⅱ段加振荡闭锁，也可适当延长动作时间。

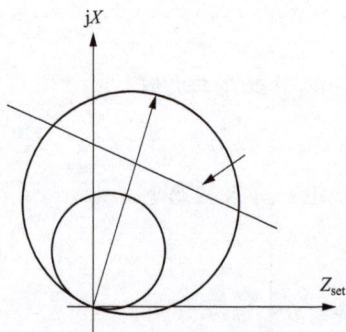

图 3-6　振荡时测量阻抗的轨迹

六、绘图题

1. 正序电压、零序电压、负序电压、突变量正序电压的分布如图 3-7 所示。

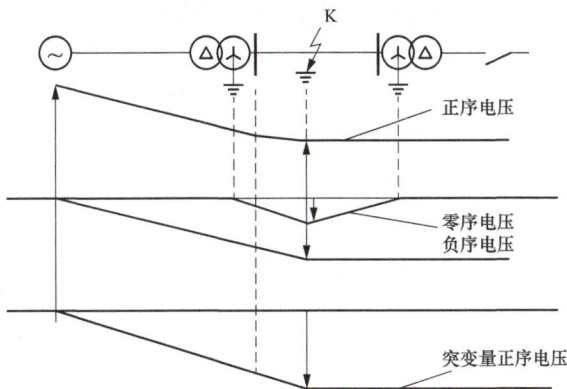

图 3-7　正序电压、零序电压、负序电压、突变量正序电压的分布

2. 1) RCS915A 型如图 3-8 所示。

动作方程：$I_d > I_{dset}$

$I_d > k_r I_r$ $(0 < k < 1)$

2) BP-2B 型母差保护如图 3-9 所示。

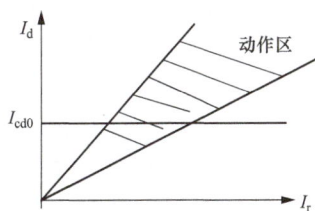

图 3-8　RCS915A 型母差保护的差动
元件动作特性曲线

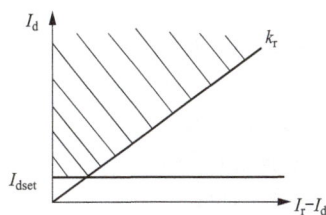

图 3-9　BP-2B 型母差保护的差动
元件动作特性曲线

动作方程：$I_d > I_{d.set}$

$I_d > k_r (I_r - I_d)$ $(k_r >= 1)$

试　题　6

一、单项选择题

1	2	3	4	5	6	7	8	9	10
C	B	C	A	A	C	B	C	A	B

11	12	13	14	15	16	17	18	19
B	D	C	D	D	C	A	D	B

二、多项选择题

1	2	3	4	5	6	7	8	9
AD	ABC	BD	BC	ABC	AB	AB	ACD	BC

10	11	12	13	14	15	16	17	
ABD	ABCD	ABC	ACD	BCD	ABC	ACD	AC	

三、判断题

1	2	3	4	5	6	7	8	9
×	√	×	×	×	×	×	×	×

10	11	12	13	14	15	16	17	
×	√	×	√	×	×	×	×	

四、简答题

1. 智能变电站标准化调试流程：组态配置→系统测试→系统动模→现场调试→投产试验。

组态配置完成变电站 SCD 文件的配置和检查，完成 IED 设别的配置。

系统测试分为单体调试和分系统调试，单体调试主要完成 IED 单体功能验证性，分系统调试主要完成 IED 之间系统功能验证性试验。

现场调试重点是光纤电缆回路检查和与一次设备之间的接口传动试验，完成一二次设备闭环验证性试验。

投产试验与常规变电站一致，只是方法上稍有变动。

2. 1）统一数据模型。

2）统一服务模型。

3）统一通信协议。

4）统一物理网络。

5）统一工程数据交换格式。

6）统一一致性测试标准。

3. Ox000005a9，换算成十进制为 1449，即 $1449 \times 1\text{mA} = 1.449\text{A}$。

4. 无论是在组网还是直采 GOOSE 信息模式下，间隔层 IED 订阅到的 GOOSE 开入量都带有了延时，该接收到的 GOOSE 变位时刻并不能真实反映外部开关量的精确变位时刻。为此，智能终端通过在发布 GOOSE 信息时携带自身时标，该时标真实反映了外部开关量的变位时刻，为故障分析提供精确的 SOE 参考。

5. 1）对相间距离：无影响。

2）对接地距离的影响，测量阻抗为 $Z_\text{m} = \dfrac{\dot{U}_\text{v}}{\dot{I}_\text{v} + K_3 I_0} \left(K = \dfrac{Z_0 - Z_1}{3Z_1} \right)$

当中性线断开时，测量阻抗变为 $Z'_\text{M} = \dfrac{\dot{U}_\text{v}}{\dot{I}_\text{v}}$

在同一地点发生接地故障时，有 $Z'_\text{M} > Z_\text{m}$

即测量阻抗增大了，故保护区缩短。

6. 在线路合闸于故障线路时，在合闸前后电压互感器（TV）都没有电压。方向型阻抗继电器将不能动作。为此，应有合于故障线路的保护措施。

在线路两相运行时，断开相电压很小，但有零序电流存在，导致断开相的接地距离继电器可能持续动作。因此，每相接地距离继电器都应配置该相的电流元件。

在故障相单相跳闸进入两相运行时，故障相上储存的能量，在短路消失后不会立即释放掉，而会在线路电感。并联电抗器的电感和线路分布电容间振荡而逐渐衰减，其振荡率接近 $50\,Hz$ 衰减时间常数相当长，所以，两相运行的保护最好不反映断开相的电压。

7.1）振荡时电流、电压的变化比较缓慢，而短路故障时电流增大，电压降低是突变的振荡时，系统中任一点电压、电流间的夹角随两侧电动势角度的变化而变化，而短路故障时夹角是不变化的振荡时，无负序、零序分量，而不对称短路故障时有负序分量，接地故障时有零序分量振荡时，系统中各点电压除以电流得到的测量阻抗随两侧电势间夹角变化而变化，而短路故障时是不变化的。

2）可能误动作的继电器是：阻抗继电器、电流继电器、低电压继电器。

3）不误动的继电器是：零序电流继电器、零序方向继电器、电流差动继电器、负序方向继电器。

8. 工作磁密增加，使变压器励磁电流增加，特别是铁芯饱和后，励磁电流要急剧增大，造成变压器过励磁，同时会使铁损增加，铁芯温度升高，另外漏磁场增强，使靠近铁芯的绕组导线，油箱壁和其他金属构件产生涡流损耗，发热，引起高温，严重时要造成局部变形和损伤周围的绝缘介质。

通过 $B=10^8/4.44N_SU/f$，可反映变压器过励磁。

9.1）从打印数据读出：一个工频周期采样点数 $N=12$ 即，相邻两点间的工频电角度为 $\dfrac{360°}{12}=30°$。

2）从打印数据读出 $3I_0$ 滞后 $3U_0$ 的相角改为 $60°\sim70°$，即

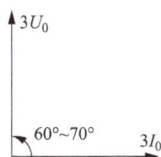

3）结论：故障在反方向上。

五、计算题

1. $Z_1=R_1+jX_1=2\cos80°+j2\sin80°=0.347+j1.970$

$$\dot K=\frac{z_0-z_1}{3z_1}=\frac{(R_0+jX_0)-(R_1+jX_1)}{3(R_1+jX_1)}=\frac{K_RR_1+jK_XX_1}{R_1+jX_1}$$

$\dot K=0.309-j0.0513$

由于故障电流为 $5A$，角度为 $0°$

$$U_A=(I+\dot K3I_0)Z_1=13.101\angle77.8°$$

电压	幅值	相角	电流	幅值	相角
U_A	13.101V	77.8°	I_A	5A	0°
U_B	57.7V	−42.2°	I_B	0A	0°
U_C	57.7V	197.8°	I_C	0A	0°

2. (1) 计算电流平衡系数。

1) 一次额定电流为：

110kV 侧 $I_{1N} = \dfrac{40 \times 10^3}{\sqrt{3} \times 115} = 200.8$ (A)

6.3kV 侧 $I_{2N} = \dfrac{40 \times 10^3}{\sqrt{3} \times 6.3} 3665.7$ (A)

2) 进入差动回路电流为：

110kV 侧 $I_{1N} = \dfrac{200.8}{300/5} = 3.35$ (A)

6.3kV 侧 $I_{2N} = \dfrac{3665.7}{3000/5} = 6.11$ (A)

3) 电流平衡系数为：

110kV 侧 $K_{rd} = 1$ 6.3kV 侧 $K_{82} = \dfrac{3.35}{6.11} = 0.55$

(2) 高压侧进入差动回路电流为

$I_\alpha = \dfrac{900}{300/5} - \dfrac{1}{3} \times \dfrac{900}{300/5} = 10$ (A)

(3) 低压侧进入差动回路电流为

$I'_\alpha = \dfrac{1}{\sqrt{3}} \left(-\dfrac{900}{3000/5} - 0 \right) = -0.866$ (A)

(4) 计算差动回路电流为

$I = I_\alpha + k_{82} I'_u = 10 - 0.55 \times 0.866 = 9.52$ (A)

3. (1)

1) 计算出正序综合阻抗 $Z_1 = j30\Omega$，负序综合阻抗 $Z_2 = j30\Omega$，零序综合阻抗 $Z_0 = j60//j80 = j34.3$ (Ω)。

2) 按照 BC 两相金属性短路接地故障，建立故障序分量方程或复合序网图，求得 $U_{ka1} = U_{ka2} = U_{ka} = I_{ka1}(Z_2//Z_0) = j0.35$, $I_{ka1} = 0.022$, $I_{ka2} = -0.012$, $I_{ka0} = -0.01$。

3) 故障点电压为 $U_{ka} = j1.05$ (0.5 分), $U_{kb} = U_{kc} = 0$。

4) 故障点电流为 $I_{ka} = 0$, $I_{kb} = 0.033 \angle -117°$, $I_{kb} = 0.033 \angle 117°$。

(2)

流经 N 侧保护的各相电流和零序电流。因正序和负序网在 N 侧均断开，故只有零序电流流过，则 $I_{AN} = I_{BN} - I_{CN} = I_{0N} = -0.01 \times [80/(80+60)] = -0.0057$。

试　题　7

一、单项选择题

1	2	3	4	5	6	7	8	9	10	11
A	B	A	C	C	B	A	A	A	B	C

二、多项选择题

1	2	3	4	5	6	7
BC	ABC	ABCD	ABCD	CD	BC	ABD
8	9	10	11	12	13	
ABC	AC	CD	AC	CDE	ABCD	

三、判断题

1	2	3	4	5	6	7	8	9	10
√	√	√	×	√	√	×	√	√	√

四、简答题

1. 因 $I_f^{(1)}=3\dfrac{V_f^{(0)}}{X_{1\Sigma}+X_{2\Sigma}+X_{0\Sigma}}$，$I_f^{(2)}=\sqrt{3}\dfrac{V_f^{(0)}}{X_{1\Sigma}+X_{2\Sigma}}$，$I_f^{(3)}=\dfrac{V_f^{(0)}}{X_{1\Sigma}}$

而 $X_{1\Sigma}=X_{2\Sigma}$，$X_{0\Sigma}<X_{1\Sigma}$　故 $I_f^{(1)}>I_f^{(3)}>I_f^{(2)}$。

2. 整定计算应选用最小助增系数，此时系统需要 E_s 取大方式，E_r 取小方式，不受 E_p 影响。通过图形可知，由于助增系数不受 E_p 影响，因此不考虑 E_p 电源作用时，P 点故障流入 N 点的电流与流入 P 点的电流相等，假定电流为 I，其中流入 N 点的电流由 E_s 与 E_r 提供，流过 MN 线路电流 I_1 与电源 E_r 提供电流 I_r 的关系为

$$I_1/I_r=X_{rmax}/(X_{smin}+X_{mn})=6/9，所以 I_1=6I/15=0.4I$$

流入 P 点电流由双回线提供且双回线对称，则双回线流过电流 I_2 为

$$I_2=0.5I$$

最小助增系数为 $K_{ZZ}=I_2/I_1=0.5I/0.4I=1.25$

3. 1）$Z_Z=\dfrac{20+20+100\times0.4+125\times0.4}{2}=65$（Ω），$\dfrac{65-20}{0.4}=112.5$（km）

2）所以振荡中心位于 BC 线距 C 端 112.5km 处，距 B 端 12.5km 处。

3）保护 1 距离Ⅱ段、保护 4 距离Ⅱ段和保护 3 距离Ⅰ段、Ⅱ段受振荡影响。

4. （1）由于变压器中性点不接地，所以变压器中无零序电流→无零序磁通→无零序电压降，因此变压器 N 点的零序电压等于 Y 侧母线的零序电压。又因为 N 点的正、负序电压为 0，因此 N 点的电压就是 Y 侧母线的零序电压为 $U_N=U_0=500kV/(3\sqrt{3})$。

开口三角形电压为 300V

（2）TV 二次侧自产 $3U_0=3\times\dfrac{100}{\sqrt{3}}=100\sqrt{3}$（V）

五、分析计算题

1. 以 $K_{BC}^{(2)}$ 为例，分析 BC 相间阻抗继电器

$$\dot{U}_{OPBC}=\dot{U}_{BC}-(\dot{I}_B-\dot{I}_C)Z_{set}=-(\dot{I}_B-\dot{I}_C)(-Z_m)-(\dot{I}_B-\dot{I}_C)Z_{set}$$

$$=(\dot{I}_B-\dot{I}_C)(Z_m-Z_{set})=2\dot{I}_B(Z_m-Z_{set})$$

$$\dot{U}_{PBC}=\dot{U}_{1BC}=\dot{U}_{1B}-\dot{U}_{1C}=(\dot{E}_{RB}+\dot{I}_{1B}Z_R)-(\dot{E}_{RC}+\dot{I}_{1C}Z_R)$$

$$=(\dot{E}_{RB}-\dot{E}_{RC})+(\dot{I}_{1B}-\dot{I}_{1C})Z_R$$

$$=-(\dot{I}_B-\dot{I}_C)(Z_R-Z_m)+(\dot{I}_{1B}-\dot{I}_{1C})Z_R$$

$$=-2\dot{I}_B(Z_m-Z_R)+\dot{I}_BZ_R=2\dot{I}_B\left(Z_m-\frac{1}{2}Z_R\right)$$

动作方程为 $90°<\arg\dfrac{Z_m-Z_{set}}{Z_m-\dfrac{1}{2}Z_R}<270°$

动作特性图如图 3-10 所示。

2. (1) 作出故障前系统 A 相电压相量图。如图 3-11 中 OSF101R，$\angle SOR=60°$，OF_{101} 为 $\angle SOR$ 的平分线，求得 $\dot{U}_{F101}=0.866$。其中 F_{101} 为故障前电压点。F 为故障电压点。

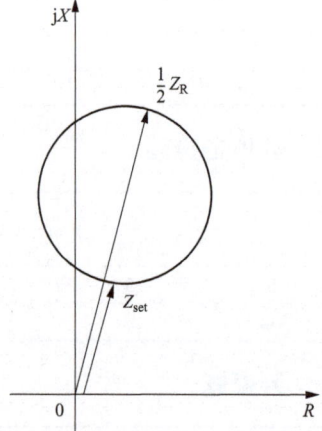

图 3-10　动作特性图

作复合序网图如图 3-12 所示。计算故障后 $\dot{U}_F$ 和 $\dot{I}_F$（$\dot{I}_F$ 流经 R_g），并作出故障后系统 A 相电压相量图 $\dot{U}_F$，相位落后于 $\dot{U}_{F101}$。

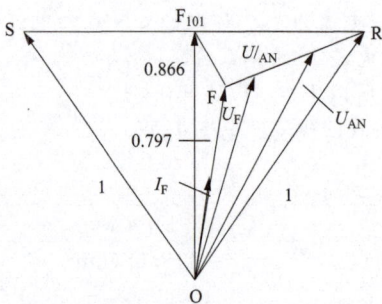

图 3-11　故障前后系统 A 相电压相量图

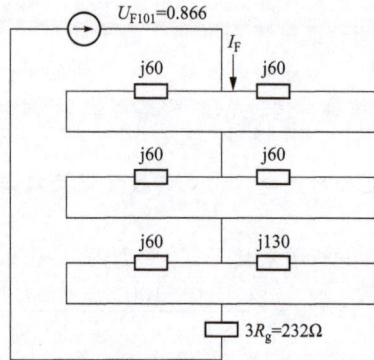

图 3-12　复合序网图

$$\dot{I}_F=0.866/(232+j30+j30+j41)=0.866/(232+j101)$$

$$\dot{U}_F=\dot{I}_F3R_g=0.866/(232+j101)\times232=0.797$$

(2) 定性在电压相量图上绘出故障后母线 N 的电压 $\dot{U}_{AN}$ 和 N 侧 A 相距离测量电压（补偿电压）$\dot{U}'_{AN}$ 的相量。（补偿电压 $\dot{U}'=\dot{U}-Z_{set}\dot{I}$）。$\dot{U}'_{AN}$ 落后于 $\dot{U}_F$，$\dot{U}_{AN}$ 落后于 $\dot{U}'_{AN}$，它们的相量末端在 FR 连线上。

$\dot{U}'_{AN}$ 和 $\dot{U}_{AN}$ 的相位差远小于 90°，故方向阻抗继电器不动作。

（3）近似认为 $\dot{I}_0$、$\dot{I}_{0F}$、$\dot{I}_F$、$\dot{U}_F$ 同相位，$\dot{U}'_{AN}$ 落后于 $\dot{I}_0$，零序电抗继电器超范围动作。

（4）零序功率方向继电器正确动作。

（5）距离纵联保护，M 侧判反方向，N 侧方向阻抗继电器拒动，两侧都不停信，正确不动作。

（6）零序方向纵联保护，N 侧判正方向，停信，M 侧判反方向不停信，正确不动作。

3.（1）乙站失灵保护只跳了乙 220 及乙丙 1 断路器 BC 相。失灵保护跳开乙 220 的同时，甲站失灵保护误动跳开甲 220 及甲乙 1 断路器，并启动远跳跳开甲乙 2 断路器。因乙 2 号变压器中性点不接地，此时乙站西母变为小电流接地系统，系统通过乙 1 号变压器-乙 110kV 母线-乙 2 号变压器和故障点相连，故障电流将变为电容电流，故障电流小于失灵保护判别元件电流，乙站失灵保护会返回。

（2）零序过电压保护为正确动作，动作条件是变压器所接系统变为小电流接地系统后才会达到零序过压保护动作的定值（180V）。乙 220 断路器和甲乙 1 断路器跳开后（失灵 0.25s＋断路器动作时间约 40～60ms＋电流返回时间约 20ms），此动作条件成立，开始计时，0.5s 后跳主变压器三侧，时间与题设 828ms 基本吻合。

4. 主变压器正序：高 (0.18+0.28－0.10)/2＝0.18，0.18×1000/200＝0.9

中 (0.18－0.28+0.10)/2＝0

低 (0.28+0.1－0.18)/2＝0.1，0.1×1000/200＝0.5

主变压器零序

A＝70，B＝6（折算至高压侧 6×230²/115²＝24），C＝46

励磁支路为 $\sqrt{24 \times (70-46)}$＝24，高压 46，中压 0，折算为标幺值为

基准阻抗 230²/1000＝52.9

折算后为高压 0.87，中压 0，励磁支路 0.45。

k2 点发生 BC 两相短路，短路电流计算：

变压器高压侧 B 相标幺值：1/(0.4+0.6+0.1+0.9+0.5)＝0.4，AC 相标幺值为 0.2。

折算为实际值：基准电流 2510A，高压侧 A、C 相 502A，B 相 1004A。

通道延时 (0.4+6.6)/2＝3.5ms，采样偏差 3.1ms，折合 3.1×18°＝55.8°。

差动电流 $2\sin(55.8/2)I_d$＝0.9359I_d，制动电流 $2\sin(180-55.8/2)I_d$＝1.7675I_d。

A、C 相差动电流 470A，小于 600A，不动作。

B 相差动电流 940A，大于 600A 制动电流 1775A，1775×0.5＝888A，940＞888。满足动作方程，保护跳 B 相。

试　题　8

一、填空题

1	二次谐波制动		波形对称		间断角	
2	相间低电压		负序过电压		"或"	
3	单位置	双位置		同一		共用
4	4					
5	准确限值系数（ALF）			额定拐点电压		
6	快速性			可靠性		
7	电源侧					
8	20ms			0.9		
9	变比	极性		相位关系		中性线
10	"跳闸"			"各侧复合电压动作"		
11	不经压板					
12	两组完全独立					
13	二次回路					
14	实际测量值		相位		幅值	
15	34					
16	2.5					
17	跳合闸					
18	原因不明			事故后检验		
19	对地放电					
20	相电流		零序电流		负序电流	
21	1周					
22	合并单元			智能终端		
23	启动	闭锁			位置	
24	发送					
25	−31～−14					
26	相同处理			相异丢弃		
27	直接链接					

二、多项选择题

1	2	3	4	5	6	7	8
C	AC	B	C	A	A	ACD	BCD
9	10	11	12	13	14	15	16
C	B	A	AC	D	C	D	C
17	18	19	20	21	22	23	
C	ACD	A	D	A	ABD	A	

三、判断题

1	2	3	4	5	6	7	8	9	10
√	×	×	√	√	×	×	×	√	×
11	12	13	14	15	16	17	18	19	
×	×	×	√	√	×	×	√	×	

四、简答题

1. 电源电压：合闸前电源电压越高，励磁涌流越大。

合闸角 α：合闸角为 0 时，即在电源电压顺时针过零点时合闸，励磁涌流最大。

剩磁：合闸时，变压器铁芯中剩磁越大，励磁涌流越大。

2. 正常运行时，因有差流存在，所以当线路负荷电流达到一定值时，差流会告警。

外部短路故障时，此时线路两侧测量的差动回路电流均增大，制动电流减小，故两侧保护均有可能发生误动作。

内部短路故障时，两侧测量的差动回路电流均减小，制动电流增大，故灵敏度降低，严重时可能发生拒动。

3. $$\left.\begin{array}{l}\dot{F}_A=\dot{F}_{A1}+\dot{F}_{A2}+\dot{F}_{A0}\\[4pt]\dot{F}_B=\dot{F}_{B1}+\dot{F}_{B2}+\dot{F}_{B0}=a^2\dot{F}_{A1}+a\dot{F}_{A2}+\dot{F}_{A0}\\[4pt]\dot{F}_C=\dot{F}_{C1}+\dot{F}_{C2}+\dot{F}_{C0}=a\dot{F}_{A1}+a^2\dot{F}_{A2}+\dot{F}_{A0}\end{array}\right\}$$

$$\left.\begin{array}{l}\dot{F}_{A0}=\dfrac{1}{3}(\dot{F}_A+\dot{F}_B+\dot{F}_C)\\[8pt]\dot{F}_{A1}=\dfrac{1}{3}(\dot{F}_A+a\dot{F}_B+a^2\dot{F}_C)\\[8pt]\dot{F}_{A2}=\dfrac{1}{3}(\dot{F}_A+a^2\dot{F}_B+a\dot{F}_C)\end{array}\right\}$$

4. 电流互感器二次负载阻抗的大小对互感器的准确度有很大影响。这是因为，如果电流互感器二次负载阻抗增加很多，超出了所允许的二次负载阻抗时，励磁电流的数值就会大大增加，而使铁芯进入饱和状态，在这种情况下，一次电流的很大一部分将用来提供励磁电流，从而使互感器的误差大为增加，其准确度就随之下降了。

误差不满足要求时，可采取的措施有：

1）增加二次电缆截面。

2）串接备用电流互感器使允许负载增加1倍。

3）改用伏安特性较高的二次绕组。

4）提高电流互感器变比。

5. $\dfrac{\dot{E}_a - \dot{U}_c}{Z} + \dfrac{\dot{E}_b - \dot{U}_c}{Z} = \dfrac{\dot{U}_c}{Z}$

$\dot{U}_c = \dfrac{\dot{E}_a + \dot{E}_b}{3}$　（$\dot{U}_c$ 落后 $\dot{E}_a 60°$）

$U_c = 19.2$（V）

向量图如图 3-13 所示。

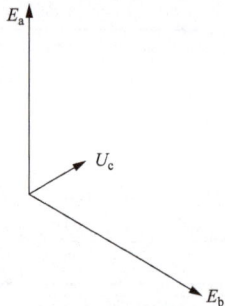

图 3-13　向量图

6. 将 FF4B71EC 转为二进制后，最高位是符号位（1 表示负数，0 表示正数），若为正数则将符号位后所有数据转换为 10 进制后，再乘以 10mV 或 1mA 即可。若为负数，则需将符号位后的数据减 1，再取反（0 变 1，1 变 0），再将符号位后所有数据转换为 10 进制后，再乘以 10mV 或 1mA 即可。

1）将 FF4B71EC 转化为二进制 11111111010010110111000111101100。

2）最高位是 1 为负数。将符号位后的数减 1 得 11111111010010110111000111101011。

3）将符号位后的数取反得 10000000101101001000111000010100。

4）再将符号位后所有数据转换为 10 进制后，得 11832852。

5）再乘以 10mV，得 −118.32852kV。

7. 1）保护装置的跳、合闸命令。

2）测控装置的遥控命令（或跳合闸命令）。

3）保护装置间的信息（启动失灵保护、闭锁重合闸、远跳等）。

4）一次设备的遥信信号（断路器、隔离开关位置及压力等）。

5）间隔层的联、闭锁信息。

8. 1）失磁保护、低励限制定值。

2）失步保护定值。

3）低频保护、过频保护定值。

4）汽轮机超速保护控制（OPC）定值。

5）过励磁保护定值。

6）发电机定子低电压、过电压保护定值。

7）过励限制及保护、转子绕组过负荷保护定值。

8）负序过电流保护定值。

五、分析题

（1）P 处有零序电流，Q 处没有零序电流，因为 P 处变压器中性点接地上，Q 处变压器中性点不接地。

（2）故障线路中 A 相的正序、负序、零序电流大小、相位都相同，故障线路中 B、C 相电流为零。上述正序、负序电流在 I、Ⅱ机组中平均分配，但零序电流只流入 I 号变压器，不流入Ⅱ号变压器。由于两台机组的正序、负序电流分配系数相等，而零序电流分配系数不相等，所以 P 处的 B、C 相有电流，但相位与 A 相电流相同。Q 处的 B、C 相也有电流，相位与 A 相电流相反。

P、Q 处电流向量图如图 3-14 所示。

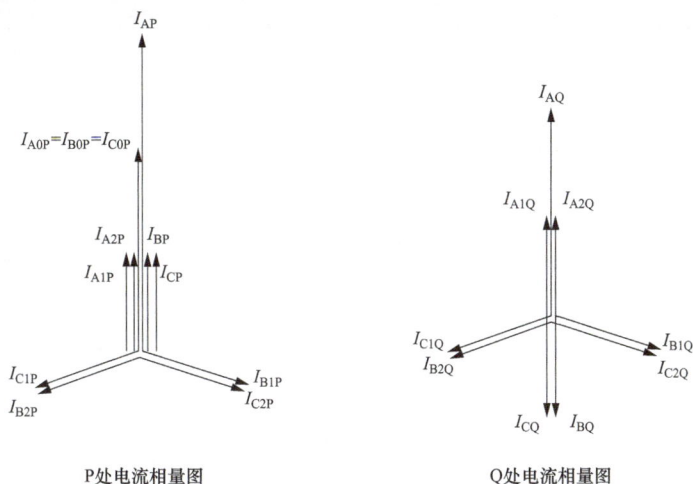

图 3-14　P、Q 处电流向量图

（3）由于上述相同原因 P 处电流中有零序电流，所以 P 处的 A 相电流大于 Q 处的 A 相电流。P 处 A 相电流 I_{AP} 是 Q 处 A 相电流 I_{AQ} 的 2 倍。

试　题　9

一、单项选择题

1	2	3	4	5	6	7	8	9	10
D	A	C	A	D	B	D	A	C	A
11	12	13	14	15	16	17	18	19	20
D	C	C	B	A	C	C	B	A	B
21	22	23	24	25	26	27	28	29	30
C	D	D	B	B	D	C	B	B	B
31	32	33	34	35	36	37			
A	B	B	C	C	A	D			

二、多项选择题

1	2	3	4	5	6	7
ACD	ABC	ABCD	ABCD	ABC	BCD	AD
8	9	10	11	12	13	14
ACD	AC	ABCD	ABD	BC	ACD	ACD

三、填空题

1	一		TCTR		TVTR		AABBCC
2	强电方式		4～20mA			0～5V	
3			0.1s				
4	重合闸压板状态			保护装置充电状态			
5	星型接线		不完全星型接线		三角形接线		两相差电流接线
6	增大						

四、判断题

1	2	3	4	5	6	7
×	×	×	×	√	√	×
8	9	10	11	12	13	14
√	×	√	√	×	√	√
15	16	17	18	19	20	21
√	×	×	×	×	√	×

五、简答题

1. 1）电子式互感器或合并单元从采集电气量到采样值报文开始发送的时间稳定并可知。

2）合并单元发送采样值报文的时间等间隔，发送报文时间间隔抖动应不大于 $10\mu s$。

3）合并单元与继电保护装置之间采用点对点连接，保证采样值报文传输延时固定且可忽略。

4）继电保护装置能精确记录采样值报文的接收时间。

5）采样值报文中包含采样额定延时数据值，且额定延时固定不变。

6）继电保护装置具有精确地插值算法，插值重采样的误差在可控范围内。

2. 1）dsAlarm 为故障信号数据集，一般包含硬件自检错误、定值校验错误、装置闭锁等信号，是保护装置比较严重的故障，甚至会闭锁保护，应立即汇报调度将保护装置停用并及时处理。

2）dsWarning 为告警信号数据集，一般包括 TV 断线、TA 断线、链路中断、数据无效等信号，影响到保护装置部分功能的正常运行，将失去部分功能，但未闭锁保护，装置可继续运行，出现此类告警应立即查明原因，并汇报相关调度确认是否需停用保护装置。

3. 1）发送方和接收方通过双网相连，两个网络同时工作。

2）GOOSE 报文中，StNum 序号的增加表示传输数据的更新，SqNum 序号的增加表示重传报文的递增，接收方将新接收的报文 StNum 与上一帧进行比较。

3）若 StNum 大于上一帧报文，则判断为新数据，更新老数据。

4）若 StNum 等于上一帧报文，将 SqNum 与上一帧进行比较，如果 SqNum 不小于上一帧，则判断是重传报文而丢弃；如果 SqNum 小于上一帧，则判断发送方是否重启装置，是则更新数据，否则丢弃数据。

5）若 StNum 小于上一帧报文，则判断发送方是否重启装置，是则更新数据，否则丢弃报文。

6）在丢弃报文的情况下，判断该网络故障，通过网络切换装置切换到备用网络进行传输。

4.1）投入待检修设备检修压板，并退出待检修设备相关 GOOSE 出口压板。

2）退出与待检修设备有关的运行设备 GOOSE 接收软压板。

3）通过对待检修设备装置信息、与待检修设备相关联的运行设备装置信息、后台信息三信息源进行比对，确保安全措施执行到位。

六、综合分析题

1.（1）优先级为 6，VID 为 34。

（2）SV 采样值失步。

（3）APPID＝0x4021，Sample Count＝1348。

（4）额定延时为 761，$I_{A2} = -86.4A$。

（5）有，最后 4 个通道电压值无效，为 U_{I1}、U_{I2}、U_{II1}、U_{II2}。

2.1）从低压侧电压情况可看出，B 电压降低，其余两相升高为 1.732 倍，表明发生了 B 相接地行为。

2）后期低压侧 C 相也出现了降低，同时 A 电压幅值变为正常值的 1.5 倍，表明发生了不接地系统的两相接地故障，根据高压侧电流 C 相最大，AB 幅值、相位相同且为 C 相幅值一半，与 C 相位相反，这符合 YD-11 低压侧发生 BC 故障时高压侧的电流特征。

3）考虑之前已经发生了 B 相接地且因主变压器低压侧有 B 相电流流过，因此 B 相接地应该发生在 337 线路上且是先发生的接地行为。

4）因低压侧只有 B 相电流通过，其余两相皆为 0，不符合不接地系统零序电流等于 0 的原则，因此判断有其他相别电流未流过低压侧 TA。

结合上面的低压侧 BC 接地故障情况，推测是 C 相。

动作分析：初始 337 线路上发生了 B 相接地，一段时间以后主变压器低压侧至低压 TA 之间也出现了 C 相接地，造成主变压器低压侧发生 BC 接地故障，但因 C 相电流未穿过主变压器低压侧 TA，因此造成主变压器差动动作（或者答 C 相故障点处于主变压器差动范围之内）。

同理，因 B 相电流穿过 337 线路，造成 337 过电流保护动作。

七、计算题

1.（1）测量阻抗为

$$Z_{ca} = Z_{L1} + [(I_1 + I_2) + K(I_1 + I_2)Z_{L3k}]/(I_1 + K_{II}) + (I_1 + I_2)R_g/(I_1 + K_{II})$$
$$= Z_{L1} + (I_1 + I_2)Z_{L3k}/I_1 + (I_1 + I_2)R_g/(I_1 + 0.8I_1) = 20\angle80° + 17$$

（2）该阻抗元件会动作，在 K 点短路时阻抗元件的允许接地电阻为 20Ω，现测量的 K 点接地电阻为 17Ω，所以能动作。阻挠向量图如图 3-15 所示。

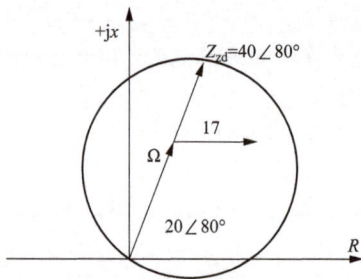

图 3-15　阻抗向量图

2.（1）2 号断路器零序 I 段的整定。

1）动作电流按躲 k1 点三相短路最大不平衡电流整定，即

$$I_{op(2)}^{I} = 0.1 K_k I_{max}^{(3)} = 1.3 \times 1000 \times 0.1 = 130 (A)$$

2）动作时间 $T_{(2)}^{I} = 0s$。

（2）3 号断路器零序保护的定值。

1）零序 I 段的定值按躲 k2 点最大接地短路电流，即

$$I_{op(3)}^{I} = K_k I_{kg} = 1.3 \times 2500 = 3250 (A)$$

零序 I 段动作时间 $T_{(3)}^{I} = 0s$

2）零序 II 段的定值。动作电流按与 I 号断路器零序 I 段相配合，即

$$I_{op(3)}^{II} = K_K' I_{op(1)}^{I} = 1.1 \times 1200 = 1320 (A)$$

动作时间按与 1、2 号断路器零序 I 段相配合，即

$$T_{(3)}^{II} = T_{(2)}^{I} + \Delta t = 0 + 0.3 = 0.3 (s)$$

3）零序 III 段的定值。动作电流按与 1 号断路器零序 II 段相配合，即

$$I_{op(3)}^{III} = K_K' I_{op(1)}^{II} = 1.1 \times 330 = 363 (A)$$

动作时间按与 1 号断路器零序 II 段相配合，即

$$T_{(3)}^{III} = T_{(1)}^{II} + \Delta t = 0.5 + 0.3 = 0.8 (s)$$

3 号断路器零序电流保护 I 段动作电流为 3250A，动作时间为 0s II 段动作电流为 1320A，动作时间为 0.3s III 段动作电流为 363A，动作时间为 0.8s。

试　题　10

一、单项选择题

1	2	3	4	5	6	7	8	9	10
D	B	C	B	A	C	D	A	D	C
11	12	13	14	15	16	17	18	19	20
A	B	B	B	C	A	B	B	D	B
21	22	23	24	25	26	27	28	29	30
C	C	A	B	B	D	B	B	A	A
31	32	33	34	35	36	37			
D	B	B	A	D	B	B			

二、多项选择题

1	2	3	4	5	6	7	8	9	10
AC	ABC	ABC	ABC	ABD	ABC	AD	BC	ABCD	ABC
11	12	13	14	15	16	17	18	19	
ABD	ABC	AB	ABCD	AB	AC	ABC	ABD	AC	

三、填空题

1	150 ms	
2	2	
3	800A	
4	±3%	
5	≤20ms	≤30ms
6	0.5～4.0s	
7	10ms	
8	90s	
9	GOOSE	
10	或	

四、判断题

1	2	3	4	5	6	7	8
√	×	×	√	×	√	√	×
9	10	11	12	13	14	15	
×	√	×	×	×	×	×	

五、简答题

1.1) 零差保护的不平衡电流与空载合闸的励磁涌流、调压分接头的调整无关，因此，其最小动作电流小于纵差保护的最小动作电流，灵敏度较高。

2) 零差保护所用电流互感器变比完全一致，与变压器变比无关。

3) 零差保护与变压器任一侧断线的非全相运行方式无关。

4) 由于零差保护反映的是零序电流有名值，因而当其用于自耦变压器时，在高压侧接地故障时，灵敏度较底。

5) 由于组成零差保护的互感器多，其汲出电流（互感器励磁电流）较大，使灵敏度降低。

2.1) 在220kV电网中，用的是分相操作的断路器，只考虑断路器一相拒动。这样在220kV电网中，任何相间故障在断路器一相拒动时都转化为保留的单相故障。此时，需依靠零序电流保护启动断路器失灵保护，而用相间距离保护与对侧失灵保护配合并无实际意义。

2) 在110kV电网中，线路都采用三相操动机构，但110kV电网继电保护的配置原则是"远后备"，即依靠上一级保护装置的动作来断开下一级未能断开的故障，因而没有设置断路器失灵保护的必要。

3. 1) 保证零序保护有足够的灵敏度和较好的选择性，保证接地短路电流的稳定性。

2) 为防止过电压损坏设备，应保证在各种操作和自动掉闸使系统解列时，不致造成部分系统变为中性点不接地系统。

3) 变压器绝缘水平及结构决定的接地点（如自耦变压器一般为直接接地）。

4. 1) 220kV 及以上线路按双重化配置保护装置，每套保护包含完整的主、后备保护功能。

2) 线路过电压及远跳就地判别功能应集成在线路保护装置中，站内其他装置启动远跳经 GOOSE 网络启动。

3) 线路保护直接采样，直接跳断路器经 GOOSE 网络启动断路器失灵保护、重合闸。

5. 优点：

1) 继电保护装置的正常工作不依赖交换机，避免交换机异常造成全站保护异常。

2) 继电保护采样数据同步不依赖外同步时钟。

3) 回路清晰，数据流向单一。

缺点：

1) 光纤数量增多，相关二次设备光口数量多。

2) 数据共享复杂，不易直接监视数据流。

六、综合分析题

（1）甲线正方向出口处发生经 A 相过渡电阻接地故障，同时在主变压器 220kV 高压侧出口处发生 B 相金属性接地故障。

（2）从录波图可看出 A 相电压与 A 相电流基本同相，可知故障点在甲线出口处且经过渡电阻接地。

（3）将 B 相电压等周期向故障时间段延伸，可看出 B 相电流超前 B 相故障前电压约 85°，同时母线电压在故障期间为零，可知道 B 相故障点在甲线 M 侧反方向出口处，又由于故障切除后母线电压恢复，因此母差保护未动作，乙线线路保护未动作，所以故障点只可能在主变压器 220kV 高压侧出口处，主变压器保护动作切除 B 相故障。

七、计算题

1. 1) 变压器高压侧 B 接地故障时，设 B 相短路电流为 I_{BK}，则

$$\dot{U}_{B1}=-(\dot{U}_{B0}+\dot{U}_{B2})\qquad \dot{I}_{B1}=\dot{I}_{B2}=\dot{I}_{B0}=1/3\dot{I}_{BK}$$

变压器高压侧电流、电压及序量图如图 3-16 所示。

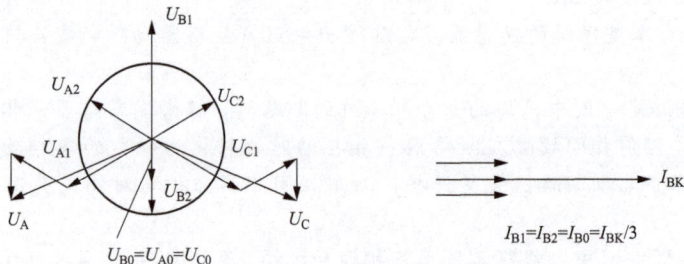

图 3-16　变压器高压侧电流、电压及序量图

变压器低压侧电流、电压及序量图如图 3-17 所示。

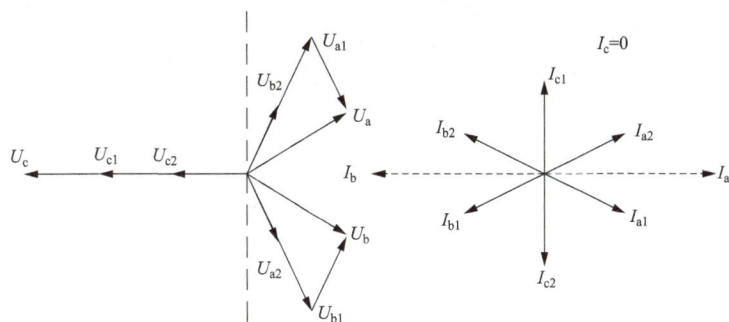

图 3-17　变压器低压侧电流、电压及序量图

2）变压器低压侧各相短路电流

$$\dot{I}_{aK} = 2\frac{\dot{I}_{BK}}{3}\cos 30° = 2\frac{\dot{I}_{BK}}{3} \times \frac{\sqrt{3}}{2} = \frac{\dot{I}_{BK}}{\sqrt{3}}$$

$$\dot{I}_{bK} = -\frac{\dot{I}_{BK}}{\sqrt{3}}$$

$$\dot{I}_{ak} = 0$$

由变压器高压侧流入各相差动继电器的电流

A 相：$\dfrac{(\dot{I}_{AK} - \dot{I}_{BK})}{\sqrt{3}} = -\dfrac{\dot{I}_{BK}}{\sqrt{3}}$

B 相：$\dfrac{(\dot{I}_{BK} - \dot{I}_{CK})}{\sqrt{3}} = \dfrac{\dot{I}_{BK}}{\sqrt{3}}$

C 相：$\dfrac{(\dot{I}_{CK} - \dot{I}_{AK})}{\sqrt{3}} = 0$

A 相差动保护差流

$$I_{Ad} = \frac{\dot{I}_{BK}}{\sqrt{3}} - \frac{\dot{I}_{BK}}{\sqrt{3}} = 0$$

B 相差动保护差流

$$I_{Bd} = \frac{\dot{I}_{BK}}{\sqrt{3}} - \frac{\dot{I}_{BK}}{\sqrt{3}} = 0$$

C 相差动保护电流为 0。

3）零序功率及负序功率由故障点流向变压器，而正序功率则由变压器流向故障点。

2. $X_{\Sigma 1} = X_{M1} /\!/ X_{N1} = j20 /\!/ j30 = j12$
$X_{\Sigma 2} = X_{M2} /\!/ X_{N2} = j20 /\!/ j30 = j12$
$X_{\Sigma 0} = X_{M0} /\!/ X_{N0} = j30 /\!/ j60 = j20$

$$I_{k1}=I_{ka2}=I_{ka0}=\frac{\dot{E}}{jX_{\Sigma1}+jX_{\Sigma2}+jX_{\Sigma0}+3R_g}$$

$$\frac{I_{k4}}{3}=I_{kA1}=I_{kA2}=I_{kA0}=\frac{\dot{E}}{j44+33}$$

1）流经故障点的故障电流 $|I_{kA}|=\left|\dfrac{60.5}{33+j44}\right|\times3=1.1\times3=3$（A）（二次值）

故障点的电压 $|U_{kA}|=\left|\dfrac{11}{33+j44}\right|\times3\times60.5=\dfrac{3}{5}\times60.5=36.3$（V）（二次值）

2）根据 M、N 两侧正序、负序、零序的阻抗，两侧的电流如下

$$I_{MA1}=I_{MA2}=\frac{3}{5}\frac{I_{kA}}{3},\quad I_{MA0}=\frac{2}{3}\frac{I_{kA}}{3}$$

$$I_{NA1}=I_{NA2}=\frac{2}{5}\frac{I_{kA}}{3},\quad I_{NA0}=\frac{1}{3}\frac{I_{kA}}{3}$$

线路 MN 和 PM 的零序补偿系数分别是 $k=\dfrac{Z_0-Z_1}{3Z_1}=\dfrac{40-16}{3\times16}=\dfrac{1}{2}$

$$k=\frac{Z_0-Z_1}{3Z_1}=\frac{80-32}{3\times32}=\frac{1}{2}$$

M 侧故障电流 $I_{MA}=I_{MA1}+I_{MA2}+I_{MA0}=\dfrac{3}{5}\dfrac{I_{kA}}{3}+\dfrac{3}{5}\dfrac{I_{kA}}{3}+\dfrac{2}{3}\dfrac{I_{kA}}{3}=\dfrac{28}{15}\dfrac{I_{kA}}{3}=\dfrac{28}{45}I_{kA}$

N 侧故障电流 $I_{NA}=I_{NA1}+I_{NA2}+I_{NA0}=\dfrac{2}{5}\dfrac{I_{kA}}{3}+\dfrac{2}{5}\dfrac{I_{kA}}{3}+\dfrac{1}{3}\dfrac{I_{kA}}{3}=\dfrac{17}{45}I_{kA}$

M 侧保护测量接地阻抗

$$Z_{Mj}=\frac{U_{MA}}{I_{MA}+k3I_{0M}}=\frac{Z_{Mk}(I_{MA}+k3I_{0M})+U_{kA}}{I_{MA}+k3I_{0M}}$$

$$=Z_{Mk}+\frac{I_{kA}R_g}{\dfrac{28}{45}I_{kA}+\dfrac{1}{2}\times\dfrac{2}{3}I_{kA}}$$

$$=j0+\frac{45}{43}R_g$$

$Z_{Mj}\approx11.51+j0$（Ω）（二次值）

类似可得

$$Z_{Nj}=\frac{U_{NA}}{I_{NA}+k3I_{0N}}=\frac{Z_{Nk}(I_{NA}+k3I_{0N})+U_{kA}}{I_{NA}+k3I_{0N}}$$

$$=Z_{Nk}+\frac{I_{kA}R_g}{\dfrac{17}{45}I_{kA}+\dfrac{1}{2}\times\dfrac{1}{3}I_{kA}}$$

$$=j16+\frac{90}{49}R_g$$

$Z_{Nj}\approx20.20+j16$（Ω）（二次值）

$$|I_{kA}|=\left|\frac{60.5}{33+j44}\right|\times3=1.1\times3=3.3\text{（A）（二次值）}$$

$$3I_{M0}=3\times\frac{2}{3}\times\mid I_{kA0}\mid=3\times\frac{2}{3}\times\left|\frac{I_{kA}}{3}\right|=2.2\ (\text{A})\ (\text{二次值})$$

$$3I_{N0}=3\times\frac{1}{3}\times\mid I_{kA0}\mid=3\times\frac{1}{3}\times\left|\frac{I_{kA}}{3}\right|=1.1\ (\text{A})\ (\text{二次值})$$

因此，对于 M 侧后备保护：距离Ⅰ段不动作 距离Ⅱ段能够动作，但动作延时为 1.2s，没有动作出口 距离Ⅲ段启动 TEF 反时限零序保护动作，动作时间为 1s。

对于 N 侧后备保护：距离Ⅰ段不动作 距离Ⅱ段不动作 距离Ⅲ段不动作 TEF 反时限零序保护动作启动，动作时间为 1.14s。

3）PM1 线和 PM2 线零序补偿系数与 MN 线相同，同时 PM1 线和 PM2 线 P 侧接地距离的对故障点 k 的助增系数为 4，保护测量接地阻抗为 $Z_{Pj}\approx4\times11.51+j32=46.4+j32$ 故圆特性接地距离Ⅱ段不动作，四边形特性恰好的动作区内，延时 0.8s 保护动作，如图 3-18 所示。

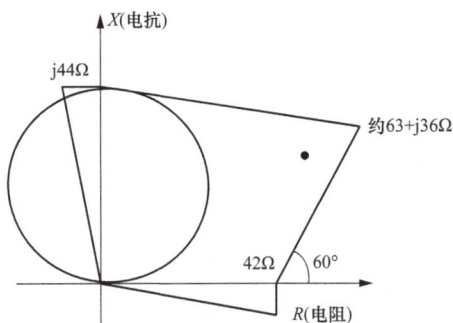

图 3-18 圆特性和四边形特性

试 题 11

一、单项选择题

1	2	3	4	5	6	7	8	9
C	C	C	B	D	B	D	B	C
10	11	12	13	14	15	16	17	18
A	C	D	C	B	C	B	B	C
19	20	21	22	23	24	25	26	
B	A	A	D	D	A	B	C	

二、多项选择题

1	2	3	4	5	6	7	8	9
ABC	BCD	BC	ACD	ACD	AB	ABD	AB	ABC

续表

10	11	12	13	14	15	16	17	18
ABC	BC	CD	ABCD	ABCD	BCD	BC	AC	ABD

19	20	21	22	23	24	25	26
ABCD	ABCD	AB	ABC	ABC	CD	BCD	ABD

三、填空题

1	光缆		双绞双屏蔽	
2	即保护三相同时动作、跳闸和收发信机在满功率发信的状态下			2.0
3	简单适用，统一兼顾			
4	弱馈功能			
5	50%		5%	
6	异或			
7	状态信息	测量值	控制	定值组
8	10		0	4096
9	相互启动			
10	母线保护			
11	瞬时	分段		300
12	"装置故障""运行异常"			
13	相电压	4V		70V
14	与门			
15	LN		GGIO. SPCSO	
16	$\sqrt{3}$		3	
17	电流		电流差突变量	
18	数据流量隔离		数据安全隔离	
19	非故障相		按相	

四、判断题

1	2	3	4	5	6	7	8	9	10
×	×	×	×	×	×	√	√	×	√

11	12	13	14	15	16	17	18	19	20
√	√	×	√	×	×	×	×	×	×

21	22	23	24	25	26	27	28	29
×	√	×	×	×	×	×	×	×

五、简答题

1.1）故障点的过渡电阻。

2）保护安装处与故障点之间的助增电流和汲出电流。

3）测量互感器的误差。

4）电力系统振荡。

5）电压二次回路断线。

6）被保护线路的串补电容。

2. 应做如下检查：

1）进行变压器充电合闸 5 次，以检查差动保护躲励磁涌流的性能。

2）带一定负荷后测量各侧各相电流的有效值和相位，检查外部交流电流输入回路接线的正确性。

3）测量或检查差动保护的差电压（或差电流），检查装置及电流回路接线的正确性。

4）短时退出待检查的差动保护，利用封短单相电流回路的方法检查电流中性线回路的正确性。

3. GOOSE 报文在智能变电站中主要用于传输的实时数据如下：

1）保护装置的跳、合闸命令。

2）测控装置的遥控命令。

3）保护装置间的信息（启动失灵保护、闭锁重合闸、远跳等）。

4）一次设备的遥信信号（断路器、隔离开关位置以及压力等）。

5）间隔层的连、闭锁信息。

4.1）主保护不考虑 TA、TV 断线同时出现。

2）不考虑无流元件 TA 断线。

3）不考虑三相电流对称情况下中性线断线。

4）不考虑两相、三相断线。

5）不考虑多个元件同时发生 TA 断线。

6）不考虑 TA 断线和一次故障同时出现。

5.1）简化保护装置之间、保护装置和智能终端之间的 GOOSE 软压板。

2）保护装置应在发送端设置 GOOSE 输出软压板。

3）线路保护及辅助装置不设 GOOSE 接收软压板。

4）保护装置应按 MU 设置"SV 接收"软压板。

六、综合分析题

1.−40～0ms 时间段三相电流、电压幅值相等、相位对称，无零序电流，无零序电压，为故障前正常状态。

0～1588msA 相电压降为 0，B、C 相电压幅值升高 $\sqrt{3}$ 倍，出线零序电压（有效值为 $148/\sqrt{2}=104.65$），三相电流幅值、相位基本保持不变。以上特征可判断 10kV 发生 A 相接地故障。

1588～1658ms 时间段 B、C 相电压下降，A 相电压自零略有升高，B 相电流增大，出现零序电流。判断又发生了 B 相接地故障且 A 相接地点在录波 TA 至主变压器侧范围，B 相接地点在录波 TA 外侧，同时，因此时 A 相电压不为零，A 相接地点存在过渡电阻。

1658～1678ms 时间段，恢复为 0～1588ms 时间段状态，B 相故障电流消失，判断 B 相接地在低压侧线路或元件处，该线路或元件保护动作跳闸，B 相接地故障切除。

1678ms 之后，电压电流均消失，判断主变压器保护跳闸，10kV 侧失压。

2. （1）该故障为 B 相接地故障，故障点位于高压侧差动保护 TA 与高压侧 B 相绝缘套管之间。

（2）变压器低压侧无电源。变压器处于空载或带负荷运行状态，否则不可能出现套管 TA 三相电流波形相同。

（3）由于套管 TA 三相电流波形相同，说明流过变压器高压侧的电流为零序电流，故可判断变压器低压侧无电源。另外，如果故障点在变压器内部，则流过高压套管 TA 的电流不可能只有零序电流，说明故障点不在变压器内部。

七、计算题

$$Z_{\text{I AB}}=\sqrt{4.4^2+11.9^2}=12.69 \qquad 最大灵敏角度 \Phi_{\text{I m}}=\arg\frac{11.9}{4.4}=69.7°$$

2 号断路器距离保护的整定：

1）Ⅰ段按线路全长的 85% 整定，则有

$$Z^{\text{I}}_{\text{zd}(2)}=0.85\times12.69=10.7865\Omega \qquad 取 Z^{\text{I}}_{\text{zd}(2)}=10.78\Omega$$

$$Z^{\text{I}}_{\text{zdj}(2)}=Z^{\text{I}}_{\text{zd}(2)}\frac{n_{\text{a}}}{n_{\text{v}}}=10.78\times\frac{120}{1100}=1.176\Omega, \qquad 动作时间 t^{\text{I}}_{(2)}=0\text{s}$$

2）Ⅱ段按与 1 号断路器的距离Ⅱ段相配合整定，则有

$$Z^{\text{II}}_{\text{zd}(2)}=Z^{\text{I}}_{\text{zd}(2)}+K'_{\text{K}}Z^{\text{II}}_{\text{zd}(1)}=10.78+0.8\times11=19.58\Omega$$

$$故 Z^{\text{II}}_{\text{zdj}(2)}=Z^{\text{II}}_{\text{zd}(2)}\frac{n_{\text{a}}}{n_{\text{v}}}=19.58\times\frac{120}{1100}=2.136 (\Omega),$$

$$动作时间 t^{\text{II}}_{(2)}=t^{\text{II}}_{(1)}+\Delta t=0.5+0.5=1.0 \text{ (s)}$$

$$校验本线灵敏度 K_{\text{I m}}=\frac{19.58}{12.69}=1.54>1.5 满足规程要求。$$

3）Ⅲ段按最大负荷电流整定，则有最小负荷阻抗

$$Z_{\text{fhmin}}=\frac{0.9\times110}{\sqrt{3}\times0.4}=142.89 (\Omega)$$

$$Z^{\text{III}}_{\text{zd}(2)}=\frac{Z_{\text{fhmin}}}{K_{\text{k}}\times K_{\text{f}}\times K_{\text{qd}}\times\cos(69.7-30)}=\frac{142.89}{1.2\times1.2\times1.5\times\cos39.7}=85.98 (\Omega)$$

$$Z^{\text{III}}_{\text{zdj}(2)}=Z^{\text{III}}_{\text{zd}(2)}\frac{n_{\text{a}}}{n_{\text{v}}}=85.98\times\frac{120}{1100}=9.38 (\Omega), \quad t^{\text{III}}_{(2)}=t^{\text{III}}_{(1)}+\Delta t=2.5+0.5=3.0 \text{ (s)}$$

2 号继电器距离保护的整定值分别为

Ⅰ段 $Z^{\text{I}}_{\text{zdj}(2)}=1.176\Omega$，动作时间为 0s。

Ⅱ段 $Z^{\text{II}}_{\text{zdj}(2)}=2.136\Omega$，动作时间为 1.0s。

Ⅲ段 $Z^{\text{III}}_{\text{zdj}(2)}=9.38\Omega$，动作时间为 3.0s $\phi_{\text{s}}=69.7°$。

试 题 12

一、单项选择题

1	2	3	4	5	6	7	8	9	10
B	C	A	C	C	B	C	B	D	B
11	12	13	14	15	16	17	18	19	20
B	A	D	C	C	B	B	B	D	B
21	22	23	24	25	26	27	28		
C	C	D	C	A	A	D	B		

二、多项选择题

1	2	3	4	5	6	7	8
AB	ABCD	BCD	ABC	AC	ABCD	BC	BCD
9	10	11	12	13	14	15	
CD	ABC	ABCD	ADE	AC	AC	ABC	

三、填空题

1	调控机构
2	安装在各自保护柜内
3	电压平面
4	同一路由收发、往返延时一致
5	1.5
6	灵敏度
7	$+5 \sim +55℃$
8	延时防抖

四、判断题

1	2	3	4	5	6	7	8	9	10
√	×	√	√	√	×	√	×	√	×
11	12	13	14	15	16	17	18	19	20
√	×	√	×	√	√	×	√	×	√
21	22	23	24	25	26	27	28	29	30
×	√	√	√	×	×	√	×	×	×
31	32	33	34	35	36	37	38	39	40
×	×	×	√	×	×	×	√	×	×

五、简答题

1.1）当控制电缆为母线暂态电流产生的磁通所包围时，在电缆的屏蔽层中将感应出屏蔽电流，由屏蔽电流产生的磁通，将抵销母线暂态电流产生的磁通对电缆芯线的影响，因此控制电缆要进行屏蔽。

2）为保证设备和人身的安全，避免一次电压的串入，同时减少干扰在二次电缆上的电压降，屏蔽层必须保证有接地点。

3）屏蔽层两端接地，可降低由于地电位升产生的暂态感应电压。

当雷电经避雷器注入地网，使变电站地网中的冲击电流增大时，将产生暂态的电位波动，同时地网的视在接地电阻也将暂时升高。

当控制电缆在上述地电位升的附近敷设时，电缆电位将随地电位的波动。当屏蔽层只有一点接地时，在非接地端的导线对地将可能出现很高的暂态电压。实验证明：采用两端接地的屏蔽电缆，可将暂态感应电压抑制为原值的10％以下，是降低干扰电压的一种有效措施。

2.1）首先修改二次回路接线图，修改后的二次回路接线图必须经过审核，更改拆动前要与原图核对，接线更改后要与新图核对，并及时修改底图，修改运行人员及有关各级继电保护人员用的图纸。

2）修改后的图纸应及时报送直接管辖的继电保护部门。

3）保护装置二次回路变动或更改时，严防计生回路存在，没有用的线应拆除。

4）在变动直流回路后，应进行相应的传动试验，必要时还应模拟各种故障进行整组试验。

5）变动电压、电流二次回路后，要用负荷电流、电压检查变动后回路的正确性。

3.在变压器低压侧未配置母差保护的情况下，为提高切除变压器低压侧母线故障的可靠性，宜在变压器的低压侧设置双重化的电流保护。当短路电流大于变压器热稳定电流时，变压器保护切除故障的时间不宜大于2s。考虑变压器低压断路器的可靠性，低压过电流保护应能跳主变压器各侧断路器，变压器差动保护用低压侧外附TA宜安装在低压侧母线和断路器之间。

4.一次设备实测参数通道设备的参数和试验数据、通道时延等（包括接口设备、高频电缆、阻波器、结合滤波器、耦合电容器等）。电流互感器的试验数据（如变比、伏安特性及10％误差计算等），电压、电流互感器的变比、极性、直流电阻、伏安特性等实测数据；保护装置及相关二次交、直流和信号回路的绝缘电阻的实测数据；气体继电器试验报告，全部保护竣工图纸（含设计变更）保护调试报告、二次回路检测报告以及调度机构整定计算所必需的其他资料。

5.互感器的选型与安装位置会直接影响到继电保护的功能和保护范围，因此应予以全面、充分地考虑。

应保证母线保护范围与母线上各电气设备的保护范围互有交叉，防止出现保护死区。为保证差动保护动作的正确性，应尽量保证差动保护各侧电流互感器暂态特性、相应饱和电压的一致性，以提高保护动作的灵敏性，避免保护的不正确动作。

所有保护装置对外部输入信号适应范围都有一定的要求，合理地选择电流互感器容量、变比和特性，有助于充分发挥保护功能，利于整定配合，提高继电保护选择性、灵敏性、可靠性和速动性。

六、综合分析题

（1）该高频保护将误动。

（2）接线正确时，区外 A 相故障

$U_a=U_{a0}$　　　$U_b=U_{b0}$　　　$U_c=U_{c0}$

$U_a+U_b+U_c=U_{a0}+U_{b0}+U_{c0}=3U_0$

接线错误时，区外 A 相故障 $U_a=U_{a0}-U_{LN}$

$U_b=U_{b0}-U_{LN}$

$U_c=U_{c0}-U_{LN}$

$3U'_0=U_a+U_b+U_c=U_{a0}+U_{b0}+U_{c0}-3U_{LN}$

$=3U_0-3\times1.732\times3U_0$

$=-4.2(3U_0)$

该自产 $3U'_0$ 与接线正确时相反，因此在区外故障时保护误动。

七、计算题

1. 根据表 1，画出电流矢量图，如图 3-19 所示。

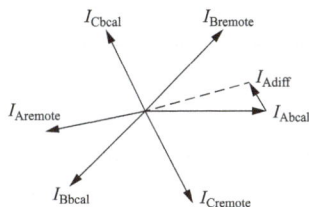

图 3-19　保护装置采样电流矢量图

差动电流计算公式为

$$I_{diff}=|\dot{I}_{local}+\dot{I}_{remote}|=|\dot{I}_{local}+\dot{I}_{remote}+180°|=\sqrt{I_{local}^2+I_{remote}^2-2I_{local}I_{remote}\cos\theta}$$

式中：I_{local} 为本地电流；I_{remote} 为对侧电流；I_{diff} 为差动电流。

由上式计算得出第一套分相电流差动保护 A 相差流为 17.4mA，B 相差流为 58.7mA，C 相差流为 14.2mA。B 相电流差流异常且远方电流相位偏差较大，故可能是远端变电站内该线路保护 B 相电流回路存在异常。

2.（1）K 点三相短路电流为 $I_K^{(3)}=\dfrac{115}{\sqrt{3}\times5}\times10^3=13279$（A）

折算到二次侧，$I_k^{(3)}$（二次）$=\dfrac{13279}{1200/5}=55.3$（A）

K 点单相短路电流为 $I_k^{(1)}=\dfrac{(115/\sqrt{3})\times10^3}{5+5+3}\times3=15322$（A）

折算到二次，$I_k^{(1)}$（二次）$=\dfrac{15322}{1200/5}=63.8$（A）

求 TA 励磁阻抗 X_u

$\because I_{\mathrm{K}}^{(3)}$ （二次） $\left|\dfrac{\mathrm{j}X_{\mathrm{u}}}{Z_{\mathrm{L}}+\mathrm{j}X_{\mathrm{u}}}\right|=54.8$

$\therefore 55.3\times\left|\dfrac{\mathrm{j}X_{\mathrm{u}}}{4+\mathrm{j}X_{\mathrm{u}}}\right|=54.8$

解得 $X_{\mathrm{u}}=\dfrac{4}{\sqrt{\left(\dfrac{55.3}{54.8}\right)^{2}-1}}=29.5$ （Ω）

（2）K 点单相接地时 ε。TA 二次负载阻抗 $R=4\times2=8$ （Ω）

$\therefore I_{2}=63.8\times\dfrac{\mathrm{j}29.5}{8+\mathrm{j}29.5}=61.6\angle15.2°$ （A）

$\varepsilon=\dfrac{61.6-63.8}{63.8}=-3.45\%$

K 点单相接地时的相角误差 $\delta=15.2$。

试 题 13

一、单项选择题

1	2	3	4	5	6	7	8	9
A	D	C	A	B	B	B	B	A
10	11	12	13	14	15	16	17	
C	B	D	B	C	C	B	B	

二、多项选择题

1	2	3	4	5
AD	ABCD	CD	CD	ABCD

三、判断题

1	2	3	4	5	6	7	8
√	√	√	×	√	×	√	√
9	10	11	12	13	14	15	
×	√	×	√	√	×	√	

四、简答题

1.1）80 点采样即采样频率 4kHz，电压采样值最小分辨率为 10mV，电流采样值最小分辨率为 1mA。

2）采样频率 4kHz，能准确测量 2kHz，则为 40 次谐波。

2.1）保护装置的跳、合闸命令。

2）测控装置的遥控命令。

3）保护装置间信息（启动失灵保护、闭锁重合闸、远跳等）。

4）一次设备的遥信信号（断路器隔离开关位置、压力等）。

5）间隔层的连锁信息。

3. 监控后台发 GOOSE 断链告警信号时，现场根据 GOOSE 二维表做出判断，同时结合网络分析仪进行辅助分析确定故障点，判断 GOOSE 断链告警是否误报，若无误报，确定 GOOSE 断链是由于发送方故障引起或接收方、或网络设备等引起。进行现场检查，并按现场运行规程进行处理。

4. 1）光纤纵联通道双向来回路由不一致。

2）光纤差动保护两侧采样不同步。

3）TA 极性接反。

4）TA 变比整定错误。

5）装置交流插件型号配置错误（1A、5A）。

6）智能站保护装置电流正反极性虚端子配置错。

5. 高压侧电流向量如图 3-20 所示。

对于 Yd11 接线组别，正序电流应向导前方向转 30°，负序电流应向滞后方向转 30° 即可得到低压侧（即 Δ 侧）电流相量如图 3-21 所示。

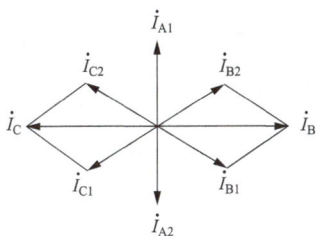
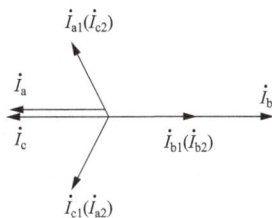

图 3-20　高压侧　　　　　　图 3-21　低压侧

五、计算题

1.（1）在最大短路电流情况下，折算到电流互感器二次侧电流为 4800/120＝40（A）。

（2）按 10% 误差计算，在最大短路电流情况下，电流互感器二次负荷上电流为 40×0.9＝36（A），二次负载上电压为 36×3＝108（V）大于 90V，因此电流互感器实际励磁电流会大于 4A，不满足 10% 误差要求。

（3）采用两组电流互感器串联可解决问题。

（4）串联后，其伏安特性为 0.5A 时，电压约为 80×2＝160V，大于 108V，按 0.5A 励磁电流计算，误差为 0.5/40＝1.25%，实际误差应小于 1.25%。

2. 电压向量图如图 3-22 所示。线路 1 的电压 N 错接至 A 相电压绕组。

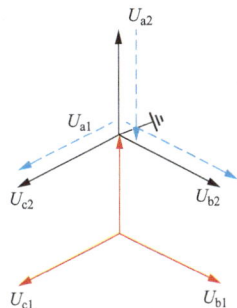

图 3-22　电压向量图

六、分析题

1. 检查输入光纤的完好性装置是否在正常工作状态，是否收到 GOOSE 跳闸报文，输出接点是否动作，输出二次回路的正确性，两侧检修压板位置是否一致，出口压板是否投入。

2.（1）A站Ⅰ、Ⅱ母配置母线保护、第二串配置断路器保护、线路保护、高抗电量保护、高抗非电量保护。B站第一串配置断路器保护、线路保护。

（2）当Ⅰ回线路的并联电抗器发生匝间短路故障时，高抗保护动作，三跳DL4和DL5，并闭锁重合闸，并通过线路保护的远跳功能，给对侧发远跳命令，对侧线路保护接收到远跳令，三跳DL7和DL8，并闭锁重合闸。

（3）当Ⅱ回线路上发生A相瞬时接地故障，Ⅱ回线两侧线路保护单跳，单跳断路器DL5、DL6、DL8、DL9。由于DL5失灵，无法跳开，失灵保护三跳DL4、DL6，并闭锁DL4、DL6断路器保护的重合闸通过远跳三跳DL7、DL8，并闭锁DL7、DL8断路器保护的重合闸。DL9断路器保护的重合闸能够重合。

（4）当A站Ⅰ母上发生AB相故障时，Ⅰ母母线保护动作，三跳断路器DL1、DL4。此时若断路器DL4失灵，断路器失灵保护三跳DL5，闭锁重合闸并通过线路保护远跳对侧DL7、DL8，并闭锁重合闸。

3.（1）分析故障点位置。根据波形分析Ⅰ母上两个间隔L2及L3电流较小，为负荷电流且Ⅰ母电压正常，因此故障点不在Ⅰ母。Ⅱ母母线电压异常且间隔L4电流变大，因此故障点应在Ⅱ母，而母联电流极性与L4极性相反，因此故障点在母联死区位置。

（2）分析母线保护动作行为。

1）故障前母联断路器一次处于分位，而二次为合位，则母联电流计入小差电流，计算Ⅰ母小差，L1＋L2＋L3＝L1电流，Ⅰ母小差满足差动作条件计算Ⅱ母小差L1＋L4＋L5＝0，Ⅱ母小差不满足门槛值。

2）大差满足动作条件，Ⅰ母差流满足动作条件，但是电压闭锁，Ⅱ母电压开放但是Ⅱ母差流不满足动作条件，因此Ⅰ母及Ⅱ母小差都不动作，此时大差差流满足动作条件，两段母线任一电压开放，大差动作跳母联断路器。

3）母联断路器一次已经为断开状态，此时大差动作启动母联失灵保护，继而动作切除Ⅱ母。

试　题　14

一、判断题

1	2	3	4	5	6	7	8	9
√	√	×	×	√	√	×	√	×
10	11	12	13	14	15	16	17	18
√	×	√	×	√	×	×	√	×

二、单项选择题

1	2	3	4	5	6	7
D	B	A	D	A	C	C
8	9	10	11	12	13	
C	B	C	B	C	D	

三、多项选择题

1	2	3	4	5	6	7	8	9
AC	BCD	ABCD	ABC	ABC	ABCD	BCD	ABCD	ABCD
10	11	12	13	14	15	16	17	
ACD	CD	AC	CD	ABCD	ABD	CD	ABC	

四、简答题

1.（1）合并单元负责整合多个互感器采集的数据，供保护、测控、计量和录波设备使用。

（2）合并单元一般按间隔配置，分线路 MU 和母线 MU，具有电压切换和电压并列功能。

（3）合并单元通过网络传输信息，网络地址必须与配置文件一致。

（4）为保证通信可靠稳定，合并单元的收发功率应有足够的裕度。

（5）合并单元通信中断或采样数据异常时，相关设备应可靠闭锁。

（6）与电子互感器厂家配合模拟相应的故障，实现对电子互感器告警功能的测试。

2.（1）智能终端检修压板投入，保护装置检修压板未投入。

（2）保护装置 GOOSE 出口压板未投入。

（3）智能终端出口压板未投入。

（4）保护到智能终端的直跳光纤损。

3.（1）母线保护。本间隔投入软压板退出，本间隔 GOOSE 接收软压板退出，本间隔 GOOSE 发送软压板退出。

（2）线路保护。检修压板投入，启动失灵保护软压板退出。

（3）测控装置投入检修压板。

（4）合并单元投入检修压板。

（5）智能终端投入检修压板，退出出口跳/合闸压板。

（6）安稳装置。本间隔元件投入压板退出，本间隔检修压板投入。

4.如果采用长期开放保护，则有可能在区外故障并引起振荡时距离保护误动作。线路的距离保护在发生区外短路故障并导致两侧电源间的振荡，如果振荡闭锁长期开放保护，则阻抗继电器只要在振荡中误动就会导致距离保护误动。现实行短时开放的方法，当区外故障导致系统振荡时，当两侧的电势角摆开到足以使阻抗继电器误动的角度之前，振荡闭锁开放已过，从而重新闭锁距离保护Ⅰ、Ⅱ段，避免误动。

五、绘图分析题

A 相断线序网图如图 3-23 所示。

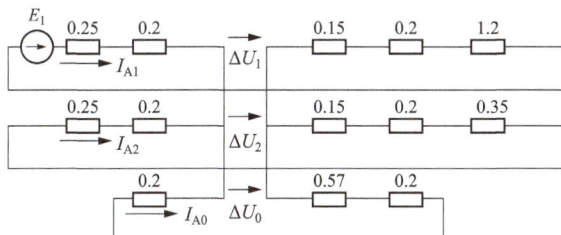

图 3-23 A 相断线序网图

六、论述题

1. 此时保护装置采样到的两个采样值幅值都是1000A，角度由于采用采样延时设置错误，导致采样值延时误差$1310-560=750$（ns）$=0.75$（ms）。

则会产生（0.75ms/20ms）$\times 360=13.5°$的角度差。

所以此时会产生$1000\times 2\times \sin (13.5/2)=235$（A）的一次差流。

换算到二次的差流为$235/3000=0.078$（A）。

2. 地面激光供能模块的发送功率为$10\log 10(750)=28.75$（dBm）

光纤衰耗为$0.22\times 5=1.1$（dB）

所以远端模块的接收光功率为$28.75-1.1=27.65$（dBm），即接收光功率$10^{(27.65/10)}=582.1$（mW）。

因为光电转换器的转换效率为30%，所以远端模块光转电后的功率为$582.1\times 30\%=174.6$（mW）。

因为174.6mW大于150mW，所以远端模块可以稳定工作。

3. （1）求故障点位置

1）保护安装处$I_A=I_{1M}+I_{2M}+I_{0M}=14.4$A，其中$I_{0M}=3$A，$I_{1M}=I_{2M}$

得$I_{1M}=I_{2M}=5.7$（A）。

2）因为故障点的I_{1F}、I_{2F}只流向M侧，所以$I_{1M}=I_{1F}=5.7$（A）

$I_{2M}=I_{2F}=5.7$A且在故障点有$I_{1F}=I_{2F}=I_{0F}=5.7$（A）

因为$I_{0F}=I_{0M}+I_{0N}$，所以$I_{0N}=I_{0F}-I_{0M}=2.7$（A）

$I_C=I_2\times \dfrac{236+5.33}{50+236+5.33}=9.94$（A），$U_G=\dfrac{I_C}{n_{CLH}}R_G=9.94\times 4\times 2=79.52$（V），

解得$\alpha =0.4$。

（2）故障点

$X_{1\Sigma}=X_{2\Sigma}=X_{M1}+\alpha X_{L1}=1.78+0.8=2.58$（Ω）

$X_{0\Sigma}=(X_{T10}+\alpha X_{L0})//[X_{T20}+(1-\alpha)X_{L0}]=2.84$（Ω）

因为$U_Z=12\times 5.33+(12-9.94)\times 5.33=74.93$（V），$5.7=57/(j8+3R_g)$

解得$R_g=2$Ω。

4. 在M侧的阻抗继电器可用同名相电压和电流来分析，以下分析各电气量均为相量。

$I=(E_M-E_N)/(Z_M+Z_L+Z_N)=(E_M-E_N)/Z_E$

设$Z_M=m_{ZE}$　　　　$U_M=E_M-I_{ZM}=E_M-I_mZ_E$

则继电器的测量阻抗为

$Z_k=U_M/I=(E_M-I_mZ_E)/I=E_MZ_E/(E_M-E_N)-m_zE$

设E_M、E_N两相量间的夹角为δ且$|E_M|=|E_N|$，$1-e-j\delta =2/[1-jT_{Ag}(\delta /2)]$

则$Z_k=Z_E/(1-e-j\delta)-m_zE=(1/2-m)Z_E-jZ_ET_{Ag}(\delta /2)/2$

Z_k的轨迹在$R-X$复平面上是一直线，在不同的δ下，相量$-jZ_ET_{Ag}(\delta /2)/2$是一条与（1/2-m）Z_E垂直的直线。反映在继电器的端子上，测量阻抗Z_k的相量末端应落在直线上，当$\delta =180°$时，$Z_k=(1/2-m)Z_E$即保护安装地点到振荡中心之间的阻抗，如图3-24所示。

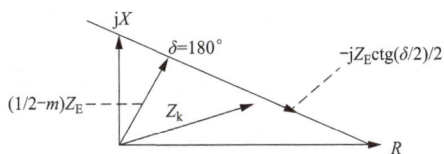

图 3-24　各阻抗之间的关系

系统振荡时，进入方向阻抗继电器的动作区时间为

$t = (270-90) \times 2/360 = 1$（s）　则方向阻抗继电器动作时间应大于 1s，即用延时来躲开振荡误动。

试　题　15

一、单项选择题

1	2	3	4	5	6	7	8	9
C	D	B	B	B	C	D	B	B
10	11	12	13	14	15	16	17	18
A	B	D	C	A	B	B	A	B
19	20	21	22	23	24	25	26	
A	B	D	B	B	A	C	C	

二、多项选择题

1	2	3	4	5	6	7	8	9	10
BC	BD	BD	AC	AC	ABCD	ACD	ABD	BCD	AD
11	12	13	14	15	16	17	18	19	
AD	ABD	ABD	BC	ABC	BCD	BC	BC	ABCD	

三、判断题

1	2	3	4	5	6	7	8	9	10
√	√	×	√	×	×	×	√	√	×
11	12	13	14	15	16	17	18	19	20
×	√	×	×	√	√	√	×	×	√
21	22	23	24	25	26	27	28	29	
×	×	√	×	×	×	√	×	√	

四、填空题

1	后备保护	
2	非故障线路电容电流	
3	控制、保护	
4	过渡电阻	暂态分量
5	0x88BA	0x4000～0x7fff
6	选择性	
7	源端修改	过程受控
8	SSD	网络通信配置
9	交流电压量	跳闸位置触点
10	三副	"三取二"
11	闭锁重合闸	"断路器合后"
12	切机	切负荷

五、简答题

1.1) 对于常规站，变压器支路应具备独立于失灵保护启动的解除电压闭锁的开入回路，启动失灵保护和解除失灵保护电压闭锁应采用变压器保护不同继电器的跳闸触点。

2) 对于智能变电站，母线保护收到变压器支路变压器保护"启动失灵"的GOOSE命令同时启动失灵保护和解除电压闭锁。

2.1) QF1的失灵保护由Ⅰ母线保护、QF1断路器保护、QF2断路器保护、L1线路保护、远方跳闸（或过电压远跳）的保护启动。

2) QF2失灵保护动作后应跳开QF1、QF3、QF5、QF4，否则无法彻底隔离故障。

3. (1) 线路后备保护会受到影响，变压器后备保护不会受到影响。因110kV变压器的中性点不接地，在平行双回线其中一回非全相运行时，仅在双回线中存在零序电流，变压器中性点无零序电流流过。此时零序电流若达到定值，线路零序保护将会动作。

(2) 线路L1保护采用母线TV，纵联零序方向保护两侧均会判为正方向，如果定值达到动作值，纵联零序方向保护可能会动作。线路L2保护采用母线TV，纵联零序方向保护两侧均会判为反方向，纵联零序方向保护不动作。

4. (1) 故障前母联断路器一次处于分位，两条母线分列运行，母联电流不计入小差电流。母联与断路器死区故障，因母线电压接反，Ⅱ母差流满足动作条件，电压（实际取自Ⅰ母正常电压）闭锁Ⅰ母电压（实际取自Ⅱ母异常电压）开放但是Ⅰ母差流不满足动作条件，因此Ⅰ母及Ⅱ母小差都不动作，此时大差差流满足动作条件，经两段母线任一电压开放，大差动作跳母联断路器。

(2) 母联断路器一次已经为断开状态，故障仍未切除，此时大差动作启动母联失灵保护，母联失灵保护动作，母联失灵保护经Ⅰ母电压闭锁元件开放，跳开Ⅰ母。

(3) Ⅰ母跳开后，故障仍未切除，母联失灵保护经Ⅱ母电压闭锁元件开放，跳开Ⅱ母，故障切除。

5. GOOSE及SV接线图如图3-25所示。

线路保护

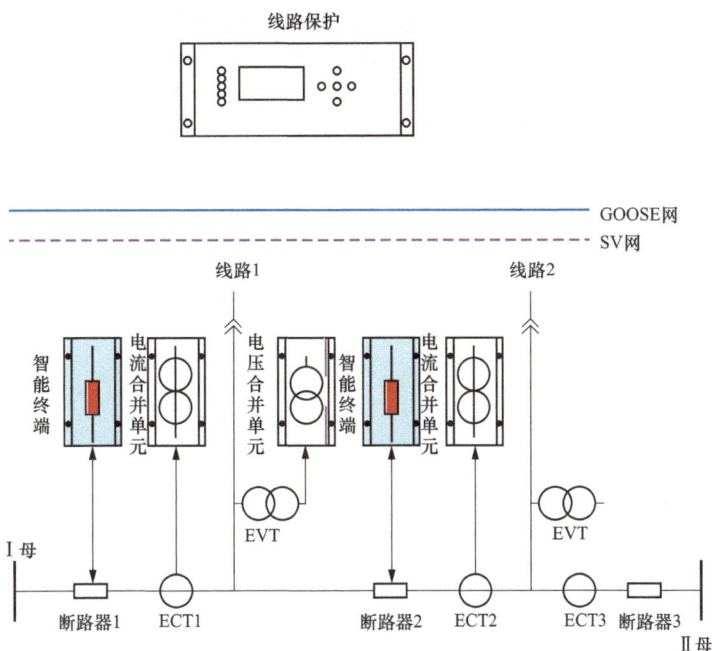

图 3-25 GOOSE 及 SV 接线图

六、综合题

1. （1）M 站侧保护故障报告中的电流波形与录波图中的电流波形不相符，如果将录波器中的故障录波图与对侧电流波形比对，符合典型的 B 相区外故障，故可知该站保护动作行为有极大可能不正确，结合大风天气有邻近线路 B 相单相接地故障跳闸，可以判断该线路保护动作不正确。

P 站侧保护故障报告中的电流波形与录波图中的电流波形相一致，B 相感受到区外故障电流，A 相由于收到对侧传来的 A 相故障电流而产生了差流，保护误动是由对侧引起，故 P 站侧保护动作行为不予评价。

（2）由于 M 站侧保护故障报告中的电流波形与录波图中的电流波形不相符，可知该保护交流电流采样回路存在问题 其中 A 相电流出现明显的电流增大，C 相也有所增大且其相位与 B 相正好相差 $180°$，故分析可能故障原因有两个（答中一项给分）。

要点：①TA 中性线开路；②M 侧单跳失败三跳；③P 侧重合闸成功原因；④评价。

2.1）110kV 母线相电压及零序电压的向量图，如图 3-26 所示。

向量图关键点：①相电压向量的相位关系及方向正确；②相电压向量的长度正确；③零序电压与其他向量之间的相位关系及方向正确，零序电压向量长度正确。

2）主变压器中性点间隙击穿后，主变压器中性点直接接地运行。复合序网图如图 3-27 所示。

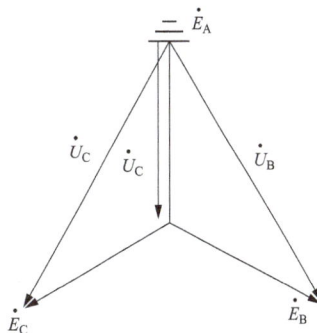

图 3-26 110kV 母线相电压及零序电压向量图

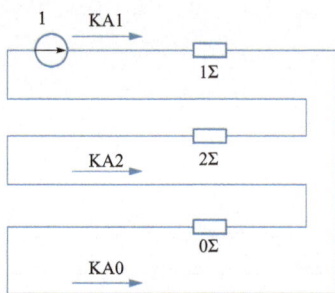

图 3-27 复合序网图

复合序网中各序阻抗标幺值为

正序阻抗 $Z_{1\Sigma}=Z_{S1}+Z_{T1}=0.4+0.26=0.66$

负序阻抗 $Z_{2\Sigma}=Z_{S2}+Z_{T2}=0.5+0.26=0.76$

零序阻抗 $Z_{0\Sigma}=0.24$

1) 基准电流为 $I_j=S_j/U_j/1.732=(100/115/1.732)\times1000=502.06$（A）

2) 故障点 A 相各序电流为

$I_{KA1}=I_{KA2}=I_{KA0}=I_j/(Z_{1\Sigma}+Z_{2\Sigma}+Z_{0\Sigma})$
$=502.06/(0.66+0.76+0.24)=302.45$（A）

3) 流经 1 号主变压器高压侧的各相电流为

$I_A=I_{KA1}+I_{KA2}+I_{KA0}=3\times302.45A=907.35$（A）

$I_B=I_C=0$

4) 流经 1 号主变压器间隙的零序电流为 $I_{0J}=3I_{KA0}=3\times302.45A=907.35A$

5) 根据 1 号主变压器保护定值分析保护动作行为：

1 号主变压器高压侧最大相电流 907.35A，未达到过电流 I 段电流定值 1500A，所以过电流 I 段不动作。相电流大于过电流 II 段电流定值 400A，间隙零序电流大于间隙零序过电流电流定值 100A，过电流 II 段和间隙零序过电流保护均启动，间隙零序过电流保护时限 3s，过电流 II 段保护时限 4s，间隙零序过电流保护比过电流 II 段保护时限小 1s，所以间隙零序电流保护先于过电流 II 段保护动作跳闸。

3. (1) 由故障分析知，接地故障时零序电流分布的比例关系，只与零序等值网络状况有关，与正、负序等值网络的变化无关。因此，只要零序等值网络不变，不论是单相接地还是两相接地故障，零序电流分布的比例关系不变。

(2) 由题知，C 处发生两相接地故障时，电源 F2 的正（负）序等值网络虽发生变化，但零序等值网络未变。因此，流过 A、B 处零序电流的比值 $3I_0$（A）$/3I_0$（B），与 C 处发生单相接地故障时相同也为 0.4。

(3) B 处 A02 动作，由 B 处零序保护定值分析知，$5A>3I_0$（B）$\geqslant3A$，所以，A 处零序电流 $3I_0$（A）：$5\times0.4=2A>3I_0$（A）$\geqslant3\times0.4=1.2$（A）。

(4) 由 A 处零序保护定值分析知，$A02=3.5A>3I_0$（A）$>A03=1A$。

因此，A 处零序保护 A03 将动作出口，A01、A02 均未达到定值不会动作。

第二节 第二章专项测试答案

第二章第一节 元 件 保 护 答 案

一、单项选择题

1	2	3	4	5	6	7
B	A	B	A	B	B	C
8	9	10	11	12	13	
C	A	A	C	C	C	

二、填空题

1	变比		短路电压		绕组接线组别	
2	90°			0°		
3	电压断线闭锁		电流突变量元件或负序电流突变量元件			
4	包含很大的非周期分量		励磁涌流出现间断			
5	零序电流继电器与零序电压继电器并联					
6	投入		退出			
7	断路器跳闸时间	保护返回时间之和		母联断路器或分段断路器		
8	（母联断路器）		（总差动）			
9	母差保护跳闸停信					
10	动作方向		非动作			
11	启动功率较大的		直流正极接地			
12	启动电流	拐点电流		比率制动系数		
13	磁动势平衡					
14	0.8MVA 及以上		0.4MVA 及以上			
15	单相	1.3		20ms		
16	强迫分量（或周期分量）	自由分量（非周期分量）		剩磁通		
17	越大					
18	相低电压元件	负序电压		零序电压元件	或	
19	防止差动元件出口继电器由于振动或人员误碰出口回路造成的误跳断路器					
20	高压侧、中压侧和中性点侧					
21	线路侧隔离开关		停用（或退出）			
22	互联状态	取下母联开关的操作电源		直接切除双母线上所有断路器		
23	降低		减小			
24	保护对该断路器发过跳闸命令		断路器在一段时间里一直有电流			

三、简答题

1.（1）不应共用一组。

（2）两种保护 C.T. 独立设置后则不须人为进行投、退操作，自动实现中性点接地时投入零序过电流（退出间隙过电流）、中性点不接地时投入间隙过电流（退出零序过电流）的要求，安全可靠。

两者共用一组 TA 有如下弊端：

（1）间隙保护用 TA 变比小，中性点 TA 变比较大，用同一个 TA 对保护的整点或灵敏度都带来影响。

（2）当中性点接地运行时，一旦忘记退出间隙过电流保护，又遇有系统内接地故障，往往造成间隙过电流误动作将本变压器切除。

（3）间隙保护电流定值小，但每次接地故障都受到大电流冲击，易造成损坏。

2.（1）差动保护各侧 TA 同型（短路电流倍数相近，不准 P 级与 TP 级混用）。

（2）各侧 TA 的二次负荷与相应侧 TA 的容量成比例（大容量接大的二次负载）。

（3）诸 TA 铁芯饱和特性相近。

（4）二次回路时间常数应尽量接近。

（5）在短路电流倍数、TA 容量、二次负荷的设计选型上留有足够余量（例如计算值/选用值之比大于 1.5～2.0）。

（6）必要时采用同变比的两个 TA 串联应用，或两根二次电缆并联使用。

（7）P 级互感器铁芯增开气隙（即 PR 型 TA）。

3. 比率差动保护是为了提高内部故障时的动作灵敏度及可靠躲过外部故障的不平衡电流而设置。

差动速断保护是为了在变压器内部严重故障时，如果 TA 饱和，TA 二次电流的波形将发生严重畸变，并含有大量的谐波分量，从而使比率差动保护中涌流判别元件误判成励磁涌流，导致比率差动保护拒动，造成变压器严重损坏，此时由不经闭锁的差动速断保护快速动作切除故障。

4.（1）TA 保护的特点：①TA 二次电流波形发生畸变，含大量谐波分量；②发生短路故障时，即使 TA 发生饱和，但 TA 是在短路发生一段时间以后才开始饱和的，在短路初始一段时间内，TA 一、二次电流总有一段正确传变时间，试验证明 TA 最快要在短路发生 2ms 以后才会开始饱和；③即使 TA 处于非常严重的饱和状态，TA 二次电流也不可能完全为零；④在稳态短路电流的情况下 TA 的变比误差（幅值误差）小于 10%，但是在短路暂态过程中由于短路电流中的非周期分量影响，其误差也往往大于 10%。

（2）目前在微机母差保护装置中一般根据上述 TA 饱和的特点构成。抗 TA 饱和方法有同步识别法、自适应阻抗加权、基于采样值的重复多次判别法，谐波制动原理。

5. $K_b = K_{rel}(k_i f_i + \Delta U + \Delta f)$

式中：K_{rel}：可靠系数，取 1.3～1.5；K_i：电流互感器同型系数，取 1.0；f_i：电流互感器的最大相对误差，满足 10% 误差，取 0.1；ΔU：变压器由于调压引起的相对误差，取调压范围中偏离额定值的最大值；Δf：变压器经过电流互感器变比，不能完全补偿所产生的相对误差，微机保护可以完全补偿，所以 $\Delta f = 0$。

综上所述，K_b 一般在 0.3～0.5 中选取。

6.（1）两者的区别。分相闭锁方式，是指某相的涌流闭锁元件只对本相的差动元件有闭锁作用，而对其他相无闭锁作用。而涌流"或"门闭锁方式，在三相涌流闭锁元件中，只要有一相满足闭锁条件，立即将三相差动元件全部闭锁。

（2）"或"门闭锁优缺点。变压器空投时，三相励磁涌流是不相同的。各相励磁涌流的波形、幅值及二次谐波的含量不同。此时，若采用"或"门闭锁的纵差保护，空投变压器时不会误动。但在空投变压器时发生内部故障时，"或"门闭锁方式的差动保护，则可能拒动或延缓动作。

"分相"闭锁方式的优缺点：在空投变压器时，在某些条件下，三相涌流之中的某一相可能不满足闭锁条件，此时采用"分相"闭锁方式的差动保护，空投时容易误动，但其优点是在空投变压器的同时发生内部故障，这种闭锁方式能迅速而可靠动作并切除变压器。

7.（1）纵差保护是指由变压器各侧外附 TA 构成的差动保护 分相差动保护是由每相绕组的各侧 TA 构成的差动保护 分侧差动保护是指将变压器的高、中压侧外附 TA 和公共绕组 TA 构成的差动保护，低压侧小区差动保护是由低压侧三角形两相绕组内部 TA 和一个反映两相绕组差电流的外附 TA 构成的差动保护。

（2）纵差保护能反映各侧绕组及引线各种故障。分相差动保护能反映高中压侧引线及各侧绕组各种故障，分侧差动保护能反映高中压侧接地故障，低压侧小区差动保护能保护低压侧三角绕组及引线各种故障。

8. 双母线接线方式时断路器失灵保护的设计原则是：

（1）对带有母联断路器和分段断路器的母线，要求断路器失灵保护应首先动作于断开母联断路器或分段断路器，然后动作于与拒动断路器接于同一母线上的所有电源支路的断路器。

（2）断路器失灵保护由故障元件的继电保护启动，手动跳开断路器时不可起动失灵保护。

（3）在起动失灵保护的回路中，除故障元件保护的触点外，还应包括断路器失灵判别元件的触点，利用失灵保护分相判别元件来检测断路器失灵故障的存在。

（4）为从时间上判别断路器失灵故障的存在，失灵保护的动作时间应大于故障元件断路器跳闸时间和继电保护返回时间之和。

（5）为防止失灵保护的误动，失灵保护回路中任一对接点闭合时，应使失灵保护不被误起动或引起误跳闸。

（6）断路器失灵保护应有负序、零序和低电压闭锁元件。对于变压器、发电机变压器组采用分相操作的断路器，允许只考虑单相拒动，应用零序电流代替相电流判别元件和电压闭锁元件。

（7）当变压器发生故障或不采用母线重合闸时，失灵保护动作应闭锁各连接元件的重合闸回路，以防止对故障元件进行重合。

（8）当以旁路代某一连接元件的断路器时，失灵保护的起动回路可作相应切换。

（9）当某一连接元件退出运行时，它的起动失灵保护的回路应同时退出工作，以防止试验时引起失灵保护的误动。

（10）失灵保护动作应有专用信号表示。

四、绘图题

高压侧差动回路电流（见图 3-28）

$$\dot{I}_a = \dot{I}_C - \dot{I}_A$$
$$\dot{I}_b = \dot{I}_A - \dot{I}_B$$
$$\dot{I}_c = \dot{I}_B - \dot{I}_C$$

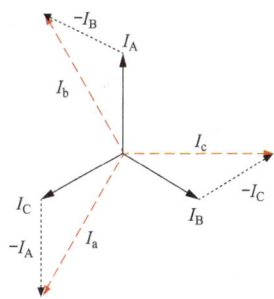

图 3-28　高压侧差动回路电流

第二章第二节　线 路 保 护 答 案

一、选择题

1	2	3	4	5	6	7	8	9	10
C	B	B	C	A	B	A	B	B	C
11	12	13	14	15	16	17	18	19	
B	A	C	B	A	A	C	B	B	

二、填空题

1	B		BC	
2	为防止在保护区末端经过渡电阻短路时可能出现的超范围动作			
3	防止区外短路引起系统振荡时保护的误动			
4	阻容			
5	电流起动元件	防止在 TV 断线期间发生区外短路或系统电流有波动时距离保护的误动		
6	当前时刻前 1～3 个周波的 U_m 或正序极化电压 U_{1m}			
7	等于		$(L_{px}=L_{UX}+9)$ dB	
8	三相短路故障、两相短路接地、两相短路故障			
9	两相短路		三相短路	
10	正序阻抗、负序阻抗、变压器中心点接地多少			
11	$-190°<\arg(U_0/I_0)<-10°$ 或 $90°<\arg U_0/I_0 \mathrm{e}j80°<270°$（零序阻抗角为 $80°$）			
12	暂态动作			
13	显著地改善方向距离继电器的运行性能			
14	超越、失去方向性和区内故障拒动			
15	①本端起动元件动作；②本端差动继电器动作；③收到对端"差动动作"允许信号			
16	灵敏一段保护	不灵敏一段保护	灵敏一段保护	不灵敏一段保护
17	三相零序电流在输电线路的相间互感阻抗上的压降			
18	平行四边形法则	B−A		B+A
19	位置不对应起动方式	保护起动方式	保护三相跳闸启动重合闸	三相跳闸不启动重合闸（或叫永跳不重合）。

三、简答题

1. （1）测量阻抗是指阻抗继电器测量（感受）的阻抗，即为加入阻抗继电器的电压、电流的比值。

（2）动作阻抗是指能使阻抗继电器动作的最大测量阻抗。

（3）整定阻抗是指编制整定方案时根据保护范围给出的阻抗（当角度等于线路阻抗角时，动作阻抗等于整定阻抗发生短路时，当测量阻抗不大于整定阻抗时，阻抗继电器动作）。

2. （1）采用远方发现是考虑到当发生故障时，仅采用本侧发信元件发信，再由停信元件的动作决定是否停信的方式是不可靠的。当发生区外故障时，由于某种原因，靠近反方向侧"发信"元件拒动，这时该侧的发信机就不能发信，导致正方向侧收发信机收不到高频闭锁信号，从而使正方向侧高频保护误动，为此采用了远方发信的办法。

（2）跳闸停信。对于一侧断路器断开的线路发生故障时，保证对侧纵联保护快速动作。如当故障发生在本侧出口时，由接地保护或距离保护快速动作跳闸，而纵联保护还未来得及动作，故障已被切除，并发出连续闭锁信号，闭锁了对侧纵联保护，因而只能由二段延时跳闸，采用了位置停信，可使对侧自发自收，实现无时限跳闸。

3. 对极化电压进行记忆后，在记忆作用未消失前，阻抗继电器按暂态动作特性工作。方向阻抗继电器的暂态动作特性是向第Ⅲ象限偏移的一个圆，坐标原点在圆内。正方向出口金属性短路时阻抗继电器的测量阻抗是零，测量阻抗落在坐标原点在圆内，继电器能正确动作而消除死区。从动作方程来看，由于极化电压进行了记忆，尽管是正向出口短路，记忆的极化电压总是短路前保护安装处的电压，相位比较动作方程可以正确比相而动作消除了死区。

4.（1）故障点的过渡电阻。

（2）保护安装处与故障点之间的助增电流和汲出电流。

（3）测量互感器的误差。

（4）电力系统振荡。

（5）电压二次回路断线。

（6）被保护线路的串补电容。

四、绘图题

（1）圆特性动作方程为

$90°+15°<\arg(Z_J-Z_{zd})/Z_J<270°+15°$

即 $105°<\arg(Z_J-Z_{zd})/Z_J<285°$

（2）直线特性动作方程为

$180°-10°<\arg(Z_J-Z_{zd})/R<360°-10°$

即 $170°<\arg(Z_J-Z_{zd})/R<350°$

（3）实现方法。圆特性动作方程为

$105°<\arg(U_J-I_JZ_{zd})/U_J<285°$

直线特性动作方程为

$170°<\arg(U_J-I_JZ_{zd})/(I_JR)<350°$

$[或 170°<\arg(U_J-I_JZ_{zd})/I_J<350°]$

二个动作方程构成"与"门。

第二章第三节　规章反措答案

一、判断题

1	2	3	4	5	6	7	8	9	10
√	×	√	×	×	×	×	√	×	×

11	12	13	14	15	16	17	18	19
×	×	×	√	√	×	×	×	×

二、填空题

1	母线电压互感器二次回路原因造成相关线路的距离保护在区外故障时先启动后失压		
2	消除保护死区	运行中一套保护退出时可能出现的电流互感器内部故障死区问题	母差保护
3	启动失灵		远方跳闸
4	最小负荷阻抗		
5	延时防抖回路		
6	启动功率 大于5W	动作电压在额定直流电源 电压的55%～70%范围内	额定直流电源电压下动作 时间为10～35ms

续表

7	由于交换机配置失误引起保护装置拒动		
8	+5℃	40℃	90%
9	不同原理和不同厂家		
10	辐射状		环状
11	分电屏		直流小母线
12	控制用负荷		保护用负荷
13	总工程师		
14	本变压器连接其他电源侧的断路器		
15	光纤通道		保护通道交叉使用
16	各侧电流互感器的暂态特性		
17	10%		各中性线的不平衡电流、电压
18	冗余度		通道传输时间
19	等电位接地网		
20	电缆竖井	4 根	50mm²
21	不少于 100 mm² 的铜排（缆）	就地端子箱处	室内等电位接地网
22	长电缆分布电容影响		出口继电器误动
23	最大动态负荷电流		的 2.0 倍
24	2%	85%	110%
25	误差限制系数和饱和电压较高		
26	采样延时		
27	寄生回路		
28	55%～70%		
29	寄生		冗余度
30	不经连接片		运行设备

三、简答题

1. （1）变压器本体保护就地跳闸方式，即将变压器本体保护通过较大启动功率中间继电器的两对触点分别直接接入断路器的两个跳闸回路。

（2）优点：减少电缆迂回带来的直流接地、对微机保护引入干扰和二次回路断线等不可靠因素。

（3）反措要求有：当变压器、电抗器采用就地跳闸方式时，应向监控系统发送动作信号。启动功率中间继电器应满足动作电压在额定直流电源电压的 55%～ 70% 范围内，启动功率大于 5W 的要求。

2. 用整组试验的方法，即除由电流及电压端子通入与故障情况相符的模拟故障量外，保护装置应处于与投入运行完全相同的状态下，检查保护回路及整定值的正确性。

不允许用卡继电器触点、短路触点或类似的人为手段做保护装置的整组试验。

3. （1）高频电缆的屏蔽层必须两端接地。

（2）因为同轴电缆屏蔽层一点接地，在隔离开关操作空母线时，必须在另一端产生高暂态电压，将在收发信机端子上产生高电压。到收发信机端子的干扰电压，可能中断收发信机的正常工作，对保护通道说来是危险的情况，甚至损坏收发信机插件。所以为了高频保护可靠工作，规定高频电缆应当在开关场合控制室两端同时接地。

4.（1）在电缆敷设时，应充分利用自然屏蔽物的屏蔽作用，必要时，可与保护用电缆平行设置专用屏蔽线。

（2）采用铠装铅包电缆或屏蔽电缆且屏蔽层在两端接地。

（3）强电和弱电回路不得合用同一根电缆。

（4）保护用电缆与电力电缆不应同层敷设。

（5）保护用电缆敷设路径应尽可能离开高压母线及高频暂态电流的入地点，如避雷器和避雷针的接地点，以及并联电容器、电容式电压互感器、结合电容及电容式套管等设备。

5.（1）跳闸连接片的开口端应装在上方，接到断路器的跳闸线圈回路。

（2）跳闸连接片在落下过程中必须和相邻跳闸连接片有足够的距离，以保证在操作跳闸连接片时不会碰到相邻的跳闸连接片。

（3）检查并确证跳闸连接片在拧紧螺栓后能可靠地接通回路。

（4）穿过保护屏的跳闸连接片导电杆必须有绝缘套，并距屏孔有明显距离。

（5）检查跳闸连接片在拧紧后不会接地。

6.（1）不能以检查 $3U_0$ 回路是否有不平衡电压的方法来确认 $3U_0$ 回路良好。

（2）不能单独依靠"六角图"测试方法确证 $3U_0$ 构成的方向保护的极性关系正确。

（3）可对包括电流、电压互感器及其二次回路连接与方向元件等综合组成的整体进行试验，以确保整组方向保护的极性正确。

（4）最根本的办法是查清电压互感器及电流互感器的极性，以及所有由互感器端子到继电保护屏的连线和屏上零序方向继电器的极性，作出综合的正确判断。

四、论述题

1.（1）两套保护装置的交流电流应分别取自电流互感器互相独立的绕组。交流电压宜分别取自电压互感器互相独立的绕组。其保护范围应交叉重叠，避免死区。

（2）两套保护装置的直流电源应取自不同蓄电池组供电的直流母线段。

（3）两套保护装置的跳闸回路应与断路器的两个跳闸线圈分别一一对应。

（4）两套保护装置与其他保护、设备配合的回路应遵循相互独立的原则。

（5）每套完整、独立的保护装置应能处理可能发生的所有类型故障。两套保护之间不应有任何电气联系，当一套保护退出时不应影响另一套保护的运行。

（6）线路纵联保护的通道（含光纤、微波、载波等通道及加工设备和供电电源等）、远方跳闸及就地判别装置应遵循相互独立的原则按双重化配置。

（7）330kV 及以上电压等级输变电设备的保护应按双重化配置。

（8）除终端负荷变电站外，220kV 及以上电压等级变电站的母线保护应按双重化配置。

（9）220kV 电压等级线路、变压器、高抗、串补、滤波器等设备微机保护应按双重化配置。每套保护均应含有完整的主、后备保护，能反应被保护设备的各种故障及异常状态，并能作用于跳闸或给出信号。

2.（1）50Hz 干扰。当变电站内发生高压接地故障，有故障电流注入变电站地网时，位于地网上不同两点间将呈现地电位差，其最大值可达每千安故障电流 10A。

（2）高频干扰。当变电站开关设备操作或系统故障时，会在二次回路上引起高频干扰。

（3）雷电引起的干扰。发生雷击时，由于电及磁的耦合，将在导线与地间感应干扰电压。

（4）控制回路产生的干扰。当断开接触器或继电器的线圈时，会产生宽频谱干扰波，其干扰频率可达到50MHz。

（5）高能辐射设备引起的干扰。由于近处步话机工作，可能会引起高频磁场干扰。

第二章第四节　故 障 分 析 答 案

一、判断题

1	2	3	4	5	6	7	8	9	10
B	B	C	B	A	B	C	C	B	A
11	12	13	14	15	16	17	18	19	20
C	B	B	A	B	B	C	A	D	A

二、填空题

1	升高$\sqrt{3}$倍		
2	0	X_2+X_0	X_2	$X_2		X_0$
3	由故障点至保护安装点的零序电压降		越高
4	感应零序电势		零序电流与零序电压的
5	$F_{A1}=1/3\ (F_A+aF_B+a^2F_C)$	$F_{A2}=1/3\ (F_A+a_2F_B+aF_C)$	$F_{A0}=1/3\ (F_A+F_B+F_C)$
6	越小		变压器中性点数值越小
7	故障点零序综合阻抗小于正序综合阻抗		
8	$K=(Z_0-Z_1)\ /3Z_0$		
9	容		
10	潜供电流的大小		潜供电流与恢复电压
11	对地电容电流在线路自感电抗上产生了电压降		
12	零序电抗X_0与正序电抗X_1	$X_0/X_1\leqslant4\sim5$	$X_0/X_1>4\sim5$
13	线路流向母线		变压器中性点接地
14	本线路的对地电容电流		所有非故障线路对地电容电流之和
15	前者双回线中流过		后者
16	同步运行稳定	频率稳定	电压稳定
17	静态稳定	暂态稳定	动态稳定	运行中的发电机都具有正的阻尼力矩
18	快速切除短路故障	加速面积	制动面积
19	$=0°$	$=180°$	$=180°$
20	最佳重合闸时间		$-\Delta\omega_{max}$

三、简答题

1.（1）操作箱上的防跳属于并联防跳。

（2）当手合把手一直导通的情况下，需要励磁 TBJ 才能触发操作箱的防跳回路。

（3）在机构上直接跳开断路器不能触发操作箱的防跳回路。

2. 在中性点绝缘的三相电力系统中，接地变用于提供一个人为的中性点，经过消弧线圈（电抗器/电阻器）接地。系统发生单相接地时，故障点的对地电流能够顺利通过接地变返回到线路中，给保护装置提供足够大的故障电流信息。

3. 变比相等，接线组别相同，短路电压相等，容量比在 3∶1 范围内。

不满足并列条件后果：变比不相同的变压器并列运行将产生环流，影响变压器的输出功率；百分阻抗不相等，各变压器所带的负荷就不能按变压器容量成比例来进行分配，阻抗小的变压器带的负荷大，阻抗大的变压器带的负荷小 两台接线组别不相同的变压器并列运行，会造成短路。

4.（1）以 d 侧电流相位为基准，用 Y 侧电流进行移相，如图 3-29 所示。

Y 侧差动电流 $I_{AH}=(I_{ah}-I_{bh})$

$$I_{BH}=(I_{bh}-I_{ch})$$

$$I_{CH}=(I_{ch}-I_{ah})$$

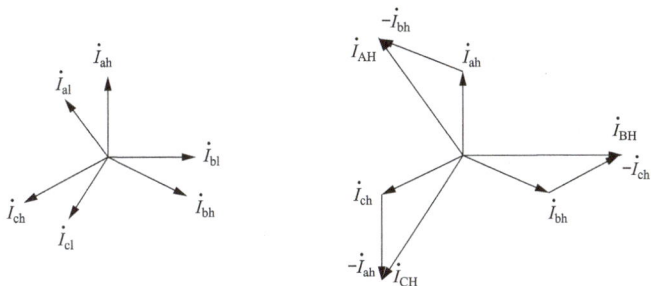

图 3-29　以 d 侧为基准的软件校正后 Yd 侧电流相位

（2）以 Y 侧电流相位为基准，用 D 侧电流进行移相，如图 3-30 所示。

D 侧差动电流　$I_{AL}=(I_{al}-I_{cl})/1.732$

$$I_{BL}=(I_{bl}-I_{al})/1.732$$

$$I_{CL}=(I_{cl}-I_{bl})/1.732$$

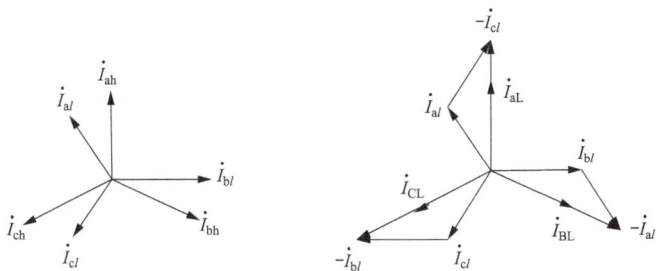

图 3-30　以 Y 侧为基准的软件校正后 Yd 侧电流相位

对于在 Y 侧进行移相的变压器纵差保护，由于 Y 侧通入电流为两相电流差，故零序已消除。在 D 侧移相的变压器纵差保护，则考虑 Y 侧差动电流的消零。

$$I_{AH} = I_{al} - I_0 \qquad\qquad I_{BH} = I_{bl} - I_0 \qquad\qquad I_{CH} = I_{cl} - I_0$$

5. (1) 合后继电器 HHJ 为快速继电器，动作时间约 5ms。

(2) 跳位继电器 TWJ 属于断路器的重动继电器，动作时间超过 20ms。

(3) 手动合闸后合后继电器 HHJ 快速动作闭合，此时动作较慢的跳位继电器 TWJ 接点没有打开，所以会出现串联接点短时导通的情况。

6. (1) 大差用于判别母线区内和区外故障，是指除母联断路器和分段断路器以外的母线上所有其余支路电流所构成的差动回路。

(2) 小差用于故障母线的选择，是指该段母线上所连接的所有支路（包括母联和分段断路器）电流所构成的差动回路。

四、计算题

1. (1)
$$X'_{1M} = X'_{2M} = X_{1M} + X_{1MK} = 0.04$$
$$X'_{1N} = X'_{2N} = X_{1N} + X_{1NK} = 0.06$$
$$X'_{0M} = X'_{0M} + X_{0MK} = 0.08$$
$$X'_{0N} = X'_{0N} + X_{0NK} = 0.12$$
$$X_{1\Sigma} = X'_{1M} /\!/ X'_{1N} = 0.024$$
$$X_{0\Sigma} = X'_{0M} /\!/ X'_{0N} = 0.048$$

基准电流
$$I_B = 100/ (1.732 \times 230) = 0.251 \ (kA)$$
故障电流 $I_A = 3 \times I_B / (2X_{1\Sigma} + X_{0\Sigma}) = 7.84 \ (kA)$

(2) 各侧零序电流
$$I_{0M} = 0.251 \times X'_{0N} / (X'_{0M} + X'_{0N}) = 1.51 \ (kA)$$
$$I_{0N} = 0.251 \times X'_{0M} / (X'_{0M} + X'_{0N}) = 1.00 \ (kA)$$

(3) 根据每千安可产生 10V 的纵向电压降：M 侧氧化锌阀片，其击穿电压应选取为
$$3 \times 30 \times 1.51 = 105 \ (V)$$

因此氧化锌阀片被击穿，TV 回路出现二点接地，在 TV 的中性线上流过电流，叠加到 A 相电压上，出现录波图所示 U_a。

2. Y 侧与 d 侧的电流相量图如图 3-31 (b)、(c) 所示。由于变压器变比为 1，所以 $|\dot{I}_{B1}^{\Delta}| = |\dot{I}_{B1}^{Y}| = |\dot{I}_B^{Y}/\sqrt{3}| = |\dot{I}_K/\sqrt{3}|$。由 d 侧的电流相量图可知 $\dot{I}_B^{\Delta} = 2\dot{I}_{B1}^{\Delta} = 2\dot{I}_K/\sqrt{3}$、$\dot{I}_A^{\Delta} = \dot{I}_C^{\Delta} = -\dot{I}_K/\sqrt{3}$。

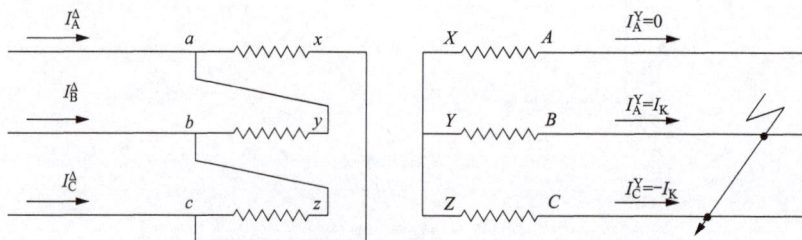

(a) 接线图

图 3-31　Y 侧与 d 侧电流、电压相量图（一）

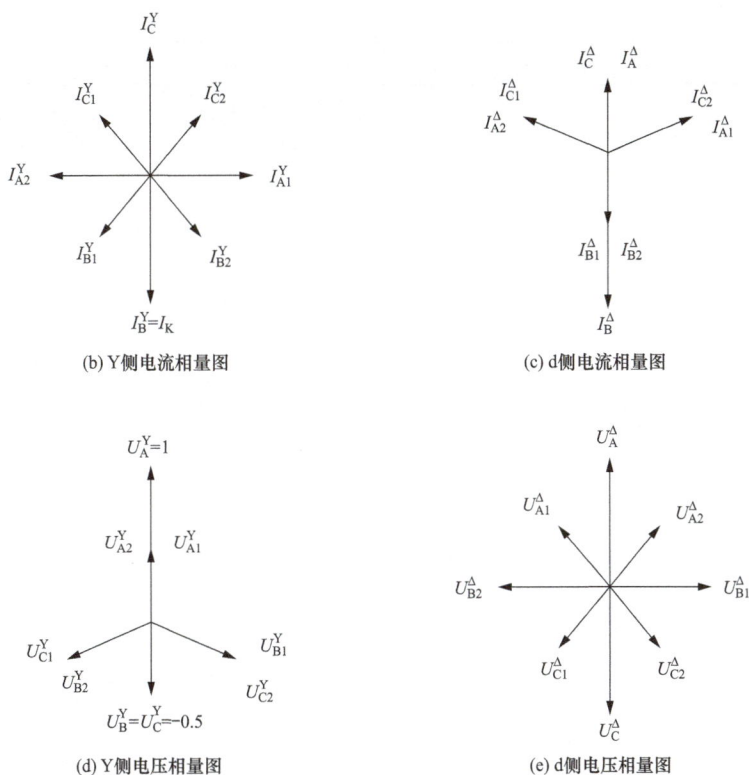

(b) Y侧电流相量图

(c) d侧电流相量图

(d) Y侧电压相量图

(e) d侧电压相量图

图 3-31　Y 侧与 d 侧电流、电压相量图（二）

　　Y 侧与 d 侧的电压相量图如图 3-31（d）、（e）所示。由于变压器变比为 1，所以 $|\dot{U}^{\Delta}_{A1}| = |\dot{U}^{Y}_{A1}| = |0.5|$。由 d 侧的电压相量图可知 $\dot{U}^{\Delta}_{A} = \sqrt{3} \times 0.5 = \sqrt{3}/2$、$\dot{U}^{\Delta}_{C} = -\sqrt{3}/2$、$\dot{U}^{\Delta}_{B} = 0$　$\dot{U}^{\Delta}_{AB} = \dot{U}^{\Delta}_{A} - \dot{U}^{\Delta}_{B} = \sqrt{3}/2$　$\dot{U}^{\Delta}_{BC} = \dot{U}^{\Delta}_{B} - \dot{U}^{\Delta}_{C} = \sqrt{3}/2$　$\dot{U}^{\Delta}_{CA} = \dot{U}^{\Delta}_{C} - \dot{U}^{\Delta}_{A} = -\sqrt{3}$。

第二章第五节　检 修 试 验 答 案

一、单项选择题

1	2	3	4	5	6	7	8	9	10
D	D	A	C	A	C	A	D	A	A
11	12	13	14	15	16	17	18	19	20
D	C	C	B	C	C	C	D	D	A
21	22	23	24	25	26	27	28	29	30
B	B	C	B	B	B	C	A	A	D
31	32	33	34	35	36	37	38	39	40
A	C	D	B	A	A	C	A	C	D

41	42	43	44	45	46	47	48	49	50
B	D	A	C	A	A	B	B	A	B
51	52	53	54	55	56	57	58	59	60
B	B	A	B	C	D	A	A	A	A
61	62	63	64	65	66	67	68	69	70
B	B	A	B	B	A	B	A	A	C
71	72	73	74	75	76	77	78	79	80
D	C	C	B	B	D	A	C	B	A
81	82	83	84	85	86	87	88	89	
B	D	A	B	B	B	B	B	C	

二、多项选择题

1	2	3	4	5	6	7	8	9
ABCD	AB	ABC	ABD	BCD	BC	ABD	ABCD	ABCD
10	11	12	13	14	15	16	17	18
BD	ABCD	AC	ABC	AB	ABCD	AC	ABCD	ABCD
19	20	21	22	23	24	25	26	27
ABC	ABC	ABC	BD	ABD	ABC	ACD	ABCD	CD
28	29	30	31	32	33	34	35	36
AB	ABCD	ABD	AB	AC	ABC	ABD	AC	ABCD
37	38	39	40	41	42	43	44	
BCD	ABCD	AC	ABCD	ABCD	BC	AC	ABC	

三、判断题

1	2	3	4	5	6	7	8	9	10
√	√	×	×	×	√	×	√	√	√
11	12	13	14	15	16	17	18	19	20
√	×	×	√	×	×	×	√	√	√
21	22	23	24	25	26	27	28	29	30
×	√	√	√	√	√	×	×	×	×
31	32	33	34	35	36	37	38	39	40
×	√	√	×	√	×	×	√	√	×
41	42	43	44	45	46	47	48	49	50
√	×	√	√	×	×	×	×	√	√
51	52	53	54	55	56	57	58	59	60
×	√	×	×	√	√	√	√	√	×

续表

61	62	63	64	65	66	67	68	69	70
×	√	×	×	×	×	×	×	×	√
71	72	73	74	75	76	77	78	79	80
√	√	×	√	√	×	√	×	√	√
81	82	83	84	85	86	87	88	89	90
√	√	×	√	×	√	√	√	×	√
91	92	93	94						
×	×	×	√						

四、简答题

1. AB：电抗线 BC 最小负荷阻抗线 CD 方向线。

CD 线作用：防止反方向短路误动，该直线略为在坐标原点下移并且沿 X 方向向下倾斜，是为了在正方向出口短路即使过渡电阻的附加阻抗是阻容性时也没有死区。

2. 两侧均为常规变电站时，两侧保护装置软件版本应保持一致。一侧为智能变电站，一侧为常规变电站时，两侧保护装置型号与软件版本应满足对应关系要求；两侧均为智能变电站时，两侧保护装置型号、软件版本及其 ICD 文件应尽可能保持一致，不能保持一致时，应满足对应关系要求。

3. $|I_2|+|I_0|>m|I_1|$　或者回答 $|I_2|>m|I_1|$ 或 $|I_0|>m|I_1|$。

系统振荡时 $|I_2|$、$|I_0|$ 接近0，上式不能满足，振荡又发生区外故障时，通过装置电流较小，上式仍不能满足 振荡又发生区内故障时，$|I_2|$、$|I_0|$ 将有较大数值，上式能满足。

4. 应在开关场二次电缆沟道内沿二次电缆敷设截面积不小于 $100mm^2$ 的专用铜排（缆）。专用铜排（缆）的一端在开关场的每个就地端子箱处与主地网相连，另一端在保护室的电缆沟道入口处与主地网相连，铜排不要求与电缆支架绝缘。

防止在变电站站内或附近发生接地故障时，由于站内主地网电位差而在二次电缆屏蔽层流过大电流，并将其烧坏。

5. 零序补偿系数为 $K=\dfrac{Z_0-Z_1}{3Z_1}$ 若线路正序阻抗等于负序阻抗，则保护安装处相电压的计算公式为

$$\dot{U}_{\varphi}=\dot{U}_{K\varphi}+\dot{I}_{1\varphi}Z_1+\dot{I}_{2\varphi}Z_2+\dot{I}_0Z_0$$
$$=\dot{U}_{K\varphi}+(\dot{I}_{1\varphi}Z_1+\dot{I}_{2\varphi}Z_2+\dot{I}_0Z_1)+(\dot{I}_0Z_0-\dot{I}_0Z_1)$$
$$=\dot{U}_{K\varphi}+(\dot{I}_{1\varphi}+\dot{I}_{2\varphi}+\dot{I}_0)Z_1+\dot{I}_0(Z_0-Z_1)$$
$$=\dot{U}_{K\varphi}+\dot{I}_{\varphi}Z_1+\dot{I}_0(Z_0-Z_1)$$
$$=\dot{U}_{K\varphi}+\left(\dot{I}_{\varphi}+3\dot{I}_0\frac{Z_0-Z_1}{3Z_1}\right)Z_1$$
$$=\dot{U}_{K\varphi}+(\dot{I}_{\varphi}+K\cdot 3\dot{I}_0)Z_1$$

式中：$K=\dfrac{Z_0-Z_1}{3Z_1}$，即为零序补偿系数。

6. $\begin{cases} \Delta U_{\mathrm{I}0}=I_{\mathrm{I}0}Z_{\mathrm{I}0}l-I_{\mathrm{II}0}Z_{(\mathrm{I}-\mathrm{II})0}l \\ 0=I_{\mathrm{II}0}Z_{\mathrm{I}0}l-I_{\mathrm{I}0}Z_{(\mathrm{I}-\mathrm{II})0}l \end{cases}$

消去 $I_{\mathrm{II}0}$ 得到 $\Delta U_{\mathrm{I}0}=I_{\mathrm{I}0}\left[Z_{\mathrm{I}0}-\dfrac{Z_{(\mathrm{I}-\mathrm{II})0}^{2}}{Z_{\mathrm{II}0}}\right]l$

于是，Ⅰ线路的零序阻抗为 $Z_{\mathrm{I}0}'=\dfrac{\Delta U_{\mathrm{I}0}}{I_{\mathrm{I}0}}=\left[Z_{\mathrm{I}0}-\dfrac{Z_{(\mathrm{I}-\mathrm{II})0}^{2}}{Z_{\mathrm{II}0}}\right]l$

7. 有三种闭锁措施，即滑差闭锁、电压闭锁、电流闭锁。

（1）滑差闭锁是指频率变化率高于滑差定值时，则闭锁低频减载功能。

（2）电压闭锁是指任一线电压低于电压闭锁定值，则闭锁低频减载功能。

（3）电流闭锁是指最大相电流（或全部相电流）低于电流闭锁定值，则闭锁低频减载功能。

五、计算题

（1）负荷电流 $I_{\mathrm{f}}=\dfrac{U_{(0)}}{X_{\mathrm{p}}}=1.00$

$E''=I_{\mathrm{f}}(X_{\mathrm{MN1}}+X_{\mathrm{T1}}+X_{\mathrm{d}}'')+U_{(0)}=1\times(0.2+0.2+0.5)+1=1.6$

（2）发生故障时的复合网序图如图 3-32 所示。

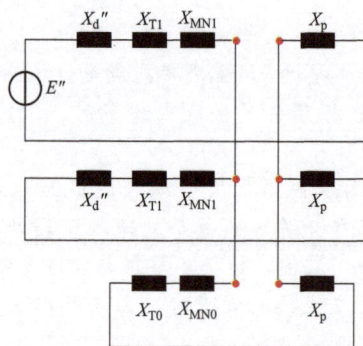

图 3-32　复合网序图

（3）$Z_{1}=Z_{2}=0.2+0.2+0.2+1=1.6$

$Z_{0}=0.2+0.4+1=1.6$

（4）$I_{1}=\dfrac{E''}{Z_{1}+Z_{2}//Z_{0}}=\dfrac{1.6}{1.6+1.6//1.6}=0.67$

$I_{2}=I_{0}=-\dfrac{0.67}{2}=-0.33$

（5）$I_{\mathrm{B}}=a^{2}I_{1}+aI_{2}+I_{0}=0.67a^{2}-0.33a-0.33=1a^{2}=1e^{-120°}$

$I_{\mathrm{C}}=aI_{1}+a^{2}I_{2}+I_{0}=0.67a-0.33a^{2}-0.33=a=1e^{120°}$

（6）$U_{\mathrm{M1}}=E''-I_{1}(X_{\mathrm{d}}''+X_{\mathrm{T1}})=1.6-0.67\times(0.2+0.2)=1.33$

$U_{\mathrm{M2}}=I_{2}(X_{\mathrm{d}}''+X_{\mathrm{T1}})=0.33\times(0.2+0.2)=0.13$

$U_{\mathrm{M0}}=I_{0}X_{\mathrm{T0}}=0.33\times0.2=0.07$

$U_{\mathrm{MB}}=a^{2}U_{\mathrm{M1}}+aU_{\mathrm{M2}}+U_{\mathrm{M0}}=1.33a^{2}+0.13a+0.07\approx1.2a^{2}=1.2e^{-120°}$

$$U_{MC} = aU_{M1} + a^2U_{M2} + U_{M0} = 1.33a + 0.13a^2 + 0.07 \approx 1.2a = 1.2e^{120°}$$

B 相测量阻抗

$$Z_B = \frac{U_{MB}}{I_B + K \cdot 3I_0} = \frac{1.2a^2}{a^2 - 0.33 \times 1} \approx \frac{1.2a^2}{1.2e^{226°}} = 1e^{14°}$$

C 相测量阻抗

$$Z_C = \frac{U_{MC}}{I_C + K \cdot 3I_0} = \frac{1.2a}{a - 0.33 \times 1} \approx \frac{1.2a}{1.2e^{133°}} = 1e^{-13°}$$

第二章第六节 智能变电站答案

一、单项选择题

1	2	3	4	5	6	7	8	9
C	A	C	A	A	D	D	C	A
10	11	12	13	14	15	16	17	18
B	A	B	C	C	A	A	B	B
19	20	21	22	23	24	25	26	27
D	D	B	D	A	B	B	D	C
28	29	30	31	32	33	34		
C	D	C	A	D	B	B		

二、多项选择题

1	2	3	4	5	6	7
AD	ABD	ABCD	ABC	ABD	ACD	AD
8	9	10	11	12	13	14
ACD	ABC	BCD	AB	AC	BCD	BD

三、判断题

1	2	3	4	5	6	7	8
√	×	×	×	×	√	×	×

四、填空题

1	标记（Tag）		编码结构长度（Length）		内容（value）	
2	01CFH		00E7H		1mA	
3	操作前选择控制		直接控制		定值服务	
4	16 个			12 个		
5	不大于 1μs	PPS 边沿时刻	小于 10μs		不同步	同步状态
6	GOOSE 网络、		硬接点开入	母联（分段）断路器		隔离开关位置信息
7	不大于 1ms		不小于 5ms		不大于 10ms	
8	"保护动作"	"装置故障"	"装置告警"		"装置故障"	"装置告警"

五、简答题

1.（1）隔离开关位置继电器未动作。

（2）智能终端接入隔离开关位置节点的接线不正确，智能终端未接收到隔离开关位置信号。

（3）智能终端配置错误，发送的 GOOSE 报文与 SCD 中不一致。

（4）母线保护与智能终端之间点对点光纤连接不可靠，光功率不足或接收灵敏度不足。

（5）母线保护点对点 GOOSE 接收端口光纤接错，未连接至传动间隔智能终端的点对点 GOOSE 光纤。

（6）母线保护装置配置错误，与 SCD 中不一致，未能正确接收间隔还能中高端 GOOSE 信号。

（7）母线保护装置与智能终端的检修状态不一致。

（8）母线保护中传动间隔的"支路 n 1G 强制合"或"支路 n 2G 强制合"投入。

2.（1）退出处理智能终端的保护跳/合闸出口硬压板。

（2）若处理智能终端设置有闭锁另一套重合闸硬压板，则将其退出；若未设置此硬压板，则需将闭锁另一套重合闸的电缆解除。

（3）将本间隔线路保护 B 套改信号状态，退出所有出口软压板。

（4）退出母线保护 B 套中处理间隔的"启动失灵保护开入"软压板。

（5）按照处理间隔 I 母隔离开关和 II 母隔离开关的实际位置，在母线保护 B 套中投入"支路 n 1G 强制合"或"支路 n 2G 强制合"。

（6）投入处理智能终端的检修硬压板。

（7）拔出处理智能终端上至母线保护的 GOOSE 光纤。

六、综合题

1. 该 220kV 母线上有 1 个母联间隔、2 条线路间隔和 1 个主变压器间隔，示意图如图 3-33 所示。（需标明板卡和端口，并标注信息流）。

2.（1）线路保护动作 A 相跳闸。

（2）智能终端跳开断路器 A 相。

（3）（约 100～130ms 后）线路保护单跳失败转三跳。

（4）智能终端跳开断路器 A、B 相，故障切除。

原因分析：由图 2-10 保护的 SV 输入虚端子可知，合并单元的 C 相电流和 A 相电流虚端子接反，合并单元 C 相电流接入到保护的 A 相电流输入，合并单元 A 相电流接入到保护的 C 相电流输入，因此一次系统 C 相瞬时性故障时，线路保护装置内部却是 A 相有故障电流，保护装置判断为 A 相故障，单跳 A 相，而智能终端的虚端子是对的，因此跳开实际 A 相断路器，此时 C 相故障未切除，故障电流仍存在。约 100～130ms 后线路保护判断为单跳失败转三跳，同时发出跳 A、跳 B、跳 C，跳断路器三相，此时故障切除。图 2-9 中还可看出，线路保护的 B 相电流双 AD 配置错误，合并单元的 B 相电流 AD2 同时接入了线路保护 B 相电流的 AD1 和 AD2，但此错误不影响此次故障的判断。

3.（1）220kV 过程层 VLAN 划分原则：

1）SV 按合并单元划分 VLAN，合并单元的 SV 和 GOOSE 共口传输，为同一 VLAN。

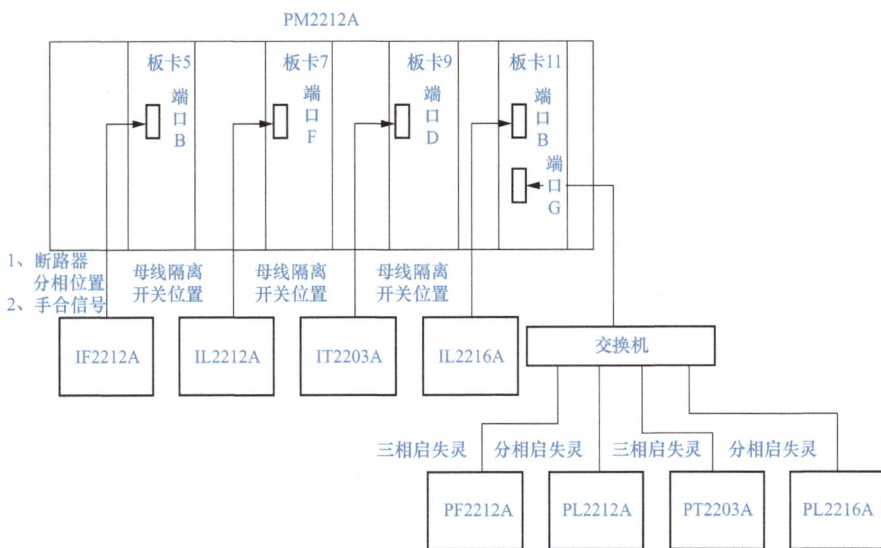

图 3-33　220kV 母线保护与其他 IED 间的 GOOSE 回路物理连接关系图

2）SV 和保护的 GOOSE 划分为不同的 VLAN 进行隔离，所有保护装置接入的端口都不允许 SV 的 VLAN 通过。

3）保护、智能终端、测控的 GOOSE 报文 VLAN 可按间隔划分 VLAN，也可不再划分 VLAN。

4）线路间隔和母联间隔的所有 SV 和 GOOSE 都通过级联口传输至中心交换机，因此交换机级联口应允许所有 VLAN 通过。

5）各间隔保护与母线保护的 GOOSE 在同一 VLAN 内或母线保护接入端口允许所有间隔保护的 VLAN 通过，所有间隔保护的接入口允许母线保护的 VLAN 通过。

6）故障录波器接入端口应允许所有间隔 VLAN 通过。

（2）帧收发延时 $T_{SF}=150\times8/100=12$ （μs）。

交换机转发延时 $T_{SW}=7$ （μs）。

帧排队时间（最大）$T_Q=(5-1)T_{SF}+(10-1)T_{SF}=13T_{SF}=13\times12=156$ （μs）（间隔交换机上每个端口都会向级联端口发报文，因此有 4 个端口会产生冲突，中心交换机与母线保护在同一 VLAN 域内的为所有间隔交换机，因此有 9 个端口会产生冲突，故障录波器、母线合并单元不向母线保护发送报文）。

线路传输延时 T_{WL} 可以忽略。

因此线路保护启动失灵保护信号传输至母线保护的最短时间为 $2T_{SF}+2T_{SW}=38$ （μs）。

线路保护启动失灵保护信号传输至母线保护的最长时间为 $2T_{SF}+T_{SW}+T_Q=194$ （μs）。